U0176797

编委会

国际展望丛书 ●○ 全球治理与战略新疆域

全球网络空间稳定

权力演变、安全困境与治理体系构建

鲁传颖／著

GLOBAL CYBERSPACE STABILITY

Power Evolution, Security Dilemma and Mechanism Construction

格致出版社　上海人民出版社

丛书总序

2018 年是非常独特的一年，它是第一次世界大战结束 100 周年，是 2008 年国际金融危机和世界经济危机爆发 10 周年，同时也是中国开启改革开放进程 40 周年。我们站在这个特殊的历史时点上抚今思昔，放眼未来，更深切地感受到世界正经历百年未有之大变局。世界政治经济中融合的力量和分化的力量此起彼伏、相互激荡，世界正进入不稳定和不确定加剧的新时期。国际秩序何去何从是摆在我们面前的时代之问和时代之困。其中，当前世界格局调整中的三个趋势最为显著，也最具破坏性。

第一，大国之间的战略不稳定正在加剧。一方面，美国与中国、俄罗斯之间的地缘政治竞争进一步加深。美国特朗普政府加大与俄罗斯在欧洲、中东等地区以及核导军控等领域的战略博弈，甚至局部达到冷战结束以来最严峻的状态。美国对华政策也发生了重大调整，首次明确将中国定位为美国主要的战略竞争对手。特别是 2018 年 10 月 4 日美国副总统彭斯所发表的美国对华政策演讲，通篇充斥着类似 40 年前冷战高峰时期美国前总统里根对苏联的指责，令许多中国人震惊和困惑。人们不禁要问：美国难道已决意要对中国实施全面遏制？世界是否将因此而被拉进一场新的冷战？

另一方面，除了华盛顿同北京和莫斯科之间的关系愈加紧张外，近年来大西洋关系也因为在诸如伊朗核协议、北约军费分担、全球气候变化等议题上龃龉不断而备受冲击，尽管尚未危及大西洋联盟的根本，但双方疏离感明显增加。大国关系历来是国际格局的基石，大国关系的不稳定和不确定正深刻影响着未来国际格局和国际秩序的走向。

第二，基于多边主义的全球治理正遭遇"失能和失势"的危机。以规则、协商和平等原则为基础的多边主义及全球治理机制运行正遭遇前所未有的挑战。2018 年初以来，美国对其主要贸易伙伴，包括中国和它的一些传统盟友发起关税战，全世界的目光都聚焦于不断升级的国际贸易冲突。美国特朗普政府坚持所谓"美国优先"原则，为获取美国利益的最大化，几乎肆无忌惮地对贸易伙伴采取包括关税战在内的霸凌政策，甚少顾及这些单边主义和保护主义的做法对国际贸易体制和全球供应链稳定的破坏。随着贸易保护主义和国际贸易摩擦的不断升级，以世界贸易组织为核心的、基于开放、规则的国际多边贸易体系的完整性受到空前挑战，世界贸易组织自身也逼近"何去何从"的临界点。与此同时，自从特朗普政府宣布美国退出《巴黎协定》后，全球气候治理机制的有效运行也面临严重阻碍。冷战结束以来，基于多边主义的规则和机制已经成为国际秩序稳定的重要基石，也是国际社会的共识。美国曾是现有国际秩序的重要建设者和维护者，如今正日益成为影响国际秩序的最大的不稳定力量。

第三，认同政治的浪潮正扑面而来。在经济全球化席卷世界多年后，许多发达国家和发展中国家中重新勃兴的民粹主义、保护主义和本土主义思潮和运动都带有不同程度的反全球化和反全球主义的认同意识，正深刻影响政府的决策和行为。这些反全球化和反全球主义指向的思潮和运动，都与当前世界经济以及各国国内经济社会演进过程中存在的发展赤字、治理赤字、改革赤字密切相关。在一些欧美发达国家，这些思潮和认同政治的发展已经演变成一种新的族群主义（neo-tribalism）认同的泛滥，其突出的政治理念是排斥外来移民、戒惧国际贸易、敌视所谓"外来者"对"自我"生活方式和价值观念的冲击，包括外来的物流、人流以及思想流。这种认同政治的强化不仅进一步加深了这些国家社会内部的分裂和政治极化的态势，还外溢到国际经济、国际政治和外交领域里，加剧了世界政治中所谓"我们"与"他者"之间的身份认同的对立。

综合上述三大趋势，我们不禁要问：当今世界是否将不可避免地走向大分化？如何有效管理国际秩序演变过程中融合的力量和分化的力量之间的张力？国际社会的各利益攸关方能否通过集体努力来共同遏制这种紧张的加剧甚至失控？对上述问题恐怕没有简单和既成的答案。但有一点是肯定的，国际社会迫切需要共同努力，通过构建新的国际共识和拓展共同利益，来缓解大分化的压力。

首先，国际社会需要共同努力，阻止冷战的幽灵从历史的废墟中死灰复燃。历史学家和国际关系学者已经对人类历史上无数次大国之间对抗冲突的案例进行了梳理，其中包括不少因决策者的战略失误而导致的悲剧，并总结出不少经验教训。这些教训包括彼此误判对方的战略意图；彼此错误处理相互之间的"安全困境"；忽视国际关系中"自我实现预言"的效应，即一国出于国内政治考虑及转嫁国内矛盾，营造所谓"外部敌人意象"，从而导致国际关系尤其是大国关系不断恶化。如今，美国及西方世界中的部分人士继续沉溺在赢得冷战的记忆中，甚至幻想着通过挑起又一场所谓对华新冷战从而使得美国重新强大。我们能否真正吸取过去的历史教训，拒绝冷战的诱惑，避免大国对抗的陷阱？

其次，国际社会应该加强合作，遏制单边主义对多边主义的侵蚀，同时更积极地推动多边主义国际机制的改革，不断完善全球治理。当前，对全球化的不满明显增加，对基于多边主义的全球治理的失望也日益增长。如何在维护国家主权（包括经济发展利益和国家安全利益）与共同推动有效的全球治理之间形成更可持续的平衡关系，是全球化和全球治理面临的重大挑战。但同样显而易见的一点是，对于我们这样一个联系紧密、相互依存不断加深的世界而言，面对越来越多的全球问题，单边主义绝不是好兆头。实行单边主义对单个国家而言也许有其吸引力，但由此所产生的问题将远多于其想解决的问题。全球问题需要全球解决方案，合作应对是唯一出路。

最后，国际社会需要创新思维，推动构建新的集体意识和认知共识。当前关于世界政治和经济发展的国际话语结构中，主流的叙事方式和分析框架依然是基于权力政治（power politics）的逻辑和认同政治（identity politics）的逻辑。尽管上述叙事逻辑依然具有一定的解释力和影响力，但已经无法涵盖当今世界政治和经济的发展现状和未来的演变方向。我们需要构建一种新的叙事方式和分析框架，我暂且称之为"发展政治"（development politics）的逻辑，从而能更全面地把握世界发展的内在动力及其发展方向。

从历史发展的宏观角度看，无论是全球化的发展还是国际秩序的演变，都将同当前非西方世界的新一轮现代化进程与西方世界正在进行的后现代的再平衡进程的走势密切关联。包括中国、印度在内的新兴经济体在前一个进程中扮演着关键的角色，而美国和欧洲等在后一个进程中扮演着关键角色。

就前一个进程而言，冷战结束以来，大规模的现代化进程席卷了非西方世界。到 21 世纪的第二个十年结束之际，广大的发展中国家，包括人口最多的中国和印度，以及东南亚、拉丁美洲和非洲，已经基本完成了现代化的初步阶段，即从低收入国家向中等收入国家的过渡。根据世界银行报告的数据，在世界银行189 个成员国中，有将近 40 个国家是发达经济体；在 150 个发展中国家中，有 108 个国家已进入中等收入阶段，即所谓的中等收入国家。它们的总人口超过 55 亿人，约占全球 GDP 的 1/3。这其中约有 40 个国家是中高收入国家。

今天，越来越多的发展中国家正在现代化的初级阶段基础上集聚力量，开启向中高级现代化迈进的新征程。这一进程在人类历史上是前所未有的。如果新一轮现代化取得成功，意味着未来20—30 年时间里，在西方世界之外的超过 40 亿的人口将成为中产阶级，这是人类发展历史上空前的现代化，因为其所涉及的人口规模、地域范围和历史意义都远远超过前两个世纪的世界现代化进程。与此同时，非西方世界的新一轮现代化进程正面临着前所未有的挑战和困难。发展中世界面临的共同挑战是能否在不发生重大动荡的情况下步入更为先进的现代化阶段。从发展中国家国内角度看，这方面的主要问题包括国家现代化治理能力的全面提升，包括经济、政治和社会等结构的不断完善。来自外部的挑战主要是，由西方主导的现有的国际体系是否能够容忍和容纳非西方国家的集体崛起。

与此相对应的是，西方世界作为一个现代化向后现代阶段转型的整体，在冷战后新一轮经济全球化和科技进步浪潮的席卷下，其经济、政治和社会结构正面临着日益增多的内部发展和治理的转型压力，进入了我所称的"后现代化的再平衡时期"。其中一个突出的表征是，在许多西方发达国家，秉持开放、包容和竞争原则的全球主义、精英主义的力量，同基于保护和注重平等的地方主义、民粹主义的力量之间出现了日益严重的对立，他们分别代表了所谓"经济全球化和科技进步的受益者"同"经济全球化和科技进步的受害者"之间的分化和对立，加剧了西方内部的社会经济断层和政治极化的态势，并且正在加速反噬由西方发达国家开启的经济全球化的进程。因此，作为一个整体，西方世界迫切需要同时对自身国内治理和推动国际（全球）治理注入新的动力。就其内部经济、政治、社会等治理而言，西方世界应该通过自身的改革，提升其体制支持内部包容、普惠以及均衡发展的能力，以此保持自身政治、经济和社会体系的稳定，从而能够协调所谓全球主义和精英主义同本土主义和民粹主义之间日益对立的关系。就其与非西方世界的关系而言，西方世界特别是其领导力量应该认识到世界现代化进程的历史意义，尤其是非西方世界群体崛起的历史意义，通过不断完善内部体制和扩大现有国际体系的包容程度，来推进整个世界现代化和世界和平繁荣的进程。

因此，当非西方世界的新一轮现代化进程与西方世界的后现代转型进程相遇时，两者究竟是以包容、稳定、合作的方式互动，还是以排他、对抗、混乱的方式互动，将对世界政治的未来走向产生深远的影响。换言之，未来世界究竟走向大融合还是大分化，将在很大程度上取决于发达国家的后现代转型和发展中国家的现代化发展能否都取得成功，并且相互之间以何种方式互动。

因此，国际社会比以往任何时候都更需要凝聚新的共识，在未知的海洋中同舟共济。如何审视和研究当今世界政治经济格局的转变和发展趋势，对于研究者而言是挑战也是使命。上海国际问题研究院推出的"国际展望丛书"，正是为此目的。同时，也借此庆祝我院成立60周年。

陈东晓

2018 年 10 月

目　录

导　论

一、缘起

2019 年是互联网诞生的第 50 个年头，互联网已经与食物、水和空气一样，成为人类生命中不可或缺的部分。简单地将"互联网""食物""水"和"空气"这几个关键词输入谷歌搜索引擎中，我们将发现"互联网"与其他词汇一样出现一百多亿次的结果。[1]互联网 50 周年的纪念日也意味着另一个时代已经开启，由互联网带来的网络空间将会越来越成为人类社会新的领域。同样地，将"网络"与"数字"（digital）作为关键词输入谷歌搜索引擎中，发现两者分别处于十亿级和百亿级的数量，并且"数字"作为关键词已经超越"互联网"出现的数量。这意味着一个网络空间时代已经来临。

2020 年是互联网发展史上第二个 50 年的起始之年，我们不仅需要总结过去 50 年互联网的发展历史，还需要用新的视角来看待未来互联网演进的方向。网络科技发展日新月异，人工智能、大数据、区块链、物联网、云计算、量子计算等一系列新技术及其应用不断地取得突破，推动人类社会进入更便捷、更高效、更强大的网络社会。与此同时，网络安全问题凸显，成为国际社会正在面临的新挑战。网络安全正在重新定义网络空间全球治

---

[1]　2020 年 3 月 7 日谷歌搜索引擎中分别用英文搜索以下关键词得到的结果是：Internet（互联网）13 520 000 000，Food（食物）12 910 000 000，Water（水）13 640 000 000，Air（空气）9 790 000 000。

理，而网络空间全球治理也面临着治理机制构建和规则体系建立方面的双重困境，这进一步加剧了网络空间秩序的缺失，给全球网络空间的安全、发展、稳定带来了很大的影响。

2019 年 11 月，第十四届互联网治理论坛（IGF）在德国柏林召开，会议发布了由全球互联网治理领域重要的技术专家、官员、学者、企业家共同撰写的《全球网络和平与数字合作的框架：2020 日程》[1]。这份报告最大的特点就是明确提出了要用全方位的手段来应对网络空间全球治理，是对过去互联网社群对于网络空间全球治理理念、方法和路径的突破，反映了当前网络空间全球治理发展的客观趋势。报告提出，"维护战略稳定成为网络空间全球治理的优先议题"，也反映了当前网络空间全球治理的范式正在发生转变，网络空间、国家、国际体系成为重要的研究对象。[2]

二、 研究现状

网络空间稳定研究将网络空间全球治理的研究拓展到了国家、网络空间和国际体系领域。现有的研究主要集中在网络安全对网络空间稳定的影响方面，联合国信息安全政府专家组提出了三项任务——网络空间中负责任的国家行为准则、国际法在网络空间中的适用和建立信任措施，这一定程度上反映了国际社会对于网络空间全球治理的研究重点。此外，关于网络战略、网络稳定、新兴技术等方面的研究也有很强的代表性。归纳起来，网络空间稳定相关的研究主要可以分为国家网络战略、大国网络政治、网络战与网络冲突、网络规范、网络空间国际法、新兴技术应用的挑战与治理等六个不同的方向。这六大不同的研究领域分别从行为体和议题两大不

---

[1] Wolfgang Kleinwächter, eds., *Towards A Global Framework for Cyber Peace and Digital Cooperation: An Agenda for The 2020s*, Hamburg: Verlag Hans-Bredow-Institut.

[2] Lu Chuanying, "Maintaining Strategic Stability in Cyberspace Becomes the Priority of Cyberspace Governance", in Wolfgang Kleinwächter, eds., *Towards A Global Framework for Cyber Peace and Digital Cooperation: An Agenda for The 2020s*, Hamburg: Verlag Hans-Bredow-Institut.

同视角、战略和政策两个不同层面立体地呈现了这一领域的研究情况。

（一）国家网络战略

近年来，各国政府都在加紧制定网络安全战略，大国作为网络空间中的主要行为体，其网络战略给网络空间全球治理带来了重要影响。分析和研究国家网络战略可以从理论和政策研究两个不同视角来归纳国内外学术界的研究。理论研究主要是聚焦于分析国家网络战略背后的深层次因素，以及重要战略概念的理论分析。政策研究主要是对国家战略与政策本身及其影响进行分析，研究对象相对比较具体。

关于网络战略理论方面的研究主要围绕网络威慑、网络权力等理论进行探讨，美欧学者在这方面发表了大量的研究成果。比较有代表性的是约瑟夫·奈在《国际安全》杂志上发表的《网络空间的威慑和劝服》，这篇文章对网络威慑战略进行了深入的分析，提出了四种网络威慑模式，分别是惩罚性、防御拒止、纠缠和规范，并对四种不同威慑所应用的不同场景进行了分析。[1]迈克尔·费舍凯勒和理查德·哈克奈特则认为网络威慑难以达到目的，因而提出了"持续交手"（persistent engagement）的概念，认为美国需要对敌手进行网络行动来建立网络防御战略。[2]这一理论得到了美国网络司令部司令中曾根的认可，上升为美国国防部网络战略的核心理念。戴维·比茨和蒂姆·史蒂文森从网络战略和权力的关系这一视角，提出了强制性、制度性、结构性和生成性权力（productive cyberpower），并分析了国家战略与网络权力之间的关系。[3]布兰登·瓦拉里诺等人提出，国家

[1] Joseph Nye，"Deterrence and Dissuasion in Cyberspace"，*International Security*，Vol.41，No.3（Winter 2016/17），pp.44—71.

[2] Michael P. Fischerkeller and Richard J. Harknett, Persistent Engagement, Agreed Competition, Cyberspace Interaction Dynamics and Escalation, IDA publication, https://www.ida.org/-/media/feature/publications/p/pe/persistent-engagement-agreed-competition-cyberspace-interaction-dynamics-and-escalation/d-9076.ashx.

[3] David J. Betz and Tim Stevens, *Cyberspace and the State：Towards a Strategy for Cyberpower*, Routledge，2017，pp.35—75.

网络战略就是要赢得针对竞争对手的优势，因此国家需要追求强制性的网络权力。[1]国内学者在网络战略理论方面也开展了很多研究，有代表性的是杨剑撰写的《数字边疆的权力与财富》，这本书从国际政治经济学的视角对网络空间的权力与财富进行了分析和探索，是国内较早开展网络战略理论方面研究的著作，在国内网络学术的理论建构方面起到了引领作用。[2]此外，蔡翠红、郎平、李艳、徐龙第、刘杨钺等学者探索和分析了网络主权、网络地缘博弈等相关理论与应用。[3]国家网络战略的政策研究主要有两个方面，一是从普遍性的视角出发，探索国家应建立什么样的网络战略。曾主导设计首份美国网络战略报告的前白宫网络事务官员梅丽莎·哈撒韦建立了"网络就绪指数"框架，通过对二十国集团（G20）国家的网络战略进行全面的、比较的、基于经验的分析，提出国家网络战略应包括国家战略、事件响应、网络犯罪和执法、信息共享、研发投资、外交贸易，以及防御和危机应对等七大方面，通过70多个指标对国家战略进行分析。[4]另一个研究重点是对大国网络政策分析，这方面研究成果越来越多，从原来的美国、欧盟、中国、俄罗斯，逐渐扩展到中等网络强国，如以色列、土耳其、沙特阿拉伯等。这一研究特点一方面与各国普遍更加重视网络战略制定有关，另一方面也反映了国家网络战略在外交和国际事务中的重要性越来越凸显。比较有代表性的如戴维·朗斯戴的《英国正在制定的网络战略》[5]、本杰明·简森的《魔幻熊与数字机器人：网络战略与俄

---

[1] Brandon Valeriano, Benjamin M. Jensen, Ryan C. Maness, *Cyber Strategy：The Evolving Character of Power and Coercion*, Oxford University Press，2018，pp.1—89.

[2] 杨剑：《数字边疆的权力与财富》，上海人民出版社 2012 年版，第 207—215 页。

[3] 郎平：《主权原则在网络空间面临的挑战》，《现代国际关系》2019 年第 6 期，第 44—50 页；蔡翠红：《网络地缘政治：中美关系分析的新视角》，《国际政治研究》2018 年第 1 期；刘杨钺，张旭：《政治秩序与网络空间国家主权的缘起》，《外交评论》（外交学院学报）2019 年第 1 期，第 113—134 页。

[4] 梅丽莎·哈撒韦：《网络就绪指数 2.0》，鲁传颖译，信息安全与通信保密杂志社 2017 年版，第 12—98 页。

[5] David J. Lonsdale, "Britain's Emerging Cyber-Strategy", *The RUSI Journal*，161：4，2016，pp.52—62.

罗斯扰乱》[1]、纳吉·因克斯特的《中国网络力量》[2]以及亚当·西格尔在《外交事务》（*Foreign Affairs*）上发表的《中国的计算机博弈：保持网络空间安全》。[3]国内学者在这方面著述也很丰富，如沈逸在美国网络战略方面出版的专著，唐岚、汪晓风、张腾军、班婕等学者在这方面也发表了相应的研究成果。[4]

（二）大国网络政治

大国网络政治在一定程度上是国家网络战略研究的延续，焦点集中于全球和双边层面的大国博弈对网络空间全球治理、全球网络政治，以及网络外交等方面的影响。

大国在网络空间全球治理领域的博弈主要是围绕网络空间全球治理的理念、原则、方法展开，贯穿的主线实际上是网络大国在网络主权—网络自由、多边治理—多利益攸关方治理、联合国平台—其他平台之间的分歧。麦德林·卡尔从网络空间全球治理的大国博弈视角分析了支持不同道路的两方之间谁有权力制定规则，以及谁是规则的接受者。[5]劳拉·德纳迪斯出版了《互联网全球治理的战争》，详细地解释了互联网治理的不同层面，并且为多利益攸关方模式作了强力的辩护。[6]弥尔顿·穆勒则对于这种意

［1］Benjamin Jensen，"Fancy Bears and Digital Trolls：Cyber Strategy with a Russian Twist"，*Journal of Strategic Studies*，42：2，2019，212—234.

［2］Nigel Inkster，*China's Cyber Power*，Routledge，2016. pp.1—151.

［3］Adam Segal，"Chinese Computer Games：Keeping Safe in Cyberspace"，*Foreign Affairs*，March/April，2012 Issue，pp.16—17.

［4］参见沈逸：《美国国家网络安全战略》，时事出版社 2013 年版，第 153—163 页；中国现代国际关系研究院：《国际战略与安全形势评估（2012—2013）》，时事出版社 2013 年版，第 120 页；班婕、鲁传颖：《从"联邦政府信息安全学说"看俄罗斯网络空间战略的调整》，《信息安全与通信保密》2017 年第 2 期，第 81 页；汪晓风：《"美国优先"与特朗普政府网络战略的重构》，《复旦学报》（社会科学版）2019 年第 4 期，第 179—188 页；张腾军：《特朗普政府网络安全政策调整特点分析》，《国际观察》2018 年第 3 期，第 64—79 页。

［5］Madeline Carr，"Power Plays in Global Internet Governance"，*Millennium：Journal of International Studies*，2015，43（2）：640—659.

［6］Laura DeNardis，*The Global War For Internet Governance*，New Haven：Yale University Press，2014.

识形态化"多利益攸关方模式"不以为然，认为国家的力量和角色不能被忽视，应依据不同的议题选择不同的治理模式。[1]互联网治理领域与穆勒齐名的另一位学者沃尔夫冈·克莱因瓦希特提出要建立全方位的手段来制定互联网的公共政策。[2]这也表明大国博弈成为网络空间全球治理的重要影响因素，相应的治理理念和机制都应创新发展。国内学者方兴东、李艳、王明国、支振锋也从不同的视角分析了网络空间全球治理的机制、沿革和中国主张等。[3]

网络空间大国博弈也提出了全球网络空间政治这一新的研究领域。内兹丽·丘克力撰写了《网络政治》一书，研究了大国在网络空间的冲突与合作，发现大国在这一领域的互动模式充满了不确定性。[4]容·迪尔伯特探索了"'棱镜门'事件之后网络空间的地缘政治"的发展[5]，他认为传统的地缘政治对网络空间地缘政治具有关键性的影响。[6]蔡翠红也认可传统地缘政治对网络空间地缘政治的重要影响，并从这一视角分析了中美网络空间关系。[7]

大国网络政治除了在全球治理和国际政治层面具有共性领域的互动，双边层面的网络外交也是学术界关注的重点问题。受传统的双边关系以及重要网络事件、冲突的影响，中美、美俄、中欧、美欧等双边网络外交存在着不同的特点。例如，中美网络外交主要是围绕着双方在"网络商业窃

[1] Milton Mueller, *Networks and States*, MIT Press, 2010.
[2] Wolfgang Kleinwächter, "Towards a Holistic Approach for Internet Related Public Policy Making: Can the Helsinki Process of the 1970s Be a Source of Inspiration to Enhance Stability in Cyberspace?", *The Hague: Global Commission on Cyber Stability*, January 2018.
[3] 参见李艳：《网络空间治理机制探索》，时事出版社2017年版；王明国：《全球互联网治理的模式变迁、制度逻辑与重构路径》，《世界经济与政治》2015年第3期，第47—73页；支振锋：《互联网全球治理的法治之道》，《法制与社会发展》2017年第1期，第91—105页。
[4] Nazli Choucri, *Cyberpolitics in International Relations*, London: MIT Press.
[5] Ron Deibert, The Geopolitics of Cyberspace After Snowden, *Current History*, January 2015, pp.9—15.
[6] John Sheldon, "Geopolitics and Cyber Power: Why Geography Still Matters", *American Foreign Policy Interests*, Vol.36, No.5, 2014, p.288.
[7] 蔡翠红：《网络地缘政治：中美关系分析的新视角》，《国际政治研究》2018年第1期，第10—38页。

密"领域的冲突与合作。黑考特与马丁·利比基探讨了中美在"网络商业窃密"领域争端中的背后因素，以及双方为何能够克服困境，取得共识。中美之间达成的共识充分表明，双方可以在网络领域开展合作。[1]美俄之间的网络外交主要体现在网络信息行动领域，特别是围绕着"俄罗斯黑客干预美国选举"这一议题。[2]美国战略与国际问题研究中心詹姆斯·刘易斯、卡内基国际和平研究所本·布坎南等多位智库专家都撰文分析俄罗斯与美国之间开展的信息行动，提出通过威慑、探测、惩罚等手段来予以应对。[3]许蔓舒、徐龙第、阙天舒、耿昭等人从中美网络稳定、竞争与合作等方面对中美网络关系进行了分析。[4]

（三）网络战与网络冲突

网络战是一个热点议题，同时也是一个很有争议的概念。这主要是因为人类社会并没有发生过真正的网络战，尽管有媒体或者专家将各种各样的网络事件称作网络战，但实际上这些网络事件都未能达到战争的门槛。另一方面，会不会出现纯粹的、没有动用常规武器的网络战？这种可能性也很小。托马斯·里德就公开声称网络战永远不可能发生，并认为网络武器的暴力性要远远低于传统武器，无论是在身体还是心理上，给人带来的暴力伤害都比不上传统武器。[5]埃里克·奥利弗将"震网攻击"作为一个

---

[1] Scott Warren and Martin Libicki, *Getting to Yest With China in Cyberspace*, California: RAND Corporation, 2016, p.30.

[2] Robert Bebber, "Treating Information as a Strategic Resource to Win the Information War", *Orbis*, 61 (3), Summer 2017.

[3] Ben Buchanan and Michael Sulmeyer, "Russia and Cyber Operations: Challenges and Opportunities for the Next U.S. Administration", Washington, DC: Carnegie Endowment For International Peace, White Paper, December 13, 2016; James A. Lewis, John P. Carlin, Rick Ledgett, and James N. Miller, "Responding to Russia: Deterring Russian Cyber and Grey Zone Activities", Washington, DC: Center for International and Strategic Studies, March 16.

[4] 许蔓舒：《促进中美网络空间稳定的思考》，《信息安全与通信保密》2018 年第 6 期，第25—28 页；阙天舒、李虹：《中美网络空间新型大国关系的构建：竞合、困境与治理》，《国际观察》2019 年第 3 期，第 62—77 页。

[5] Tomas Rid, *Cyber War Will Not Take Place*, New York: Oxford University Press, 2013.

重要的案例来分析网络空间特种作战的特殊形态，分析了美国和以色列如何通过代码病毒来实现战略目标。[1]简·卡尔伯格探索了网络作战的战略理论，认为网络空间与物理空间存在本质上的差别，物理空间中的作战理念、模式和目标都无法应用到网络作战领域，因此，需要更加精确的战略目标来规划网络作战。[2]

实际上，关于网络战的讨论逐渐转移到"网络冲突"这一概念下，特别是低于武装冲突门槛或处于灰色地带的网络行动所导致的网络冲突。这是一个新的领域，需要有更多的理论探索来解释或者指导越来越激烈的网络冲突现象。网络冲突正在成为国际和平与安全的重要挑战，这种挑战背后有着复杂的来源。第一，约翰·马勒里认为，网络行动的进攻优势刺激了网络空间的先发制人行动，由此也侵蚀着国际安全架构设计下的安全，国际社会陷入了网络空间不安全困境。[3]第二，丹尼尔·斯塔福彻认为，网络力量、网络能力和网络战略上的长期不透明进一步加剧了误解和误判的风险，国家应当进一步加强透明度，建立彼此之间的信任。[4]第三，梅丽莎·哈撒韦认为，由于网络利用和网络攻击依赖同样的目标渗透技术，加之这是一个决策者不熟悉的、高度技术性的领域，以及网络行动的高度机密性，由此产生了意图的不确定性。要避免意图不透明导致的冲突，就需要国家遵守特定的网络规范。[5]第四，詹姆斯·米勒认为，低中级网络

[1] Eric Oliver, "Stuxnet: A Case Study in Cyber Warfare", in *Conflict and Cooperation Cyberspace: The Challenge to National Security*, Panayotis A Yannakogeorgos, Adam B Lowther, eds., New York: Taylor and Francis, 2013: pp.127—160.
[2] Jan Kallberg, "Strategic Cyberwar Theory—A Foundation for Designing Decisive Strategic Cyber Operations" (2016), Available at: http://works.bepress.com/jan_kallberg/32/.
[3] John C. Mallery, "Cyber Arms Control: Risk Reduction Under Linked Regional Insecurity Dilemmas", presentation at the International Institute for Strategic Studies, London, September 10, 2018.
[4] Daniel Stauffacher and Camino Kavanagh, "Confidence Building Measures and International Cyber Security", Geneva: ICT4 Peace Foundation, 2013.
[5] Melissa Hathaway, "Getting Beyond Norms: When Violating the Agreement Becomes Customary Practice", Waterloo, Ontario: Centre for International Governance Innovation, April, 2017.

能力的扩散使一些行为体，包括非国家行为体，能够在大国网络冲突中扮演催化剂的角色。[1]所有这些因素，加上溯源能力的不同，都增加了网络引发不稳定的风险。风险的不确定性和对风险的错误认知又导致网络大国之间的怀疑和不信任。随着不正当的网络大规模行动的曝光，我们也看到由此导致的安全困境以及产生的网络情报和军事竞争。

赫伯特·林认为，网络空间本身就是动态升级的领域（dynamic escalation），网络升级包括四种情况，分别是故意升级（deliberate）、疏忽升级（inadvertent）、偶然升级（accidental）、催化升级（catalytific），每一种升级都存在着引发危机的可能，国家需要建立相应的应对能力。[2]网络冲突之所以危险，还在于冲突降级的难度要远远大于常规武装冲突领域，罗伯特·阿克塞尔罗德认为，国家在冲突发生之前就应当掌握冲突降级的能力，并且清楚地知道在网络冲突危机期间需要具体做什么来实现冲突降级。[3]亚历山大·科林伯格在《深度网络：网络空间战争》一书中指出，网络冲突的后果不仅限于网络空间，并有可能引发大国在政治、传统安全以及经济领域的冲突，甚至战争。[4]

（四）网络规范

网络规范是对网络空间行为体行为的一种集体期待，这种期待是积极的、能被证明的，并且有助于网络空间的和平、稳定、发展、繁荣。因此，网络规范是约束国家行为，减少国家行为对网络空间稳定、和平、发展的破坏的重要因素。目前，许多国家已经开始在多个区域性和国际性组织平

[1] James N. Miller and James R. Gosler, "Report of the Task Force on Cyber Deterrence", Washington, DC: Defense Science Board, Office of The Undersecretary of Defense for Acquisition, Technology, and Logistics, Department of Defense, February, 2017.

[2] Herbert Lin, "Escalation Dynamics and Conflict Termination in Cyberspace", *Strategic Studies Quarterly*, Vol.6, No.3, 2012, pp.46—70.

[3] Robert Axelrod, "How to Deescalate a Cyber Conflict", *Journal of Military Cyber Affairs*, 2019.

[4] Alexander Klimburg, *The Darkening Web: The War for Cyberspace*, New York: Penguin, July 11, 2017.

台倡导建立网络规范，如区域性组织中的东盟地区论坛、欧洲安全与合作组织、上海合作组织、欧洲委员会，国际性组织中的联合国信息安全政府专家组、国际电信联盟、联合国裁军研究所等。

国际规范研究领域的著名学者和建构主义的代表人物之一玛莎·芬尼莫尔提出应当构建网络规范，并且系统性地对网络规范的生成、传播和应用开展了理论构建，其理论研究是较早也是最有影响力的。[1]约瑟夫·奈作为新自由主义的代表人物，自然在理论基础上不完全认同建构主义理论，但并不否认规范在国际制度中的重要作用。奈从国际规范的历史视角探索了如何通过构建网络规范来约束国家行为，促进国际和平。[2]托尼·厄斯金分析了构建网络规范的挑战，并提出了通过五个步骤来探索建立一个构建网络规范的框架。[3]罗杰·赫维茨认为国家需要建立和遵守网络规范，网络规范可以在维护网络安全和国际安全领域发挥重要的作用。[4]蒂姆·莫勒在2010年就从规范视角分析了联合国信息安全政府专家组的网络规范构建进程，分析了网络规范对于全球治理的重要作用。[5]莫勒还将重心放在构建全球金融、供应链领域的网络规范，提出国家应遵守相应的规范，不对全球金融基础设施发动攻击，不破坏供应链完整等。[6]

联合国信息安全政府专家组作为最重要的网络规范制定机构，在已经

[1] Martha Finnemore, Duncan B. Hollis, "Constructing Norms for Global Cybersecurity", *The American Journal of International Law*, Vol.110, No.3 (July 2016), pp.425—428.

[2] Nye, Joseph S., "Normative Restraints on Cyber Conflict", *Cyber Security*, Spring 2018, pp.331—342.

[3] Tony Erskine and Madeline Carr, "Beyond Quasi Norms: The Challenges and Potential of Engaging with Norms in Cyberspace", in *International Cyber Norms: Legal, Policy & Industry Perspectives*, Anna Maria Osula and Henry Roigas, eds., Tallinn: NATO CCD COE Publications, 2016.

[4] Roger Hurwitz, "The Play of States: Norms and Security in Cyberspace", *American Foreign Policy Interests*, 36:5, 2014: pp.322—331.

[5] Tim Maurer, *Cyber Norm Emergence at the United Nations*, Cambridge: Belfer Center, Harvard University, September, 2011.

[6] Tim Maurer, Ariel (Eli), "Levite and George Perkovich, Toward A Global Norm Against Manipulating the Integrity of Financial Data", Washington, DC: Carnegie Endowment for International Peace, White Paper, March 27, 2017.

发布的三次共识报告中都提出了相应的网络规范内容，是国际网络规范制定的最重要平台。[1]学术界围绕专家组应当如何构建规范、建立什么样的规范，以及如何推动规范的落实开展了大量的研究。[2]作为第五届专家组组长，德国外交官卡斯滕·盖尔认为，应当在欧洲安全与合作组织的框架下落实专家组制定的网络规范，促进欧洲在网络领域的安全。[3]在第五届专家组未能达成共识报告后，作为专家组组长，卡斯滕·盖尔对于专家组失败的原因以及可能的影响作出了深刻的分析。[4]

（五）网络空间国际法

网络空间国际法领域的研究也是国际政治领域的一个重要方向，一方面聚焦于现有的国际法（包括《联合国宪章》和《世界人权宣言》等）在网络空间的适用性，如联合国信息安全政府专家组工作中有很大一部分工作就是研究国际法适用问题；[5]另一方面是通过制定新的网络空间国际法

[1] Group of Governmental Experts on Developments in the Field of Information and Telecommunications in the Context of International Security，New York：United Nations General Assembly，A/70/174，July 22，2015；Group of Governmental Experts on Developments in the Field of Information and Telecommunications in the Context of International Security，New York：United Nations General Assembly，A/68/150，July 30，2013；Report of The Group of Governmental Experts on Developments in the Field of Information and Telecommunications in the Context of International Security，New York：United Nations General Assembly，AS/65/201，July 30，2010.

[2] Camino Kavanagh，"The United Nations，Cyberspace and International Peace and Security：Responding to Complexity in the 21st Century"，Geneva：United Nations Institute for Disarmament Research，2017.

[3] Karsten Geier，"Norms, Confidence and Capacity Building：Putting the UN Recommendations on Information and Communication Technologies in the Context of International Security into OSCE Action"，*European Cybersecurity Journal*，2（1），January，2016.

[4] Karsten Geier，"Chairman's Impressions of the Work of the Group of Governmental Experts on Developments in the Field of Information and Telecommunications in the Context of International Security"，New York and Geneva：paper distributed to Members of the United Nations General Assembly Committee on Disarmament and International Security，December 2017.

[5] Group of Governmental Experts on Developments in the Field of Information and Telecommunications in the Context of International Security，New York：United Nations General Assembly，A/70/174，July 22，2015.

来奠定国家在网络安全领域的关系。如联合国预防犯罪与刑事司法委员会正在推动建立打击网络犯罪的全球性国际法律协定和欧洲委员会建立的《布达佩斯网络犯罪公约》。[1]此外，由迈克尔·施密特教授牵头，多国专家共同参与编撰的《塔林网络战手册1.0》《塔林网络战手册2.0》等也是学术界在网络空间国际法领域的理论研究的重要学术成果。[2]

凯瑟琳·洛特里翁特认为，现有的国际法在应对国家网络行动时还存在一定的模糊性和不确定性，增加了受害国采取手段来进行反击的难度。[3]杰瑞米·拉布金提出，网络、机器人和太空的出现改变了现有的战争规则，国际法必须要赶上技术发展的步伐，才能应对挑战，维护国际和平。[4]国内的官员和学者在网络空间国际法问题上的研究也有非常多的成果，马新民、黄志雄、朱莉欣、陈欣等围绕网络空间的国际法的进展、国际法与网络安全、网络战等议题开展了研究。[5]

（六）新兴技术应用的挑战与治理

由于新兴技术的广泛使用、深度渗透，以及其带来的颠覆性，是影响网络空间大国关系与战略稳定的重要力量。新兴技术已经被应用在社会的方方面面，前所未有地提高了人类的生产力和社会治理能力，也带来了很

---

［1］ UNODC, "Comprehensive Study on Cybercrime", Feb 2013, Vienna; Council of Europe, "Convention on Cybercrime", 23 November 2001, available at: https://www.refworld.org/docid/47fdfb202.html.

［2］ Michael Schmitt, *Tallinn Manual on the International Law Applicable to Cyber Warfare*, Cambridge: Cambridge University Press, 2013; Michael N. Schmitt, et al., *Tallinn Manual 2.0 on the International Law Applicable to Cyber Operations*, Cambridge: Cambridge University Press, February, 2017.

［3］ Catherine Lotrionte, "Reconsidering the Consequences for State Sponsored Hostile Cyber Operations Under International Law", *Cyber Defense Review*, 3 (1), 2018.

［4］ Jeremy Rabkin and John Yoo, *Striking Power: How Cyber, Robots, and Space Weapons Change the Rules for War*, New York: Encounter Books, September, 2017.

［5］ 马新民：《网络空间的国际法问题》，《信息安全与通信保密》2016年第11期，第26—32页；黄志雄：《国际法视角下的"网络战"及中国的对策——以诉诸武力权为中心》，《现代法学》2015年第5期，第145—158页；陈顾：《网络安全、网络战争与国际法——从〈塔林手册〉切入》，《政治与法律》2014年第7期，第147—160页。

多安全上的困惑和挑战。如人工智能的伦理问题、区块链对主权货币体系的冲击、云计算对跨境数据流动的挑战、大数据的隐私保护难题，等等。一方面，新兴技术应用在国际体系中产生了新的权力与财富，大国之间围绕着权力划分和财富分配的竞争愈发激烈。这种无序的、不受约束的竞争对网络空间的和平与稳定带来严重的威胁。另一方面，新兴技术对国家安全、主权安全带来了极大的挑战，现存的国际体系，包括国际政治体系、国际法、国际安全架构，已经难以直接被用来解决新兴技术所带来的挑战。

人工智能作为新兴科技领域最重要的通用性技术，首先对人类社会伦理带来了重大挑战。这一研究主要是围绕着相应的倡议和技术标准展开，如 2017 年 1 月初举行的"向善的人工智能"（Beneficial AI）会议上建立了"阿西洛马人工智能原则"，会议主要的参与者是人工智能的开发者和公民组织，总结了科研问题（research issues）、伦理和价值（ethics and values）、更长期的问题（longer-term issues）等三大类问题及 23 条规则。[1]其中最核心的一点是强调应用应当嵌入一些基本的伦理基础，如人控制机器而不是机器控制人，并且要有价值观导向，如注重平等性、隐私、人权等。国际电气和电子工程师协会（IEEE）建立了关于人工智能的全球倡议，要确保从事自主与智能系统设计开发的利益攸关方优先考虑伦理问题，只有这样，技术进步才能增进人类的福祉。该委员会建立了《人工智能设计的伦理准则》，提出了人权、福祉、问责、透明、慎用五大总体原则，并且依据准则成立了 IEEEP 7000 标准工作组，设立了伦理、透明、算法、隐私等十大标准工作组。[2]

希瑟·罗夫认为，人工智能在军事领域的使用带来了三个层次的问题：致命性自主武器系统（LAWS）发展本身的安全与责任问题；在致命性自主武器的使用改变战争形态，引起战争门槛下降、成本下降、伤亡减小的情况下，人工智能的大规模使用带来了国际法问题以及对国际安全体系的冲

［1］ Asilomar AI Principles，https：//futureoflife.org/aiprinciples/.
［2］ IEEE, Ethically Aligned Design, http://standards.ieee.org/news/2016/ethically_aligned_de-sign.html.

击；人工智能军备竞赛问题。国际社会应当就这些议题尽快达成相应的国际规范和国际法，避免过度发展人工智能武器，控制人工智能武器的安全和扩散，提高使用门槛，降低人工智能器的滥用对国际安全体系的挑战。[1]

供应链治理是新技术应用所带来的两个新议题：一是供应链安全治理，二是供应链完整的治理。二者既有相同之处，也有不同特点。阿里埃尔·莱维特认为，供应链安全问题，主要指的是政府和企业在 IT/OT 产品和设备中植入恶意代码从而破坏了供应链的安全，政府和企业必须坚持信任、问责、透明和接受性的原则来确保供应链体系的安全。[2]供应链的完整问题是指以网络安全为由，对特定国家的企业实施禁令，如美国政府通过实体清单（entity list）制度，阻止美国企业向列入清单的企业提供零部件和服务。孙海泳认为，美国以供应链入手将中国华为公司等高科技企业列入实体清单，目的是要遏制中国在高科技领域的崛起。特朗普政府的这一做法客观上破坏了全球供应链的完整，给全球贸易和新兴技术的发展带来了极大的风险和不确定性。[3]

总体而言，现有的研究推动了网络安全、网络空间治理不断走向深入，但网络空间作为一个新兴研究领域，客观上为学术研究工作带来了各种困难与挑战。第一，传统国际关系理论无法简单地适用于网络空间。如国际法领域的研究过于强调现有法律原则、体系的适用，导致了由于缺乏技术的可行性难以被真正落实。第二，研究的议题过于模糊和宽泛。如规范性理论试图构建对网络空间中所有行为体和行为进行约束的理论框架，最终导致了网络规范的构建成为一个自发、长期、缓慢并且充满不确定性的领

---

[1] Heather Roff, "Meaningful Human Control or Appropriate Human Judgment? The Necessary Limits on Autonomous Weapons. Report", Global Security Initiative, Arizona State University, Geneva, 2016.

[2] Ariel E. Levite, "ICT Supply Chain Integrity: Principles for Governmental and Corporate Policies", October 2019, Carnegie Endowment for International Peace.

[3] 孙海泳：《美国对华科技施压战略：发展态势、战略逻辑与影响因素》，《现代国际关系》2019 年第 1 期，第 38—45 页。

域，与现实明显脱节。第三，研究缺乏整体性，无论是约瑟夫·奈提出的机制复合体理论，还是弥尔顿·穆勒、劳拉·德纳迪斯等人提出的议题驱动型方法、层级治理方法，都试图用分散的视角来寻找不同的治理议题、治理体系之间的联系，忽视了网络空间的整体性以及不同议题之间的相关性。所以，现存的理论探索更多是描述现存治理体系的现状，缺乏足够的解释力，导致了理论性不足。

三、研究对象与理论假设

本书的研究对象是全球网络空间稳定，从网络空间、大国关系、国际体系等多个层次分析了不同的变量所产生的影响，以及相应的治理体系构建。

（一）网络空间的主要特点

网络空间具有多面性，从不同的角度可以归纳出不同的特点，如从技术角度来看，网络空间具有实时性、匿名性的特点；从安全的角度来看，网络安全具有泛在性、易守难攻等特点；从经济角度来看，数字经济的新特点已经被总结为摩尔定律、梅特卡夫法则、达维多定律；从空间和系统的角度来看，网络空间是人类创造的虚拟空间，与物理空间相比，网络空间消除了物理空间在时间和地理上的界限，伴随技术的发展，还将不断加大对物理世界的改造和融合。网络空间从技术、制度和文明的不同角度给人类社会带来了新的思考，也增加了不同领域、不同学科对于网络空间理解达成共识的难度。例如，美国国防部最早提出网络空间是"第五空间"的概念，并被广泛地接受。"第五空间"的概念从学术逻辑上并不成立。实际上人类社会只有两个空间，一个是物理空间，另一个是网络空间，陆、海、空、天四个空间都包含在物理空间中，而且这四个空间都会映射到网络空间。[1]网络空间的特点是连接性、稳定性、完整性和流动性。

---

[1]　周宏仁：《网络空间的崛起与战略稳定》，《国际展望》2019 年第 2 期，第 21—34 页。

网络空间具有战略性，包括国家在内的行为体开始从战略高度来看待网络空间的崛起，它们的应对措施包括：加强网络军事力量建设，在加强防御的同时，威慑竞争对手；制定相应的战略规划来获取相对于对手的战略竞争优势；参与国际规则制定，最大程度地获取网络空间不断集聚的权力与资源。尽管网络空间对包括国家在内的行为体而言都具有战略性意义，但国家在采取相应的行动时，应当保持一定的克制，以避免酿成危机或加剧冲突的升级，破坏网络空间的和平与发展。

网络空间具有整体性，所有接入互联网的设备在技术层面都是可以相互连通的，网络空间将数百亿大大小小的设备连接到一起。未来随着物联网的发展，联网设备可能达到千亿级。这些设备都是通过相同的协议、介质、编码而连接成一个整体的，任何一个部分出现了问题，都有可能对整体产生冲击。国家在网络空间的行动不破坏网络空间的整体性。比如对于全球网络运营至关重要的互联网关键基础资源一旦出现问题，就会产生严重后果。此外，国家应当全力保护网络的韧性，避免由于个别安全威胁，影响整体网络空间安全，避免由于某一具体目标而损害整体利益。

网络空间具有全局性，空间中的议题往往具有全局性影响。一个方面出现问题，将会对空间整体产生影响。比如网络安全不仅是对国家安全的挑战，同时也与网络犯罪、网络恐怖主义密切相关。不仅如此，网络安全问题还会对经济发展、社会稳定带来负面影响。为维护网络安全，国家需要在经济发展和开放上作出一定取舍。

网络空间具有颠覆性。网络技术具有颠覆性的影响，它的演进促进了新的生产方式和思考方式，逐步地颠覆秩序和规则体系。如网络的实时传输改变了基于传统地缘所建立的时空概念，过去建立在物理世界的军事、安全观念和能力都不足以应对网络空间的安全与军事需要。国际社会应当采取措施将其对国际体系的冲击保持在可控的范围，不能触碰底线，不触发旧体系的解体。如现有国际安全架构无法应对网络安全挑战，则需要对现有国际安全架构进行完善以缓解不安全困境，这包括保护国际和国家关键信息基础设施以维护战略稳定。实践中，减少风险的措施包括军备控制、不扩散政策、出口控制、法律机制等。

现有的国际安排，如联合国信息安全政府专家组（UNGGE）、G20 和上海合作组织，都不足以缓和不稳定风险。面向未来，网络安全的国际架构可以采取两种模式，基于联合国模式，或者基于 G20 模式。前者可以吸收诸如国际原子能机构等机构的经验和优势，建立实体机构。对于后者，G20 模式覆盖了主要大国和地区大国，在立法、模式成熟度、效率等方面有优势，但是这个集体目前还主要是聚焦于经济问题。从历史上看，国际安全架构通常出现在冲突过后，例如威斯特伐利亚体系创立于三十年战争之后、现行国际秩序建立于第二次世界大战后。没有大规模的网络冲突为背景，设计一个有效的国际架构似乎是不切实际的，但是国际社会可以继续缩小网络大国的意见分歧，讨论理想的模式是什么，从而确保决策者对该议题有一个基本的共同理解。

（二）理论假设

从网络空间稳定切入，能够聚焦于网络空间中最重要的行为体和变量，探索网络空间大国关系中新的资源逻辑、权力逻辑，以及由此驱动的国家新的行为模式和互动模式。将稳定作为网络空间和平秩序的基础，避免过于宽泛的目标和模糊的对象。稳定概念具有很大的拓展性，会对网络情报收集、网络攻击、网络犯罪、网络军备竞赛等重要的网络安全问题产生实质性影响，是构建网络空间秩序的基石。因此需要从维护大国关系和国际体系平衡出发，提出约束国家行为和互动模式的目标和方法，并在此基础上设计相应的机制来保证约束的有效性。国家在网络空间中的行为和互动模式是自变量，网络空间稳定是因变量，二者是因果关系，国家在网络空间的行为模式（网络空间大国关系）决定了网络空间的稳定状态。

在此基础上，本书主要建立以下四个理论假设。

理论假设一：网络空间特殊的技术、商业和政治逻辑，改变了国家在网络空间的安全观念、行为模式和秩序理念，影响了国家间的互信与合作，加剧了冲突与对抗，使得网络空间大国关系陷入网络安全、外交和认知等多方面的困境。

理论假设二：陷入霍布斯式困境的网络空间大国关系，对网络空间的连接性、稳定性、完整性和流动性产生了冲击，影响了网络空间稳定，破坏了网络空间的和平与发展。

理论假设三：网络空间脆弱稳定的状态冲击了全球战略稳定，体现在网络安全、政治和经济对全球核战略稳定，以及对国际安全、国际政治和国际经济体系稳定造成的冲击。因此，可以说网络空间稳定是全球战略稳定领域面临的前所未有的重大挑战。

理论假设四：应从网络空间稳定制度框架、大国关系、国际规范、安全架构等多方面构建网络空间治理体系，促进国家之间的互信，减少冲突，加强合作，维护网络空间的和平与发展。

四、章节内容

除导论和结语外，本书共有八章内容，从网络空间稳定的历史与内涵展开，首先从国际关系视角出发，从权力结构、秩序演变、安全困境、错误认知等理论层面分析了网络空间秩序面临的挑战及其背后的影响因素，随后分析了网络空间不稳定的状态及其影响，并提出了理解网络空间稳定的多重视角。最后，文章提出了构建网络空间稳定的治理体系。

第二章到第五章是网络空间国际政治的理论探索，从四个层面深入探讨了网络空间秩序构建面临的挑战。一是从网络空间中的权力结构、大国力量格局和安全理念的演进等角度深入地分析了网络空间中的权力形态；二是分析了网络空间秩序演变，从治理理念、研究方式和秩序困境再到大国治理观念变化多个视角探索了网络空间秩序生成面临的挑战；三是聚焦网络空间中的安全困境、军备竞赛和国际治理机制失灵，层层递进，分析了网络安全对于秩序构建所带来的挑战；四是从网络空间中的错误认知、行为逻辑和政策转向重点分析了国家与网络空间的互动。

这几章还包含另外一条主线，即网络空间中的大国关系，各章从美、俄、欧盟等行为体的网络安全战略的理念、政策和影响出发，对国家在网络空间权力结构、秩序理念和行为模式的相关理论假设进行验证。网络空间大国关系困境是大国互动的结果，其背后反映了国家网络安全战略的变化。网络安全改变了国家的安全认知，也影响了国家在网络空间的行为模式。第一，国家会将网络空间视为战略竞争领域，从安全、经济、政治等全方位争夺网络空间的话语权和规则制定权。第二，国家倾向于夸大安全威胁，不断增加网络军备的投入，从而产生网络安全困境。第三，网络安全的复杂性增加了国家之间建立信任的难度，减少了合作的空间。第四，网络空间是匿名的，导致不负责任的国家行为越来越多。正是由于网络空间的上述属性和特点，大国在网络空间的行为有了新的逻辑和新的互动模式，这种模式正在逐渐地影响网络空间稳定。第五，对于构建什么样的网络空间秩序，各国之间存在着根本性分歧。更重要的是，无论国际社会采取哪一种治理方案，都无法回应和解决网络空间中面临的多种威胁和挑战。

我在这里提出了三个判断：首先，网络空间的权力结构正在从美国霸权转向后霸权时代，未来的权力结构形态还存在不确定性。其次，网络空间的秩序博弈将会伴随着权力结构的演变而处于长期的不确定性中。最后，国家在网络空间中的行为陷入安全困境，需要对网络安全技术及其政策建立正确的认知框架。通过对这些网络空间国际政治基本概念的假设和验证，为后续部分国家网络战略、网络空间大国关系和战略稳定等内容的展开奠定理论基础。

第六章探讨了网络空间不稳定及其影响，讨论了陷入霍布斯式困境的网络空间大国关系对网络空间稳定性产生的冲击，指出网络空间"巴尔干化"的加剧不利于网络空间的和平与发展。威斯特伐利亚体系诞生之后，国际社会建立的国际关系规则和制度体系难以简单地从物理空间延伸至网络空间，导致网络空间国家间关系需要基于网络空间特性来构建新的互动模式。缺乏信任、冲突加剧，以及缺乏集体行动机制是现阶段网络空间大国关系最重要的特征，其逐步陷入了霍布斯式的困境：围绕着权力的争夺成为大国关系的主线；对国际制度采取不信任的态度，更倾向于自助的方式来维护自身安全；对安全的重视高于其他领域，甚至不惜牺牲经济的效率和社会的活力。

第七章讨论了在网络空间与物理空间深度融合的大趋势下，维护网络空间稳定不仅有助于构建良性竞争的网络空间大国关系，也有助于维护全球战略稳定。该章界定了网络空间稳定的三种状态，并明确了其内涵，为接下来如何理解网络空间稳定，以及影响网络空间稳定的要素做了铺垫。随后，分析了网络空间稳定面临的挑战，包括大国在网络规则、创新、服务、标准、产品供应链方面的对抗，加剧了网络空间"巴尔干化"。这一章还提出了技术、认知、能力、制度等理解网络空间稳定的四个变量，着重分析了每一个变量对网络空间的影响。

第八章提出了理论的解决方案。提出要从建立制度框架、大国关系稳定、国际规范和安全架构等多个层面构建网络空间稳定的治理体系。一是认为技术—认知—能力—制度框架可以应对越来越复杂的技术及其应用对网络空间战略稳定所带来的挑战。通过技术—认知—能力—制度之间的互动更好地理解与评估技术的创新性与颠覆性之间，以及制度的规范性与约束性之间的辩证关系。要做到这一点就必须同步提升认知水平和加强能力建设，这样才能形成技术与制度之间的良性互动，维护网络空间战略稳定。二是分析了网络空间大国关系的三种状态，以及状态转变的触发条件，最后提出通过建立信任措施维护大国关系稳定。三是从建立网络规范的角度来探索如何降低国家行为对战略稳定的冲击，提出国家网络空间战略不应破坏网络空间的连接性、稳定性、完整性和流通性。四是强调应当构建维护网络空间稳定的安全架构，从双边和多边层面共同建立信任措施和网络安全架构来降低网络冲突和危机对战略稳定的冲击，提出应建立网络安全预防、稳定和信任机制，以便在危机和冲突过程中控制冲突程度，确保危机不会破坏稳定，认为国家应当在集体溯源、漏洞信息共享、国际关键信息基础设施保护、全球供应链安全等领域开展合作，打造维护网络空间战略稳定的技术和制度基础。在国际体系面临大调整、大变革之际，维护战略稳定是网络空间大国关系的主要目标，不仅对国际体系，对各国而言都有重要的意义。因此，这一部分将着重描述重塑网络空间大国关系的建议，针对网络空间中新的权力逻辑、安全逻辑、经济逻辑，提出塑造国家在网络空间中行为和互动的网络空间治理机制。从大国关系和战略稳定出发可以构建网络空间的基本秩序，改变国家行为模式和大国互动逻辑，从而维护网络空间的和平发展。

五、　创新与挑战

本书的创新之处包括理论创新和方法创新。

第一，理论创新。诸如以国际关系为视角，将国家、网络空间与战略稳定结合起来。提出将网络空间大国关系作为影响网络空间稳定、和平、发展的核心变量。基于物理空间与网络空间的映射关系，重点分析网络空间中新的权力逻辑、资源逻辑、安全逻辑对国家行为模式的影响，并以此来探讨网络空间大国关系的特点，分析其对战略稳定的影响。在论证网络空间大国关系对战略稳定的重要性时，间接对网络地缘政治进行分析，包括信息通信技术发展所形成的新的技术逻辑、商业逻辑对网络空间国家行为深层次的影响，解释网络空间大国关系与原本相对中立的技术和商业之间产生的新变化，进而从信息地缘视角分析网络空间问题，更进一步系统地阐释网络空间大国关系的定义及其特点。

第二，方法创新。开展安全、政治、经济和技术领域的跨学科研究。理论与实践深度结合，深入国际和国内一线开展深度调研。与中国、美国、欧盟等主管网络事务的部门以及联合国裁军研究所、毒品和犯罪问题办公室、人工智能与机器人中心等相关机构开展深度调研；采取跨学科的研究方法，将国际关系理论中的地缘政治学与网络安全、信息通信技术、数字经济、人工智能等前瞻性技术进行结合，寻求新的理论突破。

尽管本书有以上创新之处，但从客观的知识结构上来说，网络空间研究具有跨学科、跨领域的特点，在缺乏统一的"网络空间学"研究范式的基础上，任何研究都不可避免存在着边界不清晰、内涵不明确、影响不全面的情况，尽管本书对需要研究的对象进行界定，并且在研究范式上尝试性地做了一些开拓，但依旧存在概念、定义和逻辑不严谨的情况。从主观上来说，网络空间的研究需要涉及的学科领域十分广阔，网络空间的出现打破了人类在物理空间建立的知识体系，不同学科之间的融合、交叉趋势越来越明显，这对于本书的研究提出了极高的要求。本书在写作中也多采用国际关系的理论范式，对其他学科知识的匮乏导致本书不可避免存在着理解不全面、不深刻的地方，还需要今后不断地补充完善。此外，研究方法上还有待进一步拓展。大数据、人工智能已经应用在社会的方方面面，在社会科学研究方面也开始逐渐展开，作为一本研究网络空间的专著，缺乏这一方面的研究方法不得不说是一种缺憾。本书一定还存在着其他各种不足之处，期待读者能够不吝批评指正。

第一章

网络空间稳定研究的历史与内涵

　　"稳定"作为国际政治领域的一个概念，梳理它的历史沿革和内涵对我们理解网络空间的稳定性具有重要价值。本章在第一节和第二节分别对经典的"战略稳定"和"全球战略稳定"概念做了深入分析，为提出网络空间稳定奠定了理论基础；第三节对网络空间稳定相关的现状做了分析研究。

第一节

经典战略稳定的理解

　　"战略稳定"一词在国际关系领域是一个特殊的概念，指代国家在核领域的战略稳定关系。尽管对于"战略稳定"概念的核心存在基本的共识，但对于"战略稳定"概念的表述还是存在着不同的看法。爱德华·华纳三世将"战略稳定"理解为国家没有使用核武器的动机，也没有发生核冲突的状态。詹姆斯·爱克顿认为，战略稳定是一种稳定的威慑关系，如果在危机中双方均没有由于担心对手可能使用核武器而具有或感到有改变力量态势的动机，那么这种相互威慑关系就是稳定的。葛腾飞将美国战略稳定观总结为第一次打击稳定、危机稳定和军备竞赛稳定三个层面，较为全面地覆盖了美国战略界对于战略稳定的认知。[1]

核战略稳定来源于冷战时期的美苏核对峙，当前有关核战略稳定的研究大多是从美苏冷战时期的核对峙关系出发，在研究、分析冷战时期核战略稳定的内涵的基础上，提出进一步深化核战略稳定的具体措施。也有学者关注美苏冷战时期的"核战略稳定"概念对维持有核国家间和平的重要现实价值，以及对当今全球核战略稳定的重要历史意义。戴维·霍洛韦从美苏关系的视角出发，分析了核力量态势如何对美苏之间的核战略平衡造成影响。作者认为，通过加强信任措施，可以提升美苏战略稳定关系。[2]威廉·卡普兰则研究了美苏关系的走低对双方此前达成的军备控制协议的影响，并在此基础上分析了此种状态对核战略稳定的影响。卡普兰认为，美苏双方应以理性思维提升双方的军事透明度，加强核领域合作，避免军备竞赛，共同维护双方间的核战略稳定。[3]罗伯特·伯尔斯、莱昂·拉兹和布赖恩·罗斯通过回顾美苏冷战的历史，指出技术的进步使得战略稳定和威慑的概念趋向复杂化，在这种情况下，美苏双方误判的风险正在增加，此时双方的高层次对话对维护战略稳定关系显得格外重要。[4]戴维·麦克唐纳以美国小布什政府时期的核态势评估为切入点，探究了美国核战略政策给俄罗斯、中国等其他核大国带来的不安，并分析了此种核战略政策对中、美、俄之间战略稳定的影响。[5]菲奥娜·坎宁安和泰勒·傅瑞威尔从

[1] 葛腾飞：《美国战略稳定观：基于冷战进程的诠释》，《当代美国评论》2018年第3期，第64—89页。

[2] David Holloway, "Strategic Stability And U.S.-Russian Relations", *Meeting of the SuPR (Sustainable Partnership with Russia) Group*, December 6—7, 2011, pp.1—4.

[3] William Caplan, "Nuclear Stability in a Post-Arms Control World", *New Perspectives in Foreign Policy*, Issue 14, Fall 2017, pp.18—27.

[4] Robert E. Berls, Jr., Ph. D., Leon Ratz, and Brian Rose, "Rising Nuclear Dangers: Diverging Views of Strategic Stability", *NTI Paper*, October 2018, pp.1—20.

[5] David S. McDonough, "'Nuclear Superiority' and the Dilemmas for Strategic Stability", *The Adelphi Papers*, Volume 46, 2006-Issue 383, pp.63—84.

中美核战略稳定关系的视角出发，研究了中国的核政策可能对中美核战略
稳定关系产生的影响。[1]

　　冷战结束后，"战略稳定"的概念并没有随之消亡，但被赋予了新的
内涵。阿列克谢·阿尔巴托夫、弗拉基米尔·德沃尔金、亚历山大·皮
卡耶夫和谢尔盖·奥兹诺比雪夫认为"战略稳定"的概念（以及与战略
稳定有内在联系的核威慑原则）形成于冷战时期，即苏联和美国之间的
核对抗时期。在过去，战略稳定几乎总是通过双方战略进攻和防御武器
的比例来看待。冷战结束后，随着军事和政治环境发生了变化，战略稳
定的内涵得到了扩大。在这样的情况下，有必要弄清楚"战略稳定"概
念从诞生到后冷战时期的变化。[2]约翰·高尔认为，各国就"核战略稳
定"的概念达成一致，并通过核战略稳定维持当前有核国家之间的和平，
是一种现实可行的帮助有核国家摆脱核危险的途径。核战略稳定的逻辑
为有核国家提供了维护相互安全的战略思维。[3]泽内尔·加西亚研究了
第二次核时代下国家维持核战略稳定所面临的挑战，认为通过传统的双
边机制无法建立战略稳定。他指出，在第二次核时代，各国在战略上更
加相互依赖。国家必须认识到，发展和部署新武器特别是战略武器，将
不可避免地影响对其他国家的核威慑和常规威慑能力，从而破坏战略稳
定。[4]弗兰克·哈维结合核威慑理论，分析了核战略稳定之所以存在的
理论逻辑。哈维指出，核威慑理论简单且无懈可击的逻辑为战略稳定的

---

[1] Fiona S. Cunningham and M. Taylor Fravel, "Assuring Assured Retaliation: China's Nuclear Posture and U.S.-China Strategic Stability", *International Security*, Volume 40, Issue 2, Fall 2015, pp.7—50.

[2] Alexei Arbatov, Vladimir Dvorkin, Alexander Pikaev and Sergey Oznobishchev, "Strategic Stability after the Cold War", *Nuclear Threat Initiative*, Institute of World Economy and Inter-national Relation Russian Academy of Sciences, 2010, pp.1—55.

[3] John Gower, "Improving Nuclear Strategic Stability Through a Responsibility-Based Approach: A Platform for 21st Century Arms Control", The Council on Strategic Risks, *BRIEFER* No.1, January 7, 2019, pp.1—8.

[4] Zenel Garcia, "Strategic Stability in the Twenty-first Century: The Challenge of the Second Nuclear Age and the Logic of Stability Interdependence", *Comparative Strategy*, Volume 36, 2017-Issue 4, pp.354—365.

实现提供了直接的指导方针。[1]

在中国学者方面，当前文献主要是从大国核战略稳定关系特别是中美战略稳定的视角出发进行了相关研究。吴日强和埃尔布里奇·科尔比（Elbridge Colby）分别分析了中美在核战略领域的观点和立场，指明了中美在维护双方战略稳定领域可采取的具体措施。[2]邹治波、刘玮从非对称性战略平衡的视角出发，研究了中美构建核战略稳定性框架的主要内容，并分别在机制层面、结构层面进行了具体说明，作者认为二次核反击能力仍是中国构建对美核战略威慑的主要方式。[3]王志军和张耀文结合中美关系的现状，提出了构建中美核战略稳定关系的政策建议，强调美国需要克服"霸权抑郁症"，与中国一道务实解决具体问题。[4]胡豫闽和马英杰研究了美俄及中国在核领域建立信任措施的理念与实践，认为建立中美核信任十分必要，这对中美战略核关系的稳定具有重大意义。[5]葛腾飞则结合冷战的发展历程分析了美国的战略稳定观念，并对冷战时期美国战略稳定观点的特点进行了总结。[6]

网络安全给核战略稳定带来了严重的挑战。贝扎·乌纳尔认为，由于核武器系统大量地使用了网络进行通信、数据传输和态势感知等，核武器系统也会成为网络攻击的目标。[7]贝扎·乌纳尔在另一份研究报告中指出，

[1] Frank P. Harvey, "The Future of Strategic Stability and Nuclear Deterrence", *International Journal*, Volume 58, Issue 2, Spring 2003, pp.321—346.

[2] 吴日强、埃尔布里奇·科尔比：《构建中美核武器领域战略稳定》，《现代国际关系》2016年第10期，第49—51页。

[3] 邹治波、刘玮：《构建中美核战略稳定性框架：非对称性战略平衡的视角》，《国际安全研究》2019年第1期，第40—59页。

[4] 王志军、张耀文：《中美核战略稳定关系构建、分歧与对策研究》，《和平与发展》2017年第1期，第34—50页。

[5] 胡豫闽、马英杰：《中美新型战略核关系与美俄核信任问题研究》，《中国海洋大学学报（社会科学版）》2017年第3期，第65—73页。

[6] 葛腾飞：《美国战略稳定观：基于冷战进程的诠释》，《当代美国评论》2018年第3期，第64—89页。

[7] Beyza Unal and Patricia Lewis, "Cyber Threats and Nuclear Weapons Systems", in Borrie, J., Caughley, T., and Wan, W. (eds.) (2017), *Understanding Nuclear Weapons Risks*, United Nations Institute for Disarmament Research (UNIDIR), pp.61—71, http://www.unidir.org/files/publications/pdfs/understanding-nuclear-weapon-risks-en-676.pdf.

网络安全对核战略稳定带来了一系列的挑战，包括：国家忽视了核武器系统客观存在的一系列漏洞，导致存在程序被恶意感染的风险；国家无意发起的网络攻击扩散到核武器领域引发的核危机；缺乏危机应对能力导致的危机升级等。[1]

第二节

———

全球战略稳定

尽管"战略稳定"的字面意义本身很广泛，可以用于形容很多领域重要的稳定关系，但是"战略稳定"一词在国际关系领域是一个特殊的概念，指代核领域的战略稳定关系。从狭义上理解，即明确地指代核领域的战略稳定关系。从广义而言，战略稳定的内涵更加丰富，国际体系、主要大国之间关系都可以用"战略稳定"进行解释。

2019 年 6 月，中国政府与俄罗斯联邦政府联合发布旨在加强全球战略稳定的白皮书，并将"全球战略稳定"定义为世界性的国际体系形成后，体系处于一种不易发生改变的、均衡的、自我保持的状态，它包括大国之间的力量结构稳定和国际制度稳定。全球战略稳定对于制约大国战争，限制国际冲突的规模和范围具有基础性作用。战略稳定一旦遭到破坏，国际安全局势的不确定性将会大大增加。国际社会习惯将"战略稳定"视为核武器领域的纯军事概念，这不能反映当代战略问题所具有的广度和多面性。为实现捍卫和平与安全的目标，应当从更宽、更广的视角，将战略稳定看作国际关系的状态，主要包括在全球政治、军事领域的战略稳定。全球战略稳定是否能够实现，取决于主要大国，特别是有核国家对于维护现状的共识，并采取克制的对外战略。[2]

---

［1］Beyza Unal and Patricia Lewis，"Cybersecurity of Nuclear Weapons Systems：Threats，Vulnerabilities and Consequences"，January 2018，Chatham House.

［2］杨毅主编：《全球战略稳定论》，国防大学出版社 2005 年版，第 10—12 页。

中国与俄罗斯提出要维护全球战略稳定体系，认为除核武器之外，太空武器、生化武器以及新兴技术都是影响战略稳定体系的重要因素。

在全球战略稳定之外，也有使用"大国关系的战略稳定"这一概念的，特别是美国政府在文件中提出，要维护中美关系的战略稳定。这一方面当然是因为中美都是有核国家，另一方面是因为中美关系对于全球战略稳定的重要性在不断上升。中美如何在中美两国目前力量差距明显的前提条件下，为进一步维护中美战略稳定关系，创造一个让相对弱势一方享有安全感的整体安全环境显得意义重大，两国在军事与安全领域的互信对于建立这样的安全环境至关重要。

全球战略稳定由核战略稳定发展而来，相对于核战略稳定而言，一方面，全球战略稳定并非仅关注由核威慑所带来的战略稳定，而是将更多常规战略军事力量纳入分析范畴之中，探究影响全球战略稳定的多重因素；另一方面，全球战略稳定的内涵较核战略稳定而言也更加丰富，全球战略稳定形成的基础包括核力量与常规非核力量的威慑两个方面。全球战略稳定是核战略稳定的进一步延伸与发展。

广义战略稳定的提出是对"战略稳定"概念的丰富和完善：一是从历史层面将全球战略稳定提前到全球性的国际体系建立之后，是对战略稳定局限于冷战时期美苏关系的一种超越；二是内涵上更加丰富，从国际政治体系和国际安全体系的层面来分析全球战略稳定，更具有现实意义；三是随着冷战的结束，战略稳定发生了一定的变化，全球战略稳定更加能够反映当前国际体系现状，具有时代意义。

国外学者主要是从全球战略稳定的时代内涵、大国关系、新技术等角度对其进行研究。在"全球战略稳定"的概念、内涵方面，约翰·斯坦布伦纳从军事指挥的角度研究了"战略稳定"的内涵，认为战略稳定除了从战略部队的潜在脆弱性等方面来衡量以外，还需关注指挥、通信和控制系统对战略稳定的影响。[1]戴尔·沃尔顿和柯林·格雷探究了"战略稳定"

---

[1] John D. Steinbruner, "National Security and the Concept of Strategic Stability", *Journal of Conflict Resolution*, Volume 22, Issue 3, September 1978, pp.411—428.

的狭义与广义概念，即以武器为导向的"战略稳定"概念和"整体战略稳定"概念。沃尔顿和格雷指出，应对整体战略稳定给予更多关注，因为军事力量只是当前复杂战略稳定中的一部分。同时，他们强调美国应加强对技术、社会和经济变革等多重视角下的"战略稳定"概念的理解。[1]德米特里·特伦宁指出，相较于20世纪的战略稳定而言，21世纪"战略稳定"的概念与条件都发生了变化，有核国家的增多、网络对核力量的影响等因素使得当前的"战略稳定"概念更趋复杂。在这样的背景下，特伦宁提出了有助于促进全球战略稳定的六大措施。[2]

在大国关系方面，谢尔盖·卡拉加诺夫和德米特里·苏斯洛夫从现实美俄关系的视角出发，探究了"战略稳定"的定义与内涵，对美俄有关"战略稳定"概念的不同观点进行了分析，并提出了促进多边战略稳定的建议。[3]希瑟·威廉斯从《2018年美国核态势评估报告》（The 2018 U.S. Nuclear Posture Review，NPR）着手，认为美国定义"战略稳定"的方式发生了变化。他指出，美国更新了其战略稳定的内涵，将常规武器和新兴技术，特别是网络作为危机稳定和军备竞赛稳定的因素。[4]克里斯托弗·库克林斯基、珍妮·米切尔和蒂莫西·桑兹以中美俄战略稳定关系为背景，在传统核威慑的基础之上结合相关政策和条约，对大国间战略稳定的可行性进行了研究。[5]

在新技术方面，克里斯托弗·奇巴论证了新兴技术与战略稳定的关系，

---

[1] C. Dale Walton and Colin S. Gray，"The Geopolitics of Strategic Stability：Looking Beyond Cold Warriors and Nuclear Weapons"，Strategic Studies Institute，US Army War College（2013），pp.85—115.

[2] Dmitri Trenin，"Strategic Stability in the Changing World"，Carnegie Moscow Center，March 2019，pp.1—11，https://carnegieendowment.org/files/3-15_Trenin_StrategicStability.pdf.

[3] Sergei A. Karaganov and Dmitry V. Suslov，"The New Understanding and Ways to Strengthen Multilateral Strategic Stability"，Report of Higher School of Economics，National Research University，2019，pp.1—48.

[4] Heather Williams，"Strategic Stability，Uncertainty，and the Future of Arms Control"，Survival 60：2，March 2018，pp.45—54.

[5] Christopher T. Kuklinski，Jeni Mitchell and Timothy Sands，"Bipolar Strategic Stability in a Multipolar World"，Journal of Politics and Law，Vol 13，No 1，2020，pp.82—88.

分析表明各种新技术（从通用技术到特定的武器系统）都可能威胁或加强战略稳定。[1]于尔根·阿尔特曼和弗兰克·绍尔则从自动武器系统（AWS）的角度出发，探究了自动武器系统对战略稳定的潜在影响，他们认为自动武器系统易于扩散，必然会引发军备竞赛，从而增加危机不稳定和风险升级。[2]

中国学者则主要是从狭义的战略稳定——核威慑和相对广义的战略稳定——包括核力量与常规非核力量的威慑这两种角度进行分析。夏立平以"9·11"事件和美国退出《限制反弹道导弹条约》（以下简称《反导条约》）为背景，分析了在21世纪构建大国战略稳定框架的必要性。他认为，中国主张的以互信、互利、平等、协作为核心的新安全观应成为大国战略稳定框架的理论基础。[3]郭晓兵、龙云探究了《美苏消除两国中程和中短程导弹条约》（以下简称《中导条约》）对美苏战略稳定关系的重要意义，随着2019年特朗普政府退约，全球战略稳定环境必将受到重大影响，大国博弈必将卷土重来。[4]唐永胜从国际大变局与中国的战略机遇的视角出发，探究了在当前国际体系正经历深刻变迁的背景下，中国创新国家发展和安全理念的必要性，并以此为基础，为全球战略稳定提供动力。[5]石斌对战略稳定概念的复杂内涵进行了诠释，并结合大国构建战略稳定关系的历史经验，提出了构建战略稳定的基本动因及影响战略稳定的主要因素，对当前大国构建全球战略稳定关系具有启示意义。[6]此外，季志业从大国关系的视角出发，分析了中俄合作对促进全球战略稳定的重要作用，在美国接连

---

[1] Christopher F. Chyba, "New Technologies and Strategic Stability", *Daedalus*, Volume 149, Issue 2, Spring 2020, pp.150—170.

[2] Jürgen Altmann & Frank Sauer (2017) Autonomous Weapon Systems and Strategic Stability, *Survival*, 59:5, 117—142, DOI: 10.1080/00396338.2017.1375263.

[3] 夏立平：《论构建新世纪大国战略稳定框架》，《当代亚太》2003年第2期，第48—55页。

[4] 郭晓兵、龙云：《〈中导条约〉与全球战略稳定论析》，《国际安全研究》2020年第2期，第49—72页。

[5] 唐永胜：《中国如何为全球战略稳定提供持续动力——在国际变局中推进中国与世界的积极战略互动》，《人民论坛·学术前沿》2017年第14期，第37—44页。

[6] 石斌：《大国构建战略稳定关系的基本历史经验》，《中国信息安全》2019年第8期，第29—32页。

退出《反导条约》《中导条约》的情况下，中俄元首关于加强全球战略稳定的联合声明对于维护全球战略稳定意义重大。[1]

第三节

———

网络空间稳定

网络空间虽然是人造的虚拟空间，但物理世界的大国关系、国际体系对其有深刻的影响。网络空间演进过程中，国家的身影一直存在，大国关系一直在影响其发展。网络空间的演进与国家、国际体系之间存在着密切的互动，对其稳定产生了重要影响。

网络空间大国关系冲突加剧，成为影响网络空间稳定的不确定性因素。网络空间大国关系是传统大国关系在网络空间的同态映射，逐渐演变出大国关系冲突与合作的新逻辑。网络空间对物理世界中时空概念的重构、其新资源逻辑和权力逻辑使得国家在网络空间产生了新的行为模式，传统的大国关系面临一系列新挑战。如网络安全困境中国家的政策更加倾向于主动进攻；网络空间冲突的门槛降低，引发大国对抗的可能性增加；网络安全对抗引发国家在经济、贸易和科技领域的"新冷战"等。网络空间大国关系面临着更加复杂的信任建立、危机管控，影响了全球战略稳定。

网络空间战略性的不断增加凸显了对国家、网络空间和战略稳定进行系统性研究的重要性。首先，网络空间已经成为影响战略稳定的领域。例如，美国政府在政策文件中公开宣称，对美国网络关键信息基础设施的攻击将会招致包括核武器在内的各种力量手段的反击。其次，核武器的指挥与控制系统暴露在网络攻击下的风险不断增加，使得网络成为影响战略稳定的重要变量。最后，新兴技术应用所产生的安全问题对国际安全体系造

---

[1]　季志业：《中俄不懈努力，维护全球战略稳定》，《环球时报》2019年6月6日第014版。

成挑战，影响战略稳定。包括网络安全、自主武器在内的新兴技术的军事化应用颠覆了军事作战的形态，对国际安全体系带来了不确定性，形成新的威胁和挑战。

稳定对网络空间和平与发展的重要性得以凸显。网络空间存在着稳定、脆弱稳定和不稳定三种状态，网络空间大国的行为和互动模式将会决定稳定性。网络空间大国关系正在破坏网络空间的连接性、稳定性、完整性和流动性，从而危及网络空间以及全球战略稳定。网络空间大国关系给网络空间的安全与和平带来新的挑战，使得网络空间和国际体系出现脆弱稳定的状态，这种状态进一步恶化就会导致不稳定，如果得以改善将会出现新的稳定。

维护稳定，应从网络空间大国关系稳定和网络空间稳定架构两个方面来建立制度体系。网络空间处于稳定状态，有助于构建良好的网络空间秩序，改变网络空间大国行为模式，促进大国之间的互信，减少冲突，加强合作。这为探索网络空间大国关系和维护网络空间和平提供了新的理论和政策视角。

"网络空间稳定"是网络空间全球治理领域的一个重要概念，联合国裁军研究所（UNIDIR）为此机制性地举办"网络稳定研讨会"。研讨会主要是从军控角度来探讨网络空间冲突与稳定问题。例如，2019 年的研讨会主要聚焦于如何识别网络技术和政策对于全球安全和产业生态的影响、网络安全对于国际合作的挑战，以及寻求一条通过合作维护网络稳定的道路。荷兰政府支持的全球多利益攸关方组织"全球网络空间稳定委员会"（GCSC）也将维护网络空间稳定作为核心研究任务，委员会对网络空间稳定的定义是，个人与机构有足够的信心可以安全地使用网络空间；网络空间服务的可用性和完整性可以确保；变化相对以和平的方式进行；紧张局面将通过和平的方式予以消除。委员会还发布了一系列研究报告，提出了维护互联网公共核心、维护网络空间稳定的国际规范等，在国际社会拥有一定的影响力。

徐纬地探讨了在全球战略稳定构建的过程中核、太空、网络等与战略稳定之间的关系及其相互作用。[1]徐龙第结合网络空间战略意义日趋凸显的背景，分析了网络攻击对核安全及战略稳定的影响。[2]许蔓舒探究了促进网络空间战略稳定的相关路径，认为战略克制与互信是其中的重要基础。[3]沈逸认为，当前主要大国所强调的网络空间治理模式仍有差异，甚至有些国家的网络空间治理模式存在部分冲突面，治理模式差异与冲突面的存在将不可避免地对网络空间战略稳定造成一定影响。[4]也有学者从网络战争、国际法、网络威慑等多个视角进行了研究。在网络战争、网络冲突方面，詹姆斯·刘易斯认为，军事行动中的网络攻击不可避免，网络间谍行为可能带来误判，从而导致军事行动的升级，在这样的情况下，刘易斯提出了美国应对网络安全的六大原则。[5]马丁·李比奇指出，网络战争对战略稳定的消极影响被夸大了，核武器的继续存在限制了网络空间造成战略不稳定的能力。[6]

在国际法层面，克里安萨克·基蒂克沙里研究了国际法在网络空间的适用问题，并对当前网络空间国际法所面临的挑战与机遇进行了说明。[7]朱莉欣针对当前学界利用何种国际法促进网络空间战略稳定这一问题，认为我国应着力构建网络空间国际法新范式。[8]在网络威慑方面，爱德华·盖斯特指出，技术和作战上的现实使冷战时期的威慑稳定模式难以适应网

---

[1] 徐纬地：《战略稳定及其与核、外空和网络的关系》，《信息安全与通信保密》2018 年第 9 期，第 20—24 页。

[2] 徐龙第：《网络攻击、核安全和战略稳定》，《信息安全与通信保密》2018 年第 9 期，第 13—19 页。

[3] 许蔓舒：《促进网络空间战略稳定的思考》，《信息安全与通信保密》2019 年第 7 期，第 5—8 页。

[4] 沈逸：《全球网络空间治理原则之争与中国的战略选择》，《外交评论》2015 年第 2 期，第 65—79 页。

[5] James A. Lewis，"Conflict and Negotiation in Cyberspace"，The report of the technology and public policy program，February 2013.

[6] Martin Libicki，"The Nature of Strategic Instability in Cyberspace"，*The Brown Journal of World Affairs*，Vol.18，No.1（FALL/WINTER 2011），pp.71—79.

[7] Kriangsak Kittichaisaree，*Public International Law of Cyberspace*，Springer，1st ed，2017.

[8] 朱莉欣：《构建网络空间国际共同范式——网络空间战略稳定的国际法思考》，载《信息安全与通信保密》2019 年第 7 期，第 9—11 页。

络战争的新领域，为了对网络威胁产生最大限度的有效威慑，美国应该寻求通过建立一种强调复原能力、拒绝能力和进攻能力的技术网络战略来最大限度地挑战可能的对手。[1]马里亚罗萨里亚·塔迪奥研究了威慑理论适用于网络空间的有限性，认为这是威慑理论与网络冲突及网络空间本质的根本不同所导致的结果。[2]

军事维度的网络空间稳定指的是网络空间中的交互活动不会过度影响传统安全架构和力量态势的稳定状态。在这一状态下，网络导致的不稳定能够处于管控之下，包括先发制人的优势，第三方引发的冲突，误解、误判导致的不稳定相互作用，不安全困境，《武装冲突法》门槛下的网络行动所积累的影响，混合战争，网络攻击性，针对政治领导的武器化宣传运动等引起的不当风险，等等。总之，网络空间军事稳定项目研究将寻求缩小和控制"冲突以上，战争门槛以下"的任何风险。[3]

在政治—军事危机中，网络领域的动态变化加剧了不确定性，降低了危机稳定，加剧了升级风险。传统的国际安全架构一直在努力缓解不安全困境以确保战略稳定。功能性的规范和信任建立措施的积累和制度化能够增强稳定性，如果设计合理，以这些规范和措施为基础，可以构建起促进网络空间军事稳定的统一的国家行为规范。但是，考虑到网络领域危机的复杂性和快节奏，发出信号和危机沟通的传统办法是不够的。尤其是高层决策者对网络空间的变化，包括网络与物理系统之间的交互影响，缺少足够的理解，因此关于网络行动的高级教育培训就很重要。经过相关培训的决策者能够更好地管理网络危机中误读信号、误判和高敏感的风险；更进一步讲，要更细致地理解网络空间军事稳定变化，推动建立危机管理的最佳实践也非常重要。最终，网络大国间这些互动交流将有利于加深对网络

---

[1] Edward Geist, "Deterrence Stability in the Cyber Age", *Strategic Studies Quarterly*, Vol.9, No.4（WINTER 2015），pp.44—61.

[2] Mariarosaria Taddeo, "The Limits of Deterrence Theory in Cyberspace", *Philos. Technol.* (2018) 31:339—355, https://doi.org/10.1007/s13347-017-0290-2.

[3] https://cyberstability.org/research/.

领域的共同理解、制定稳定的互动原则和行为准则，从而保障稳定性、国家弹性和国际和平与安全。[1]

目前，大国意识到由军事系统对信息化的依赖而产生的不安全性在不断加剧，由此加快了网络军事能力建设。如果这种网络能力建设是有限的、平衡的，那么它对稳定性的负面影响可以避免。但是，"如果这种军事化没有边界限制，这将预示着网络空间的终结"。而且网络空间这种潜在的不稳定性被"石头"和"玻璃"的不对称性所加剧，即拥有损害能力（石头）的行为体多于拥有关键信息基础设施（玻璃）的行为体，这减少了保持克制的动机。由此，各方担心由于非国家网络行为体的活动，比如与网络攻击核指挥控制系统相关的风险而触发大国冲突。但是，当大国开始不得不寻求网络空间合作，包括合作打击网络犯罪和网络恐怖主义时，国际安全仍有一线希望。[2]

网络空间军事稳定的挑战使危机管理成为必要。军事和社会系统的信息化和网络作战领域的出现使得政治军事危机变得更加复杂。目前需要解决的难题包括管理威慑门槛之下的冲突、军事系统网络的低弹性、国家责任的模糊、实时和精确的归因，以及对风险的不同认知。理想状态下，网络空间的稳定架构需要努力寻求更高水平的透明、合作和终极稳定。实践中，这需要各种规范和建立信任措施的制度化，以弥补信号误解、惯性驱动下的危机升级和不受控制行为体的行为误导等问题。管理网络危机的根本目标是解决深层争端，避免威慑失败，安全地规制诱发事件。[3]

---

［1］ John C. Mallery and Elsa B. Kania，"Report on the Roundtable on Military Cyber Stability"，December 13—14，2016，Cambridge：Draft Report，MIT CSAIL，2017.

［2］ John C. Mallery and Elsa B. Kania，"Report on the Second Roundtable on Military Cyber Stability"，August 21—24，2017，Cambridge：Draft Report，MIT CSAIL，July 14，2018.

［3］ John C. Mallery，"Cyber Arms Control：Risk Reduction Under Linked Regional Insecurity Dilemmas"，invited presentation at the International Institute for Strategic Studies，London，September 10，2018.

第二章

网络权力结构、 力量格局与安全理念

　　如前文所述，网络空间给全球战略稳定带来多层次、全方位的挑战。探究网络空间稳定离不开对网络空间自身及其给国际体系所带来影响的深刻理解。这就需要深入地对一些基本的概念和重要现象做细致而深入的分析，在这基础之上，构建理解网络空间的框架。从第二章到第五章，本书分别从权力、秩序、认知和行为、安全困境等重要的国际政治概念以及相关理论出发，探索其在网络空间中的映射，从而建构起理解网络空间稳定的体系，为后文进一步探索构建网络空间稳定制度体系奠定学理基础。

　　本章主要探讨的内容是权力这一影响国际秩序的核心变量。"权力""权力结构""力量格局"是国际政治中的重要基础概念，这些核心概念映射到网络空间，形成了"网络权力""网络空间力量格局"等分析和研究网络空间国际政治的基本概念。这些概念是解释网络空间中国家的行为模式、大国互动和治理机制构建的核心变量。

第一节

————

网络空间权力的内涵

一、 国际政治视域下的网络空间

概念的定义是学术研究的起点和基础，但是关于网络空间的定义一直具有争议性，一种是以美国政府为代表的定义，其认为："网络空间是包括互联网、电信网络、计算机系统和嵌入式处理器在内的相互依赖的信息基础设施。"[1]这一类的定义不下百种，但基本都是以物理设备为属性对网络空间进行定义。社会学大师曼纽尔·卡斯特（Manuel Castells）在《信息时代三部曲：经济、社会与文化》中将网络空间定义为由历史性的社会关系赋予空间形式、功能和社会意义的物质产物，这开启了从空间、社会、行为体视角来重新理解网络空间的序幕。[2]马丁·利比基在两者的基础之上用分层的方式来定义网络空间，将网络空间分为物理层、句法层（syntactic）和语义层（semantic）。[3]理查德·伊瓦涅蒂奇（Richard Ivanetich）用逻辑层和认知层来替代句法层和语义层。美国国防部更进一步，将网络空间作为军事行动空间，提出网络空间是继陆地、海洋、空中和太空之后的第五空间概念。[4]当然，从逻辑上来看，网络空间不应与其他空间并列为五大空间，两者的关系本质上是物理空间与虚拟空间的对应关系。但是，第五空间概念的价值在于将军队、国家视为空间中的主要行为体，

---

[1] The White House，"Cyberspace Policy review：Assuring A Trusted and resilient Information and Communications Infrastructure"，https://irp.fas.org/eprint/cyber-review.pdf.

[2] 曼纽尔·卡斯特：《网络社会的崛起》，夏铸九、王志弘等译，社会科学文献出版社 2003年版，第 504 页。

[3] Martin C. Libicki，*Cyber Deterrence and Cyberwar*，RAND，2009，pp.12—13.

[4] Gen. Larry D. Welch，Cyberspace—The Fifth Operational Domain，IDA Notes，Feb 20，2011，https://www.ida.org/research-and-publications/publications/all/2/20/2011-cyberspace-the-fifth-operational-domain.

从而引发了对网络空间的另一层重要含义的思考，即国家作为网络空间中主要行为体时代的到来。

2013年6月爆发的"棱镜门"事件在很大程度上加深了人们对于网络空间的理解，美国国家安全局在网络空间开展大规模监听，控制了网络空间的海量数据，将网络行动的触角伸向了包括联合国、中国、德国、法国、巴西等在内的国际组织、政府机构，以及华为等全球大量的私营部门。网络空间成为国家安全的漏洞和不设防的疆域。"棱镜门"事件使得国际社会真正认识到网络空间国家主权的重要性。在主权缺失的情况下，网络空间成为霸权国家行使强制权的新疆域，而这种强制性权力行使的对象是网络空间所有的行为体，由此造成的危害是任何主权国家难以承受的。另一方面，作为掌握网络权力的一方，美国可以通过大规模监听自由进入他国的网络空间，控制网络设施，获取大量有用的情报，以及其他与国家利益有关的数据。

"棱镜门"事件唤醒了各国政府对网络霸权的反对。时任巴西总统迪尔玛·罗塞夫（Dilma Rousseff）因自己的通信工具被美国国家安全局监听，愤而取消赴美访问，并积极支持国际社会加大对美国的声讨。2015年，巴西组织召开第一届"多利益攸关方"（Net Mundial）大会，意在对美国开展大规模监听政策进行国际声讨。美国并不愿意放弃这种权力，大规模情报监听背后揭示的强制性网络权是美国在网络空间，甚至是物理空间中主导权的支柱。当然，对于其他国家而言，接受美国享有这种权力则意味着对自己国家安全利益的重大伤害。除了"五眼联盟"国家，包括美国的欧洲盟友在内的各国政府纷纷反对美国开展大规模监听。美国政府动用了各种外交资源对不同的国家采取不同的策略，成功地分化瓦解了国际反对同盟。但是，"棱镜门"事件揭示的网络权力成为影响各国政府网络战略、政策的重要因素。

二、网络权力的内涵

"权力"（power）是人类社会和国际关系中一个基础性概念，因此，不同的学科领域对权力有着极为广泛的定义。《牛津国际关系手册》提出，国际关系理论对权力的理解，基本上可以从能动性—结构、理念—物质性以及权力的本质这三方面的假定出发，得出四种不同的权力类型。迈克尔·巴尼特（Michael Barnett）和雷蒙德·杜瓦尔（Raymond Duval）在类型学理论中提出了较为系统的四种权力，分别是：强制性（compulsory）权力——一个行为体对其他行为体拥有直接控制力的互动关系；制度性（institutional）权力——行为体对他人实施间接控制；结构性（structural）权力——彼此直接关系中行为体的社会能力和利益构成；生成性（productive）权力——意义和表象系统中扩散下社会关系对主体性的生成或改造。[1]

巴尼特归纳的国际关系的四种权力来源，可以作为考察网络空间中的权力形态，分析网络主权条件和内涵的理论基础。戴维·贝兹和蒂姆·斯蒂文斯根据上述有关权力的理论框架，提出了强制性网络权、制度性网络权、结构性网络权和生成性网络权等四种网络权力属性。[2]贝兹对网络权力的定义主要是从多行为体视角出发，既有国家行为体，也有非国家行为体，并不能很好地解释大国关系中的网络权力。因此，本书在巴尼特和贝兹所总结的网络权理论框架和概念基础上，从国家间关系的视角，重新对强制性、制度性、结构性和生成性网络权的内涵进行了补充和完善，以求更好地反映国家对网络权力的认知，更清晰地展示网络权与网络空间国家利益之间的关系。

强制性网络权主要反映了一个国家通过强制性的方式在网络空间中迫使其他行为体就范，以获取自身想要的结果。强制性网络权是建立在进攻和防御性网络能力之上的权力，是通过网络对他国实施惩罚的权力。如美国对伊朗发动的"震网"病毒攻击和俄罗斯对爱沙尼亚和格鲁吉亚网络关键信息基础设施的攻击，都是行使强制性网络权的案例。国际社会对强制

---

[1] 克里斯蒂安·罗伊等编：《牛津国际关系手册》，方芳等译，译林出版社2019年版，第23—24页。

[2] David J. Betz and Tim Stevens, *Cyberspace and the State：Toward a Strategy and the State*, Routledge：New York，2011，pp.42—53.

性网络权尚缺乏明确的界定和规范，在上述案例中，各国政府都不承认自己发动网络攻击，甚至受害者在某些情况下也保持了沉默，国际社会更是难以知晓事件的来龙去脉。但通过媒体的报道和研究分析，学术界基本都认可，上述事件就是行使强制性网络权的案例。

制度性网络权是指通过控制网络空间中某些正式的和非正式的机构，间接获取想要达到的结果的一种权力。有一种解释认为，美国通过掌控互联网名称与数字地址分配机构（ICANN）建立对国际互联网的管理权，并将其作为一种权力对他国进行惩罚。历史赋予了 ICANN 在互联网发展过程中管理唯一通用识别符的地位。ICANN 之所以依旧是重要的和独特的，是因为 ICANN 奠定了今天全球唯一的互联网。美国曾经通过停止对特定域名的解析，使其他国家在互联网上消失，从而造成这些国家巨大的政治、经济损失，甚至还会造成社会动荡、政权更迭。[1]对于美国政府是否能够通过 ICANN 来停止对其他国家网络域名解析这一问题，国际社会依旧存在着争议。

尽管美国政府从未公开实施过这一权力，但在互联网数字分配机构（IANA）管理权移交的过程中，美国国会参议员泰德·克鲁兹公开声称域名管理权是美国国家资产，要求停止移交。2016 年 9 月 30 日，美国政府对 ICANN 的监管权正式到期，终结了国际社会和美国国内在 IANA 职能移交上的斗争，众多关心 ICANN 改革的人也因此松了一口气。2013 年的"棱镜门"事件突然将 ICANN 置于国际安全治理的核心位置。围绕 ICANN 的争议可以从"开关"和"电话簿"这两个角度展开。"棱镜门"事件之后，各国政府普遍认为 ICANN 是控制互联网的"开关"，美国政府通过控制 ICANN 来控制全球互联网。从 ICANN 的角度而言，其一直在刻意淡化自己互联网"开关"的角色，更愿意把自己比作互联网中的"电话簿"。ICANN 不认为自己有把其他国家从互联网中抹去的权力，尽管互联网"电话簿"有这种功能。"棱镜门"事件第一次让 ICANN 有了生存危机，但也让 ICANN 有了进一步改革和国际化的动力。ICANN 并非不可取代。首

---

[1] 杨剑：《数字边疆的权力与财富》，上海人民出版社 2012 年版，第 208—211 页。

先，从技术上去复制一个 ICANN 在今天根本不是什么难事。其次，随着大型互联网平台企业和移动终端的涌现，"电话簿"的功能在下降。谷歌、脸书以及 ISO 系统、安卓系统都已经实现了用功能模块来取代传统网站的功能，也不需要经过域名解析服务。最后，以".cn"和中文域名为代表的各国自主的域名体系也在某种程度上取代了 ICANN 的部分功能。

2019 年，国际电气和电子工程师协会（IEEE）和国际网络安全应急论坛组织（FIRST）因为美国政府将华为列入"实体清单"而暂停了与华为的合作。这两次事件再次提醒国际社会，美国政府与 ICANN 之间的关系依旧处于灰色地带，美国政府也从未否认过自己会使用这一制度性的网络权力。类似的事件表明，制度性网络权在网络空间具有很大的影响力，同时，也具有很大的破坏力。尽管美国在互联网发展的历史上作出了重要的贡献，也因此继承了历史性的制度性网络权，但是当互联网已经成为与水、空气一样的公共产品时，国际社会应当讨论如何规范这一权力的使用，毕竟没有任何一个国家愿意自己赖以生存的水和空气成为别人手中的权力。

戴维·贝兹更多的是从国家行为体与非国家行为体在网络中的权力形态分布来理解结构性网络权和生成性网络权。[1]在国际上比较有影响力的"多利益攸关方"模式认为，网络空间既包括国家行为体，也包括公司、非政府组织、学术团体乃至个人用户，其对于网络空间的开放、繁荣、透明同样重要，各方共同构成结构性网络权力体系。多利益攸关方组织认为，市场和社会应当在网络的运营和繁荣中发挥主要作用，国家的作用应当受到限制。随着国家在网络空间中的作用越来越明显，特别是在涉及主权、国家安全、执法等议题时，国家不仅是重要的行为体，而且是唯一具有合法性的行为体。因此，从大国关系的角度来看，将结构性网络权定义为国家在网络空间结构中的位置和排序更能反映结构性网络权力的本质。[2]

---

[1] David J. Betz and Tim Stevens, *Cyberspace and the State：Toward a Strategy and the State*, Routledge：New York, 2011.

[2] Jeremy Malcolm, *Multi-stakeholder Governance and the Internet Governance Forum*, Wembley, Australia：Terminus Press.

　　网络虽然是去中心化的，但是并不表示其是无中心的，去中心化主要是指网络特殊的协议和路由方式使得信息的传输路径是分散的、点对点的。如果换一个角度，无论是从服务器/客户机（CIS）的角度，还是从云服务的角度来看，信息的存储和分发之间依旧存在着中心与节点、中心与客户端之间的关系。不仅如此，如果从数据流动的角度来看，这种权力结构将更加清晰。美国不仅有最多的海底光缆通道，也有最多的数据中心。大量的海底光缆使得网络数据的传输会更多地经过美国，而数据中心使得全球的数据单向地向美国境内进行传输。这就使得美国处于网络权力结构的中心地位，其他国家也是依据自身的数据生产、传输和存储的能力在网络权力结构中进行排序。如果考虑到数据的使用能力，美国在大数据处理方面的能力将会加大这种结构性网络权力的不平等性。

　　生成性网络权是指，网络权力是分散在社会当中不同的行为之间，通过话语建构或者议程设置来掌握的权力。网络给非国家行为体提供了分享这种主权权力的平台，如社交网络为网民成为积极的政治参与者提供了话语权、舆论场地，同时削弱了政府的权威。在西亚、北非动荡中，生成性网络权的丧失是导致相关国家政府失去对政局控制并最终下台的主要原因。[1]

　　四种网络权的性质及其内涵展现了网络空间中独特的权力形态和生态。网络强国倾向于利用自身优势，进一步模糊网络边界，把自己的网络权延伸到弱国空间内。弱国不仅需要通过网络主权来维护自己的权力和安全，还需要不断提升自身能力来参与权力争夺的游戏。因此，网络权力背后的实力要素有助于更进一步理解和分析网络权力。

三、网络权力背后的要素

　　把网络权力分为强制性、制度性、结构性和生成性四种类型有利于更

[1] Philip Howard, "Opening Closed Regimes: What Was the Role of Social Media During the Arab Spring?", https://papers.ssrn.com/sol3/papers.cfm?abstract_id=2595096.

好地理解网络空间权力的分配和使用。从现实主义的理论视角来看，国家的一项重要利益诉求就是要增加自身的网络权力。除了美国、俄罗斯、中国等少数国家之外，这一点一度因为所谓"多利益攸关方模式"的盛行，而未能得到很多国家的重视。"棱镜门"事件之后，更大范围的国家网络权力的意识开始觉醒，越来越多的国家开始加入获取网络权力的进程。当然，不同的国家基于自身的情况，追求的网络权力类别各有不同。对大国而言，其战略往往是全方位地获取网络权力。

（一）强制性网络权背后的能力建设

强制性权力往往被称为"硬实力"，在传统国际关系理论中，先进和强大的军事实力是强制性权力的代表。如核武器具有的巨大毁灭能力，使得有核国家在国际体系中能够享有更多的权力；再比如航空母舰的数量和舰载机数量能够影响到军事实力的投送范围，拥有航空母舰的数量往往代表了国家是全球性大国还是区域性大国的区别。尽管武器数量不能完全等同于权力，但在现实中，大国往往会将拥有的"硬实力"作为大国权力地位的重要指标，并愿意为此付出较高的成本。

强制性网络权的背后也离不开传统"硬实力"的思维，如强调网络军事实力的建设，但是网络的虚拟性使得"硬实力"难以被感知，这使得它对强制性权力的作用难以发挥。托马斯·里德曾经对网络武器的暴力性与动能武器作了比较，认为网络武器对人的身体和心理所能造成的伤害都较小，暴力性较弱。因此，网络武器以及网络战所能带来的威慑力要远远小于动能武器和传统战争。[1]尽管网络武器单独作为一项武器的暴力性较弱，但是网络结合其他的攻击手段，所能造成的破坏和影响是巨大而深远的。比如网络对于战争的指挥与控制系统、信息通信中心、战场态势感知等方面所造成的破坏，已成为左右战争胜负的关键要素。因此，无论是进攻性还是防御性的网络军事能力建设，都是大国提升强制性网络

---

[1] 托马斯·里德：《网络战争：不会发生》，徐龙第译，人民出版社2017年版，第58页。

权的重要组成部分。

除此之外，网络特殊的属性还包括网络军事和情报能力的统一、军用和民用技术能力的统一。前者主要是因为网络军事和信号情报（signal intelligence）行动的方法、手段和目标有很大的相似性，所不同的地方仅仅在于其所要达到的目的。[1]美国网络司令部与国家安全局有密切的合作关系，其主要负责人往往兼任网络司令部司令和国家安全局局长两个职位。网络技术也同时具有军民两用的特点，甚至民用技术在很多领域远远超越了军事领域。因此，很多国家的军队积极与私营部门合作，以获取私营部门技术、产品和服务上的支持。美国政府与亚马逊、谷歌等互联网公司建立了多个合作项目，以支持军事能力建设。因此，强制性网络权的背后是国家的军事、信号情报、民用网络科技等多种能力要素的组合。

（二）制度性网络权背后的国际机制博弈

包括国际组织、国际非政府组织、国际制度等国际机制等在内的国际性制度安排是国际社会加强合作、共同应对全球性议题挑战的重要基础，同时，它也是国家间进行谈判和博弈的平台。国家在参与国际制度构建的进程时，往往具有明确的权力诉求。尽管制度性权力是一种间接的权力，但是在国际体系中却具有难以替代的作用，是确保不同权力诉求的国家达成共识、加强合作的基础。同时，国家也希望能够通过参与制度的设计和制度的运作来不断地维护自身的权力。国际机制已经成为国际社会应对全球性问题挑战、采取集体行动的基础。

制度性网络权也越来越成为国家间博弈的重要领域。在联合国信息安全政府专家组（UNGGE）、联合国信息安全开放式工作组（OEWG）、打击网络犯罪开放式专家组（IEG）等国际制度中，国家间的权力博弈贯穿始终。各国都希望在制度构建中能够最大化地反映自己的理念、利益和主张，

---

[1] Myriam Dunn Cavelty, Andreas Wenger, "Cyber Security Meets Security Politics: Complex Technology, Fragmented Politics, and Networked Science", *Contemporary Security Policy*, Vol. 41, No.1 2020, pp.5—32.

同时在最大程度上去制约对手。当然，现实的情况往往是通过各方权力的妥协来取得共识。当1998年俄罗斯最早提出要建立联合国信息安全政府专家组，以便探讨国际信息安全问题时，美国对此表示明确的反对。一直到2004年，美国网络安全战略进行调整之后，才同意建立该专家组。联合国大会中的裁军与国际安全委员会（第一委员会）根据联合国秘书长的指令，于2004年建立联合国信息安全政府专家组作为秘书长顾问，以研究和调查新出现的国际安全问题并提出建议。[1]政府专家组作为一个中心平台，主要讨论对国家使用通信技术所适用的有约束力和无约束力的行为规范，涵盖面从现行国际法在通信技术环境中的适用性到国家在网络空间的责任和义务，这些问题涉及关键信息基础设施保护、网络安全事件防范、信任和能力建设以及人权保护等。[2]通过这些问题讨论所产生的框架，随后由不同的区域、次区域、双边、多边或专门机构进行运作和实践。[3]

历届专家组工作的背后都反映了大国争夺制度性网络权，并试图通过专家组来维护自身利益的目的。第五届专家组由于美国与俄罗斯在"自卫权"和"反措施"等国际法适用问题上未能达成共识而宣告失败。美方的专家组代表米歇尔·马可夫在美国国务院发表官方声明，他认为如果专家组未能在报告中就"《国际人道法》中的自卫权、国家责任包括反措施"等达成共识，就等同于专家组未能完成使命。[4]俄罗斯官方代表安德鲁·克鲁斯基赫在接受俄罗斯塔斯社采访时说："自卫权、反措施等概念本质上是

［1］ Camino Kavanagh, "The United Nations, Cyberspace and International Peace and Security: Responding to Complexity in the 21st Century", United Nations Institute For Disarment Research, p. 3. http://www.unidir.org/files/publications/pdfs/the-united-nations-cyberspace-and-international-peace-and-security-en-691.pdf.

［2］ Ibid., p.11.

［3］ Ibid., p.15.

［4］ Michele G. Markoff, "Explanation of Position at the Conclusion of the 2016—2017 UN Group of Governmental Experts (GGE) on Developments in the Field of Information and Telecommunications in the Context of International Security", June 23, 2017, https://2017-2021.state.gov/explanation-of-position-at-the-conclusion-of-the-2016-2017-un-group-of-governmental-experts-gge-on-developments-in-the-field-of-information-and-telecommunications-in-the-context-of-international-sec/index.html.

网络强国追求不平等安全的思想，将会推动网络空间军事化，赋予国家在网络空间行使自卫权，将会对现有的国际安全架构如安理会造成冲击。"[1]

（三）结构性网络权背后国家在网络结构中的位置

对网络结构的分析离不开对于域名解析服务（DNS），特别是根服务器的探讨。由于全球 13 台根服务器主要分布在美国，因此美国处于网络结构的绝对中心位置。这种观点随着网络自身的发展正在发生变化。

网络发展的结果就是数据成为网络空间中最具价值的部分，2017 年 5 月 6 日，《经济学人》杂志的封面文章用醒目的方式将"数据即石油"作为标题。一个国家在网络结构中的位置，可以通过数据的生产、传输、存储、使用能力来进行衡量。数据既有经济价值，也有国家安全和战略价值。如果一个国家需要寻求结构性网络权，就需要从数据的生产、传输、存储和使用方面来增加自己的能力。从生产方面来看，大数据主要是由用户在使用网络服务时产生。一个国家的用户数量和网络的渗透度是决定数据生产量的关键。从传输角度来看，由于网络特殊的路由结构，特别是在跨境传输时，传统通道的数量和速度是决定数据流向的关键。美国国家安全局（NSA）就专门有在海底光缆中截获数据的项目。数据的存储是指数据的控制者（往往是提供数据的企业）一般会将数据存储在总部所在地，当一个国家拥有大量的企业，特别是互联网企业时，相应地就会拥有很多数据存储中心。除了数据的生产、传输、存储之外，国家对数据的使用能力也很关键，直接决定了数据可以产生的价值。总而言之，一个国家在网络空间的数据生产、传输、存储和使用方面的地位，在很大程度上决定了这个国家的结构性网络权。

---

[1] Krutskikh, Andrey, "Response of the Special Representative of the President of the Russian Federation for International Cooperation on Information Security Andrey Krutskikh to TASSQuestion Concerning the State of International Dialogue in This Sphere", June 29, 2017, https://www.mid.ru/en/main_en/-/asset_publisher/G51iJnfMMNKX/content/id/2804288.

（四）生成性网络权背后的软实力、话语权、议程设置权

生成性权力更多地通过对观念和话语的塑造来达到对行为体的影响。作为一个新的空间，网络空间中的生成性权力的来源更加广泛，影响力也深刻。例如在网络空间全球治理的理念、原则和方法，甚至是双边的网络外交中，各国围绕着生成性权力开展了激烈的竞争。

多利益攸关方模式是网络空间全球治理领域极为成功的生成性权力样本，通过将互联网关键资源治理领域所采取的自下而上、公开透明的多利益攸关方模式建构成网络空间全球治理的主要方式，非国家行为体为自己参与治理进程赢得了合法性和代表权。另一方面，相比较而言，有资源和能力参与网络空间全球治理的非国家行为体往往是西方国家。因此，西方国家与发展中国家对待多利益攸关方的态度截然不同。美国曾经倡导网络自由，认为网络空间是全球性公域而非主权领域，大力支持多利益攸关方模式。中国则提出了网络主权理念对应美方的网络公域，认为国家网络主权包括独立权、平等权、管辖权和防卫权。国家是网络空间中主要的行为体，多边治理模式与多利益攸关方同等重要。

第二节

———

网络空间力量格局的演变

力量格局是国家在网络空间的实力分布，它在一定程度上与现存国际体系中的力量格局关联密切，国家实力可以映射到网络空间。另一方面，网络空间所具备的特殊属性也对网络空间力量格局产生了很大影响，使得物理空间与网络空间的力量格局并非完全一致。根据网络空间的演进，可将网络空间的力量格局的发展划分为三个阶段。

一、"无政府"阶段

20 世纪 60 年代，美国政府开展了高级研究计划署网络（ARPAnet，阿帕网）项目。20 世纪 70 年代中期，传输控制协议和互联网协议（TCP/IP）的发明，使得阿帕网演变成如今我们所使用的互联网。互联网通过其广泛的连接性，将不同的信息以包的形式打破时间、空间的阻碍进行传输，这种互联互通的物理属性一定程度上决定了互联网治理所倡导的自由、开放理念。约翰·佩里·巴罗在著名的《网络空间独立宣言》中写道："互联网本质上是超国家的、反对主权的，你们的国家主权不适用于我们，我们自己来解决问题。"[1]这一时期，网络空间治理主导理念是"去中心化""去官僚化"，技术社群以独立开放的姿态打造独立开放的互联网，主权国家作为单独行为体参与网络空间治理的方式并不多。

这一阶段的特点是"I＊"在互联网关键资源治理机制中主导地位的形成，民族国家在网络空间的角色还处于被忽视的阶段。[2]无政府并不意味着混乱和秩序缺失，相反，依靠代码治理和技术社群的主导作用，这些社群的主要目标是研发和制定互联网运转的技术标准，保障全球互联网能够有效安全地运行。在这一技术社群主导网络空间治理时期，互联网到得了稳定、快速的发展。这一时期网络空间治理机制的共同特征是由私营机构主导，组织形式是松散的、自律的、自愿的，具有全球性、开放性和非营利性。[3]开放、透明、自下而上的多利益攸关方治理模式在网络空间秩序构建中发挥了重要作用。由于国家并没有过多地参与这一进程，很多人因此提出了所谓的网络空间自治论。[4]传统国际关系中以国家为主体的力量

---

[1] Barlow, J. P., *A Declaration of the Independent of Cyberspace*, MIT Press, 1996.
[2] I＊是指一系列以 I 开头的国际互联网组织，如 ICANN、ISOC、IAB、IETF 等，在互联网发展中扮演了核心角色。
[3] 郎平：《网络空间国际治理机制的比较与应对》，《战略决策研究》2018 年第 2 期，第 91 页。
[4] David Johnson and David Post, "Law and Borders: The Rise of Law in Cyberspace", *Stanford Law Review*, Vol.48, No.5, May 1996, pp.1368—1378.

格局并未在这一阶段的网络空间呈现。[1]这也反映了早期的互联网发展更多是基于技术和关键资源的分配，国家关注的安全、政治、经济议题尚未出现在这一阶段的网络空间治理中，ICANN、IETF、ISOC、IAB 是主要的治理主体。[2]

（一）互联网名称和数字地址分配机构

互联网名称和数字地址分配机构（The Internet Corporation for Assigned Names and Numbers，ICANN）于 1998 年在美国加利福尼亚州注册成立。该机构采用公司治理架构，核心管理团队包括董事会、监察官、首席执行官以及全职工作人员。该机构采取"多利益攸关方模式"进行政策制定，由各利益攸关方组成三个支持组织，即地址支持组织（ASO）、国家和地区代码名称支持组织（CCNSO）、通用名称支持组织（GNSO），以及四个咨询委员会，即政府咨询委员会（GAC）、一般会员咨询委员会（ALAC）、安全与稳定咨询委员会（SSAC）、根服务器系统咨询委员会（RSSAC）。[3]

ICANN 每年举行三次公开会议，基本上由全球五大区域（亚太、北美、南美、非洲、欧洲）轮流举办，会议期间，社群会重点围绕该机构的相关政策和组织规划进行讨论审议。此外，该机构会将其政策议题通过官方网站提请公众讨论和评议。2016 年 10 月 1 日，美国政府与该机构签订的《互联网数字分配机构职能管理权合同》自然失效，意味着互联网数字分配机构职能管理权顺利移交至全球多利益攸关方社群，标志着 ICANN 国际化进程进入新阶段。目前，ICANN 已成立全资子公司——公共技术标识符公司（PTI），承接互联网数字分配机构职能管理权。[4]

---

[1] 弥尔顿·穆勒：《网络与国家：互联网治理的全球政治学》，周程等译，上海交通大学出版社 2015 年版，第 3—4 页。

[2] Kahler, M. ed., *Networked Politics*：*Agency*，*Structure and Power*，Ithaca，NY：Cornell University Press，2009，p.34.

[3] Icannwiki：Multistakeholder Model，http://icannwiki.com/Multistakeholder_Model.

[4] 李艳：《社会学"网络理论"视角下的网络空间治理》，《信息安全与通信保密》2017 年第 10 期，第 18—23 页。

ICANN 是一个自下而上的治理体系，主要由下属的六个咨询委员会负责其实际运行，16 个董事会成员大多数来自各个委员会，而管理部门只有总裁有一个名额。尽管 ICANN 有着清晰的组织架构和明确的决策过程，但在人员组成上，ICANN 的管理人员和咨询委员会的成员大多来自早期创立互联网的工程技术人员。ICANN、IETF、ISO、IS 等互联网管理组织之间联系紧密、互相交叉导致互联网运营、管理领域是一个很封闭的圈子，外人很难进入。需要有大量的专业词汇和专业知识才能搞懂 ICANN 的基本流程。除此之外，这些工程技术人员大多数是义务、兼职地参与 ICANN 的管理运营工作，平时大多分布在美国信息通信技术（ICT）领域的各家公司中，其中有很多人来自微软、谷歌、脸书、赛门铁克等大型互联网公司，但大多数人的身份并不对外公布。

总体而言，ICANN 是一个集合了全球互联网领域商业、技术及学术专家的非营利性机构，负责域名系统根区管理，协调通用顶级域名（gTLD）与国家和地区顶级域名（ccTLD），协调全球互联网协议（IP）地址空间分配，提供协议标识符登记服务，系统管理以及开展根服务器系统运行和演进的协调，是一个旨在确保全球唯一标识符安全和稳定运行的技术协调机构。

（二）互联网工程任务组

互联网工程任务组（Internet Engineering Task Force，IETF）成立于1985 年年底，是一个国际民间机构，由为互联网技术工程及发展作出贡献的专家自发参与和管理。IETF 的技术工作是在各个工作组中完成的，涉及的领域包括 IP 地址的技术与设计、核心互联网标准设计、互联网接入和连接协调、互联网技术安全等。它汇集了与互联网架构演化和互联网稳定运作等业务相关的网络设计者、运营者和研究人员，并向所有对该行业感兴趣的人士开放。任何人都可以注册参加任务组的会议。该任务组每年举行三次会议，来自各个国家和地区的参与者通过这些会议来参与任务组的活动。[1]

---

[1] 王群：《计算机网络教程》，清华大学出版社 2005 年版，第 16 页。

IETF 的体系架构主要包括互联网架构委员会（IAB）、互联网工程指导委员会（IESG），以及在八个领域里面的工作组（Working Group）。互联网的标准制定工作具体由工作组承担，工作组分成八个领域，包括路由、传输、应用领域等。IAB 成员由 IETF 参会人员选出，负责监督各工作组的工作状况，核心任务是确定建立怎样的互联网，把握互联网的发展现状以及此后的建设规划。IESG 主要的职责是接收各个工作组的报告，对它们的工作进行审查，然后提出指导性的意见，甚至从工作的方向上、质量上和程序上给予一定的指导。

目前 IETF 共包括七个研究领域，共计上百个工作组。近些年，该任务组的研究热点主要集中在下一代互联网路由和寻址、IPv6、移动和安全性等几个方面；负责互联网相关技术规范的研发和制定，研究范围主要集中在基础设施之上、应用之下的层面，旨在为国际互联网领域的专业技术问题提供解决意见，并由其负责技术管理国际互联网指导组织（IESG）推荐国际互联网标准化协议，促进国际互联网研究任务组织（IRTF）向广大互联网社区传播先进技术，为国际互联网社区中的研究者、机构负责人以及网络管理员提供一个交换信息的平台。该任务组是互联网领域的国际性非政府互联网技术开发以及标准制定组织之一，在互联网技术发展过程中处于重要的领导地位。[1]

（三）国际互联网协会

国际互联网协会（The Internet Society，ISOC）成立于 1992 年 1 月，是领导国际互联网络发展并指导国际互联网政策制定的非营利、非政府组织，充分兼顾各个行业的不同兴趣和要求，高度关注互联网出现的新功能与新问题。ISOC 的宗旨主要包括四方面，分别是推动互联网的法律保护、互联网企业自律、互联网标准制定和与互联网相关的公共政策研究。ISOC

---

[1] 参见 IETF, The Internet Standards Process Revision 3, para.1, https://datatracker.ietf.org/doc/rfc2026/。

在全球 72 个国家拥有超过 8 万名会员和 110 个分会以及超过 140 个组织会员。ISOC 代表由公司、非营利协会、企业家和个人组成。

ISOC 同时还负责 IETF、IAB 等组织的组织与协调工作。ISOC 的日常运作主要由以下部门及人员来实现：国际理事会、国际网络会议与网络培训部、地区与当地分会、各个标准与行政团体、委员会、志愿人员。ISOC 每年组织两次全球互联网大会（INET），重点讨论国际互联网络的世界性架构、实施互联网技术、应用软件、相关政策以及 ISOC 执行政策的情况。[1]

ISOC 为全球互联网发展创造开放、有益的条件。其在全世界各地成立分会，推广与宣传互联网技术、发布相关信息并进行培训等，同时还积极致力于社会、经济、政治、道德、立法等能够影响互联网发展的工作。ISOC 还与高级网络服务组织（Advanced Network Services）进行合作，担任国际教育考试（Think Quest）的评委，这项考试专门提供 100 万美元资金用于中学生发展创新性的网络基础教育工具。ISOC 不仅推动技术进步，还确保互联网作为创新、经济发展和社会进步的平台得以持续发展，是全球互联网政策、技术标准及未来发展的领导者。

（四）互联网架构委员会

互联网架构委员会（Internet Architecture Board，IAB），是 ISOC 的咨询委员会和国际互联网标准化组织 IETF 的顶层委员会，成员为探讨互联网架构的研究者，在广泛的网络领域中提供专业性知识资源和指导意见。委员会由 12 名成员、互联网工程任务组主席以及若干名观察员组成，他们均以个人身份参加，而非任何公司、机构或其他组织的代表。委员会负责监督互联网协议与程序的架构，批准互联网工程任务组制定的标准，任命 IESG。[2]

IAB 负责互联网协议体系结构的监管，把握互联网技术的长期演进方向，负责互联网标准的规则制定，指导互联网标准文档 RFC 的编辑出版，

---

［1］ "About the IETF," *Internet Society*，https://www. internetsociety. org/about-the-ietf/.

［2］ Joe Waz and Phil Weiser, "Internet Governance: The Role of Multi-Stakeholder Organization", *Journal on Telecommunications and High Technology Law*，Vol.10，2012.

负责互联网的编号管理，组织与其他国际标准化组织的协调，任命互联网工程任务组主席和国际互联网研究组织（IRTF）主席等。[1]IAB 经常召开业务和技术会议，它的成员在广泛的互联网相关问题上都非常活跃，虽然它组织小组来制定想法和技术原则，但它通常不会提出完整的实施建议，其目的一般是协助 IETF 提高互联网的标准化水平。IETF 标准文件的编辑管理工作由 IAB 负责，IAB 还就互联网和技术问题向互联网协会提供政策建议。

IAB 是 ISOC 的技术咨询团体，隶属于该协会并承担该协会技术顾问组的角色；IAB 负责定义整个互联网的架构和长期发展规划，通过 IESG 向 IETF 提供指导并协调各个 IETF 工作组的活动，因此可以认为 IAB 是 IETF 的最高技术决策机构。另外，IAB 还是国际互联网研究机构的组织和管理者，负责召集特别工作组会议并对互联网结构问题进行深入研讨，同时提供长期的技术方向，确保互联网对隐私和安全性问题提供坚实的技术基础，为互联网发展确定技术方向。

由此可见，在网络空间的"无政府"时代，互联网的治理工作主要由技术社群担任，它们以共识为基础的互动模式，一般采取的是自下而上、公开透明的方式，需要在多个行为体之间达成共识。通过技术方式维护互联网稳定运转是其主要任务，各组织各司其职的同时相互交流与合作，协商一致。这种治理方式与传统上政府自上而下的管理模式形成鲜明反差。这一时期确立的互联网自由主义精神和文化对此后的网络空间治理带来了深远的影响。[2]

二、美国霸权阶段

随着人类社会的安全、政治和经济活动不断映射到网络空间，美国凭借其技术上的先发优势，成功地将自己在物理世界中的实力映射到网络空

---

[1] 参见：《清华教授李星入选互联网体系结构委员会》，中国教育和科研计算机网 CERNET，2013 年 3 月 21 日，https://www.edu.cn/xxh/focus/201303/t20130321_919796.shtml。
[2] 郎平：《网络空间国际治理机制的比较与应对》，《战略决策研究》2018 年第 2 期，第 91 页。

间，成为网络空间具有超强实力的国家。[1]这一阶段，美国在强制性、制度性、结构性和生成性网络权方面全面领先于其他国家。因此，美国成为网络空间唯一的霸权国家，决定着网络空间的商业、政治和安全秩序。其他国家实质上都是接入美国的互联网，也被动地接受了美国对于网络空间秩序的安排。[2]

美国的强制性网络权体现在军事上大力发展网络军事和信号情报力量，网络司令部和国家安全局不断进行扩张。此外，美国多次对其他国家开展网络行动，除了大规模监听之外，美国还在伊朗的核设施中植入"震网"病毒，致使数千台离心机报废。

制度性网络权方面，在技术治理互联网发展早期形成的技术社群如互联网名称和数字地址分配机构、互联网工程任务组、国际互联网协会、互联网架构委员会多位于美国境内。这一阶段的互联网治理主要围绕互联网域名注册与解析及其相应的 13 台根服务器控制权、互联网协议地址分配等关键资源展开争夺。美国几乎控制了互联网标准制定，并拥有所有国际组织和核心企业，拒绝将相关管理职能国际化或交由联合国专门机构管理。[3]这一时期是互联网快速发展的阶段，大量新的技术及技术标准被创造出来，美国政府借机大力推动信息技术发展，并制定了一系列国际技术标准、行业和产业规范。而网络发展中国家还处于学习、借鉴阶段，这使美国等发达国家在该领域处于绝对强势地位。[4]

美国政府与其境内的私营部门、市民社会结盟，与其他国家在互联网关键资源归属问题上博弈。互联网关键资源包括：IP 地址分配、协议参数注册、通用顶级域名系统管理、国家和地区顶级域名系统的管理及根服务

［1］ John B. Sheldon，"Geopolitics and Cyber Power：Why Geography Still Matters"，*American Foreign Policy Interests*，36：5（2014），pp.286—293.

［2］ Madeline Carr，"Power Plays in Global Internet Governance"，*Millennium：Journal of International Studies*，43（2），2015，pp.640—659.

［3］ 沈逸：《全球网络空间治理原则之争与中国的战略选择》，《外交评论》2015 年第 2 期，第66—70 页。

［4］ 杨剑：《数字边疆的权利与财富》，上海人民出版社 2012 年版，第 213—221 页。

器系统的管理和时区数据库管理等。有学者形象地用掌握网络空间中的"封疆权"来形容互联网名称与数字地址分配机构在网络空间治理中的地位。[1]

由于历史的原因，这些资源一直由美国国家通信与信息管理局（National Telecommunication and Information Administration，NTIA）下属的互联网数字分配机构（Internet Assigned Numbers Authority，IANA）负责管理，美国国家通信与信息管理局通过定期与互联网名称和数字地址分配机构签订合同，授权其管理互联网数字分配机构的职能。因此，可以认为美国政府控制着互联网的关键资源。联合国任命的互联网治理工作组（WGIG）在报告中指出，美国政府单方面控制着如根区文件在内的互联网关键资源。国际社会一直对这种情况有所不满，互联网治理工作组报告中提出了四种方案以取代既有架构，希望通过政府间组织或全球性机构来接管互联网关键资源。[2]对于互联网名称和数字地址分配机构来说，虽然一直寻求独立于美国政府并与之开展了多次争夺，但它更关注的是如何避免其他政府间组织或机构接管或取代其地位。弥尔顿·穆勒将这种现象描述为"一些网络自由主义者甚而最终转变成了国家主义的秘密支持者，因为只要被挑战的国家是他们的祖国，他们就转而为美国辩护，允许其控制、主导互联网"。[3]

因此，在一些情况下，互联网名称和数字地址分配机构选择与美国政府"结盟"共同阻止其他国家或政府间组织影响其治理结构。在它的组织架构和决策体制中，各国政府代表所在的政府咨询委员会（Government Advisory Committee，GAC）只有资格提名一名不具有表决权的联络员。网络发展中国家认为，作为一种互联网治理的国际机制，在该机构中来自网络发展中国家的代表性不足，在其未来的管理架构中，应当体现政府的职

---

[1] 杨剑：《数字边疆的权利与财富》，上海人民出版社 2012 年版，第 213—221 页。

[2] WGIG, Report of the Working Group on Internet Governance, Château de Bossey：WGIG, 2005，http://www.wgig.org/docs/WGIGREPORT.pdf.

[3] ［美］弥尔顿·L.穆勒：《网络与国家：互联网治理的全球政治学》，周程等译，上海交通大学出版社 2015 年版，第 4 页。

责和权力，增加政府咨询委员会的权限。但该机构多次表示不会接受这种改变。对于这种情况，无论是在政府咨询委员会中，还是在该机构的全体会议上，美国政府代表与该机构的官方立场高度一致。直到"棱镜门"事件爆发，美国政府才迫于多方面压力，宣布重启互联网名称和数字地址分配机构的国际化进程，这将网络空间治理博弈导向了新的阶段。

在结构性网络权方面，硅谷的崛起使得美国的互联网企业几乎垄断了网络领域从硬件、操作系统、软件、应用等全生态系统，美国一度处于绝对领先地位。特朗普"美国优先"中的民粹主义、孤立主义和民族主义改变了美国在网络空间结构中的地位。特朗普政府用一种片面的、极端化的逻辑来理解网络技术、经济、外交和人文与美国国家安全的关系，将对手在网络技术上对美国的超越或领导权的挑战视同对国家安全的危害，并假定，对手特别是有不同政治制度的国家一定会利用先进的网络技术来危害美国国家安全。[1]特朗普将维护美国利益的落脚点放在将对手踢出 ICT 科技创新体系和全球供应链体系，这有可能造成网络空间的分裂，从而反过来危及美国在网络空间的地位，损害美国的结构性网络权。

特朗普政府将这种泛网络安全思维用于审视经济和贸易活动，只要是跟信息通信技术相关的经贸活动，都会受到相应的监管。首先是以网络安全为由加强对技术出口的监管，美国国会制定了《出口管制改革法》，商务部工业安全署（BIS）根据法律授权出台了一份针对关键技术和相关产品的出口管制框架，其中规定的 14 个限制领域类别大多与网络科技相关，如人工智能、先进计算、微处理器技术、数据分析、量子信息、机器人、脑机接口等技术均被禁止向中国出口。这些技术领域与中国建设网络强国战略中提到的领域高度重合，很显然，美国政府认为这些先进技术会增强中国的网络实力。[2]其次是禁止外来投资，美国认为外国可以通过投资来曲线

---

[1] Ionut Popescu, "Conservative Internationalism and the Trump Administration?", The Orbis, winter 2018, pp.91—95.

[2] 参见钟燕慧、王一栋：《美国"长臂管辖"制度下中国企业面临的新型法律风险与应对措施》，《国际贸易》2019 年第 1 期，第 93—97 页。

获取美国网络技术。因此，美国外国投资审查委员会（CFIUS）扩权，其主要目标是阻止中国对美国网络技术相关领域的投资。2017 年以来，一系列中国企业在美投资被叫停，包括蚂蚁金服收购速汇金、峡谷桥基金收购莱迪思半导体、TCL 收购诺华达无线通信等。[1]这些收购被叫停的原因包括网络安全中的数据、技术和设备安全等因素。最后是定点打击其他国家信息通信技术、网络安全领域的领先企业，综合运用政治、执法、市场等多种手段来实现目标。例如在《2019 财年国防授权法案》中，美国无端指责华为、中兴为中国政府提供情报收集服务，仅以存在可能性为由就不允许华为进入美国市场，包括手机这样的消费品市场。[2]

在生成性网络权方面，美国正面临着重大的挑战。美国在网络空间全球治理领域拥有的话语权和议程设置能力遭受过两次重要打击，一是"棱镜门"事件揭开了美国"虚伪"的面具，降低了美国的生成性网络权。二是特朗普上台后，强调"美国优先"，放弃了对软实力的追求，客观上对美国的生成性网络权造成严重打击。

奥巴马政府的网络安全战略主要反映了民主党自由主义国际思想，认为美国要发挥在网络空间国际规则方面的引领作用，追求增加软实力；注重国际法在网络空间中的适用；强调网络规范在约束国家行为方面的作用，积极推动与网络大国之间建立信任措施；对网络军事行动采取比较谨慎的态度，更愿意通过综合使用外交、政治、经济、执法手段，如"点名批评""外交施压""经济制裁""司法起诉"等"跨域威慑"（cross-domain deterrence）的方式来解决网络安全冲突。奥巴马政府更强调美国在网络安全领域的领导权，把基本自由（fundamental freedom）、隐私和信息自由流动视为核心原则，注重通过承担责任和义务来获取美国的领导权，并强调网络空间的国际性，重视其他国家、组织、私营部门的共同参与。[3]

［1］ 参见李巍、赵莉：《美国外资审查制度的变迁及其对中国的影响》，《国际展望》2019 年第 1 期，第 51—53 页。

［2］ H.R. 5515，"National Defense Authorization Act for Fiscal Year 2019"，pp.163—164.

［3］ The White House，"International Strategy for Cyberspace"，May 2011，pp.3—16

相比之下，特朗普政府将美国网络霸权视为理所当然，不容挑战。其在《网络安全国家战略》中指出，网络空间的崛起与美国成为唯一的超级大国有密切关联，互联网的开放、互操作、可靠与安全离不开美国的霸权。[1]对于任何可能对美国网络霸权发起挑战的潜在国家，美国政府将予以高度防范和打击。在网络空间国际治理层面，特朗普政府一改前任政府的积极姿态，消极对待国际社会在这些领域的努力。美国不仅对联合国等组织推动的多边进程缺乏兴趣，还反对其他国家和组织提出的倡议。特朗普政府反对成立联合国信息安全开放式工作组，拒绝签署法国政府在 2018 年《世界和平大会》期间提出的旨在维护网络空间信任与和平的《网络空间信任和安全巴黎倡议》（以下简称《巴黎倡议》）。在奥巴马政府时期，美国和英国政府支持下建立的"伦敦进程"（London Process）一度被认为是网络空间治理领域最有影响力的机制之一。特朗普政府不仅没有投入资金支持类似的国际治理机制，也不愿意在政治上积极参与，导致这些原本受美国支持的国际机制的影响力江河日下。

特朗普政府从根本上质疑国际治理的作用，认为构建网络空间国际治理机制的谈判可能需要数十年才能有成果，耗时费力。即使达成了共识，网络安全的抵赖性也为美国的竞争对手不遵守这些国际机制提供了灵活操作空间。[2]因此，美国反而会因为遵守国际机制而自缚手脚，让对手获得竞争优势。特朗普政府将网络空间国际治理机制视为落实美国网络战略的工具，一旦无法达到目标，就予以坚决抛弃。如在第五届联合国信息安全政府专家组谈判中，尽管各方对于报告中 90% 以上的内容都达成了共识，但由于在美国主张的赋予国家在网络空间的自卫权上存在争议而未能发布报告。美国的态度非常坚决，如果不能满足这一条，宁愿专家组机制失败。[1]这与第四届专家组中美国表现出的协商与合作态度形成了鲜明对比。

如上所述，为充分维护美国网络霸权，特朗普政府不惜在整个高科技领域树立起一堵高耸的围墙，对竞争对手实行全面的科技封锁，试图切断双方在高科技领域的一切联系，但这一战略的效果显然并不理想。首先，以美国监管机构现有的人力物力，很难有效地对所有高科技领域和相关经贸活动进行筛查和阻隔。其次，全面科技封锁战略也会对美国造成附加损害。当前，世界各国在科研、供应链、人才和投资方面的联系前所未有地密切，世界科技一体化程度远超特朗普政府的评估。美国强行在科技领域进行封锁、切割只会适得其反，非但没能维护美国的网络霸权，甚至可能造成毁灭性的后果。在充分认识到特朗普政府网络霸权战略的不可持续性后，拜登政府深刻检讨得失，开始推出新的美国网络霸权战略。

相比于特朗普政府的"全面脱钩"，拜登政府则采取了"小院高墙"（small yard，high fence）战略。"小院高墙"原本是一个军事防御概念，是奥巴马政府时期国防部长罗伯特·盖茨提出的美国太空防御战略。拜登政府所采用的"小院高墙"战略，则是"新美国"（New America）智库高级研究员萨姆·萨克斯（Samm Sacks）在 2018 年 10 月提出的科技防御新策略，"小院"指的是美国需要阐明与美国国家安全直接相关的特定技术和研究领域，"高墙"则要求划定适当的战略边界。"小院"内的核心技术，应采取更严密、更大力度的科技封锁，但对"小院"之外的其他高科技领域，美国可重新对外开放。[2]萨克斯认为，在"小院"修建"高墙"有助于监

[1] 参见 Michele G. Markoff, "Explanation of Position at the Conclusion of the 2016—2017 UNGGE on Developments in the Field of Information and Telecommunications in the Context of International Security", June 23, 2017, https://2017-2021.state.gov/explanation-of-position-at-the-conclusion-of-the-2016-2017-un-group-of-governmental-experts-gge-on-developments-in-the-field-of-information-and-telecommunications-in-the-context-of-international-sec/index.html。

[2] Laskai, Lorand, and Samm Sacks, "The Right Way to Protect America's Innovation Advantage", *Foreign Affairs*, Oct. 23, 2018, https://www.foreignaffairs.com/articles/2018-10-23/right-wayprotect-americas-innovation-advantage.

管机构更有效地筛查"小院"范围内的有害活动，同时减轻对相邻高技术领域的附带损害。

　　"小院高墙"战略的首次提出正值特朗普政府时期，因而被搁置不议。后经过两年多时间的学界讨论、国会辩论，"小院高墙"战略逐渐成为美国国会推崇的科技防御策略。在这一战略的指导下，一方面，拜登政府将强化科技领域的"防御"，但从特朗普时期的"一刀切"封锁方式改为"小院高墙"的精准打击模式；另一方面，拜登政府将强化科技领域的"进攻"，确保美国在高科技领域的全球地位。[1]

　　"小院高墙"的战略重点十分突出，即"选择性脱钩"与"构建联盟体系"。[2]一方面，在科技领域实施"分岔"（bifurcation）战略，即"选择性脱钩"。美国可能会在关键领域选择与竞争对手脱钩，有选择性地对美国国家安全至关重要的技术进行积极的保护。2019年，萨克斯在国会参议院听证会上曾强调，应重点关注其竞争对手的标准体系建立、数据跨境流动以及人工智能（AI）、物联网（IoT）等新兴技术规范和治理问题。[3]2020年10月，美国国家安全委员会公布了《关键技术和新兴技术清单》，共计20大类，包括先进计算、先进的常规武器技术、人机交互、医疗与公共卫生、量子计算、芯片、太空技术等。[4]拜登政府继续不断升级关键技术领域的管控措施，加大对人工智能、半导体技术、移动通信、量子计算等领域的管制强度。拜登政府对于"院内"技术的管制措施主要体现在三个方面：首先，加强对关键技术领域的投资审查；其次，提升对竞争对手高新科技

---

［1］ Working Group on Science and Technology in U.S.-China Relations，"Meeting the China Challenge: A New American Strategy for Technology Competition"，Nov.16, 2020, https://asiasociety.org/sites/default/files/inline-files/report_meeting-the-china-challenge_2020.pdf.

［2］ China Strategy Group（CSG），"Asymmetric Competition: A Strategy for China & Technology"，Fall 2020, pp.3—7, https://s3.documentcloud.org/documents/20463382/final-memo-china-strategy-group-axios-1.pdf.

［3］ Samm Sacks，"On 'China: Challenges to U.S. Commerce'"，Mar. 7, 2019. pp.2—5, https://www.commerce.senate.gov/services/files/7109ED0E-7D00-4DDC-998E-B99B2D19449A.

［4］ "National Security Strategy for Critical and Emerging Technologies"，Oct. 2020, pA-1, https://trumpwhitehouse.archives.gov/wp-content/uploads/2020/10/National-Strategy-for-CET.pdf.

企业的打击精度和力度；最后，限制高科技人员的交往和流动。对于"院外"的技术及其相关企业，拜登政府抱着所谓宽容的态度对特朗普政府的极端措施进行松绑，主要表现在以下三方面：首先，恢复部分国外技术产品的使用；其次，调整企业黑名单，移除部分国外企业；最后，恢复一些科技交流和人员往来渠道。2021 年 4 月 1 日，美国国务院发布声明，表示由于特朗普政府颁布的旨在暂停部分签证的总统令已于 3 月 31 日失效，先前因该命令被拒签的人员可以重新提交申请。

另一方面，拜登政府可能会与盟友组建科技战略联盟。组建科技联盟在美国的学界和商界几乎已经达成了共识，例如建立由美国、日本、德国、法国、英国、加拿大、韩国、芬兰、瑞典、印度、以色列、澳大利亚等国组成的"科技 12 国"（T-12）论坛。美国商会也提出建议，敦促华盛顿与志同道合的政府和科技行业合作，制定全球科技标准。2021 年 4 月 14 日通过的《2021 年战略竞争法案》（Strategic Competition Act of 2021）强调致力于减少技术壁垒，促进与盟友之间的关键技术的共同研发。[1]但是，科技联盟的本质依旧是通过把科技问题安全化、意识形态化，组建一个以美国为绝对核心的"科技精英俱乐部"[2]，保持美国的竞争优势。

"小院高墙"战略在一定程度上摒弃了特朗普政府片面、极端的科技管制措施，但从本质来看，该战略所体现出的有限的松绑是基于成本和效益考量之后的权益性调整，也蕴含了换取其他领域合作的交易色彩。实质上是美国为自身外交战略提供更多施展空间，是对特朗普政府战略的有限扬弃而非改弦易辙，美国的网络霸权思维和战略未有丝毫的动摇。"小院高墙"的作用方式不同于特朗普政府时期"大刀阔斧"的风格，而是一种"手术刀"式的精准打击策略。

---

[1] "Strategic Competition Act of 2021", Apr. 2021, pp.5—17, https://www.congress.gov/117/bills/s1169/BILLS-117s1169is.pdf.
[2] 尹楠楠、刘国柱：《塑造大国竞争的工具——拜登政府科技联盟战略》，《国际政治研究》2021 年第 5 期，第 129 页。

三、"巴尔干化"阶段

"巴尔干化"是指原本美国主导的、相对统一的网络空间出现分裂，各国政府开始加强对网络空间主权的维护，形成了网络空间国家化的趋势，原有的秩序开始出现巨大变革。[1]产生这种现象主要有三个原因：一是网络空间战略性意义不断上升，各国加强在网络空间实施主权，全球网络空间秩序与利益协调难度不断增加。[2]2018年以来，欧盟实施了《一般数据保护条例》，越来越多的国家加入制定数据本地化措施的阵营中。"数据本地化"趋势挑战了网络空间完整性，加速了网络空间在数据层面的"分裂"。二是因为美国作为霸权国家，过度将其在网络空间中的优势转化为实现国家战略的工具，抵消了美国在网络空间规则制定中的合法性，加速了美国霸权的衰落。在政治上，美国以所谓的"互联网自由"推动意识形态扩张，危害他国的政治安全。"阿拉伯之春"中，美国政府要求脸书、推特等社交媒体平台拒绝埃及、伊朗等政府的指令，为反对派的组织动员提供支持。在安全上，美国利用在网络空间掌握的公共资源，追求自身在网络空间的绝对安全，对全球开展大规模网络监听，危害了包括盟友在内的世界各国的国家安全。三是网络安全的非对称性进一步加剧了美国面临的网络安全挑战，使得美国不得不将更多的资源投向维护国内安全，加强网络军事力量建设。同时，对建立和维护全球网络空间秩序的态

---

[1] Camino Kavanagh, "The United Nations, Cyberspace and International Peace and Security: Responding to Complexity in the 21st Century", Geneva: United Nations Institute for Disarmament Research, 2017.

[2] 在第五届信息安全政府专家组中，美国政府由于其提出的"反措施""国家责任"原则未能获得一致支持，因而否决了整个专家组的报告，致使专家组旨在建立网络空间规范的进程受阻。参见 Michele G. Markoff, "Explanation of Position at the Conclusion of the 2016—2017 UN Group of Governmental Experts（GGE）on Developments in the Field of Information and Telecommunications in the Context of International Security", June 23, 2017, https://2017-2021.state.gov/explanation-of-position-at-the-conclusion-of-the-2016-2017-un-group-of-governmental-experts-gge-on-developments-in-the-field-of-information-and-telecommunications-in-the-context-of-international-sec/index.html。

度发生转变，提出要建立以"理念一致国家"（Like Minded States，LMSs）为基础的网络空间秩序。[1]作为这一政策的延续，特朗普政府还撤并了主要负责网络空间国际治理工作的国务院网络事务协调员办公室，取消了协调员这一关键职位。表明了美国政府对构建网络空间全球秩序的判断发生了变化。

未来，在力量格局的变化下，网络空间是否能够重新走向统一，还是会继续向"巴尔干化"发展并最终走向分裂，形成不同的网络生态体系，从而改变目前具有全球统一的网络空间，是值得关注的。

第三节

———

大国网络安全理念演变

网络安全重要性的上升导致各国纷纷将其提升到战略高度，开始制定网络安全战略。在这一过程中，形成了新的网络安全观，并对于战略目标设定、落实起到了重要作用。战略理念的变化一方面体现在更加客观、全面地反映了网络安全所带来的挑战，另一方面也产生了泛安全化的思维，对正常的经济、商业活动产生了一定的干扰。

一、美国国家安全战略的网络转向

以 2017 年 12 月发布的《国家安全战略报告》（以下简称《报告》）为标志，特朗普政府对网络安全战略定位进行全方位调整，将网络安全纳入国家安全战略的优先领域，并从国家安全角度对网络安全的影响和作用进

---

[1] Michael P. Fischerkeller and Richard J. Harknett（2018b），"Persistent Engagement，Agreed Competition，Cyberspace Interaction Dynamics，and Escalation"，Alexandria：Institute for Defense Analysis，May 2018.

行重新评估。[1]特朗普政府在《报告》中将网络安全视为国家安全面临的最主要的风险来源与最复杂棘手的难题，认为网络安全一旦失守，国家安全将面临整体陷落的风险。相比之下，奥巴马政府虽然也高度重视网络安全问题，但更多是将网络安全视为国家安全的一个领域，并未从综合、立体的总体国家安全视角来重新定位网络安全。这一方面与黑客干预大选事件给美国政府和社会带来的震撼有密切关联，另一方面，美国对网络的高度依赖也在客观上导致网络安全风险的剧增。金融、能源、交通、电力、医疗等关键信息基础设施的重要性在不断上升，这些关键信息基础设施一旦遭到攻击，将对经济运行和社会稳定造成严重破坏，甚至造成重大的人员和财产损失。[2]

网络安全战略定位提升在《报告》中得到了全方位的展示。一是网络安全的认知得到提升，提出了"网络时代的安全"来取代奥巴马政府时期提出的网络安全概念，用更加宏观和全方位的视角来看待网络安全对美国国家安全的深刻影响，指出联邦政府网络、社会赖以运行的关键信息基础设施和个人的日常生活都面临着网络安全威胁。二是明确将网络安全作为国家安全的核心组成部分与事关整体成败的全局性要素。网络安全与政治安全、经济安全、文化安全、社会安全、军事安全等领域相互交融、相互影响，在识别各领域所面临的安全风险时，网络安全都是关键因素。不重视网络安全，其他领域的安全风险也无法防范。网络安全成为国家安全中连接各个具体领域的枢纽，枢纽一旦被破坏，其他领域的安全风险就会充分暴露。[3]三是通篇将网络安全作为评估国家安全的优先考量，"网络""互联网""数据"等关键词出现超过100次，无论从总体安全形势判断，

---

[1] The White House, National Security Strategy, December 17, 2017, https://www.whitehouse.gov/articles/new_national_security_strategy_new_era/b.

[2] The White House, "Presidential Executive Order on Strengthening the Cybersecurity of Federal Networks and Critical Infrastructure", https://www.whitehouse.gov/presidential_actions/presidential_executive_order_strengthening_cybersecurity_federal_networks_critical_infrastructure/.

[3] The White House, National Security Strategy, December 17, 2017.

还是具体的风险评估，都极为关注网络安全的影响。《报告》不仅多次把网络安全视为独立作用的领域，也将其视为传统领域如安全问题和地区战略的重要变量。因此，可以说网络安全是特朗普政府国家安全战略建构的基础。四是将"网络空间"明确定义为军事行动空间。[1]过去，美国军方将网络空间定义为第五空间的努力并未获得其他部门的支持，奥巴马政府对于开展网络军事行动较为谨慎，特别是"棱镜门"事件后，美国政府面临巨大的国际压力，这使美军开展进攻性网络行动的空间受到进一步限制。特朗普政府则完全放开网络空间军事行动的限制，将决策权下放到军方，这表明其已接受军方的主张，认为控制网络空间就能控制一切，美国未来的领导权将体现在能否在网络空间谋取战略竞争优势上，美国将更加积极作为而非自缚手脚。[2]

美国政府提升网络安全在国家安全战略中的地位，并投入大量的政治资源和财政资源，形成了所谓"全政府"的网络安全战略，这使其更易受到国家安全战略思想的影响。影响国家安全战略的深层次因素如地缘思想、历史经验、意识形态、经济因素和官僚体制特征等，也开始对网络安全战略产生影响，[3]主要表现在网络安全战略的意识形态化、地缘政治博弈思维的回归，以及从国际秩序构建上的后撤。[4]

（一）网络安全的意识形态化

随着互联网在全球的扩展，其不仅发展成为一个集信息传播、经济交

[1] The White House, National Security Strategy, December 17, 2017.

[2] Michael P. Fischerkeller and Richard J. Harknett, "Persistent Engagement, Agreed Competition, Cyberspace Interaction Dynamics, and Escalation, Institute for Defense Analysis", May 2018, https://www.ida.org/research_and_publications/publications/all/p/pe/persistent_engagement_agreed_competition_cyberspace_interaction_dynamics_and_escalation.

[3] 威廉斯·莫里等编：《缔造战略：统治者、战争与国家》，时殷弘等译，世界知识出版社2004年版，第1—23页。

[4] DoD, Summary of the National Defense Strategy of the United States of America: Sharpening the American Military's Competitive Edge, Washington, DC: Department of Defense, January 19, 2018.

易和文化交流于一体的社会系统，还成为美国学者阿尔文·托夫勒（Alvin Toffler）所描述的信息政治（info-politics）社会。[1]各国寻求利用网络工具实现政治目标，互联网逐步成为大国外交的博弈场域。美国则凭借其在互联网技术和管理上的优势，主导全球信息流动，通过网络空间的"公共外交"将美国意识形态价值体系移植到网络空间，并以多种方式进行意识形态的价值输出，形塑美国主导下的互联网意识形态。

美国在网络空间推行"网络文化帝国主义"，将价值观体系内嵌于互联网的建设中，将美国的意识形态输出、扩散到全球的网络空间中。美国在网络空间的意识形态输出并不仅限于网络内容，而是衍生到互联网内部结构的各个层面，将其意识形态体系植入各个层面的网络结构中，并向全球输出。沃巴赫（Werbach）曾将互联网分为物理基础设施层、逻辑层、应用程序层和内容层四个层面[2]，美国则对这四个层面进行分别部署。在物理基础设施层，美国通过在国际网络基础设施建设中部署美国的光缆、卫星等通信设施和技术人才，打造亲美网络环境和政治生态。

2003年美国国务院成立电子外交办公室，主导推动开展美国网络外交项目，随后以多种形式援助发展中国家的网络建设，帮助目标国家建立基础网络、培训网络人才，培养亲美网络文化和网络组织。在逻辑层中，美国借助技术和资本优势占据网络空间国际标准的制定权，将美国的标准和协议推广成为通用国际标准。如美国TCP/IP传输协议成为全球网络最基础的数据传输协议，使得美国有机会长期把持全球域名管理系统，对全球网络进行管理。

在应用程序层，推动美国互联网企业（软件）走向世界，借助私营企业力量推广美国价值观。尤其是美国谷歌、脸书和微软等企业在全球市场份额的增加，不断扩大美国意识形态和政治话语的全球传播范围。如2021

---

［1］ Philip Fiske de Gouvea and Hester Plume, European Infopolicy: Developing EU Public Division Strategy (London: Foreign Policy Centre, 2005), 8—9

［2］ Werbach K., "A Layered Model for Internet Policy", *Journal on Telecommunications and High-Tech Law*, vol.1, no.37.http://papers.ssrn.com/sol3/papers.cfm?abstract_id=648581.

年的谷歌搜索引擎占据全球市场份额的 91.66%[1]，这意味着全球九成以上网民的信息获取渠道由美国企业提供。而在内容层面，美国政府愈发重视利用社交网站的政治宣传。先是奥巴马政府推出"白宫 2.0"政务媒体，宣布白宫等政府机构开通社交网站账号，发布政务信息，进军社交媒体。后是特朗普的"推特外交"，利用自身影响力，在推特上大谈"国际问题"，阐明美国立场，进行意识形态宣传。

　　特朗普政府将网络安全问题上升到意识形态高度，用激进和不计后果的应对方式加剧了网络安全形势的恶化。如威廉斯·默里在《缔造战略：统治者、国家与战争》中指出，从意识形态角度考虑问题不仅会提升问题的重要性，也会使得很多原来不是问题的事情成为问题。[2]尽管美国政府一直重视网络领域的意识形态斗争，但奥巴马政府只将意识形态视为网络安全的一个领域，特朗普政府则是将整个网络安全战略往意识形态化的方向推动。在奥巴马的第一任期，在国务卿希拉里·克林顿的强力推动下，推广"互联网自由"成为美国网络意识形态斗争的主要工具，"西亚北非动荡""谷歌撤出中国"等一系列事件就在此期间发生。[3]"棱镜门"事件发生后，美国政府在网络领域的道德面具被撕下，其互联网自由政策转入低调。[4]黑客干预大选事件的出现，使得特朗普政府不得不重视网络意识形态领域的斗争，并且超越"互联网自由"的老套路，以意识形态思维指导网络安全战略的制定。[5]美国国内将黑客干预大选事件定性为对美国民主制度的攻击，是美国意识形态的存在性威胁。国土安全部、联邦调查局以

［1］Statcounter. Search Engine Market Share Worldwide, https://gs. statcounter. com/search-engine-market-share.

［2］威廉斯·莫里等编：《缔造战略：统治者、战争与国家》，时殷弘等译，世界知识出版社 2004 年版，第 1—23 页。

［3］Hillary Clinton, "Secretary Clinton's remarks on Internet Freedom", December 8，2011, https://2009-2017.state.gov/secretary/20092013clinton/rm/2010/01/135519.htm.

［4］阙道远：《美国"网络自由"战略评析》，《现代国际关系》2011 年第 8 期，第 18—20 页。

［5］The White House, "FACT SHEET: Actions in Response to Russian Malicious Cyber Activity and Harassment", https://obamawhitehouse. archives. gov/the-press-office/2016/12/29/fact-sheet-actions-response-russian-malicious-cyber-activity-and.

及多家情报机构联手开展了广泛调查，在公布的调查报告中指认"俄罗斯干预了美国大选"，并给出了所谓证据。尽管特朗普本人并不愿意进行相关调查，但其政府内部的深层国家（deep state）力量推动了调查结果的出台，这引发了美国社会的高度关注，并在一定程度上加深了美国国内已有的"恐俄"情绪。

黑客干预大选事件可以被视为一次网络安全事件，主要是因为黑客攻击了民主党邮件服务器，并用获取的内部信息开展舆论宣传。但这一事件到底对美国大选的影响力如何，各方的观点并不一致。从美国国内来看，渲染该事件不仅是情报机构夸大网络安全威胁以博取政治资源的手段，更深受政治斗争的影响，将大选失败的原因归咎为外国势力的干预符合民主党的利益，同时共和党内的"恐俄""反俄"情绪也阻碍了其抵制民主党行为的努力。

将黑客干预大选事件意识形态化产生了一系列结果：一是从国家安全战略高度来开展报复，明确将俄罗斯视为美国国家安全和网络安全领域最大的对手之一。二是采取的报复手段更加激进，直接越过外交手段和国际机制采取单边的报复行动。美国政府迫于压力，在调查结果尚未出台之前就急于对俄罗斯外交制裁，关闭了俄罗斯在美国的多处领事机构，驱逐了近百名外交官员。[1]调查结果一公布，美国联邦调查局就单方面对俄罗斯情报机构及其相关人员发起刑事诉讼和经济制裁。三是报复的目标被随意扩大。在没有证据的情况下，特朗普政府对俄罗斯的媒体和网络安全企业采取制裁措施，撕掉尊崇言论自由的外衣，执意制裁"今日俄罗斯"，并将卡巴斯基排除出联邦政府的网络市场。客观而言，在当前缺乏相应国际治理机制的情况下，类似的低烈度网络攻击的频率非常高，美国既是受害者，更是始作俑者。因此，激烈的报复未必能够达到威慑的目的，反而可能招致更严重的后果。[2]

---

[1] U.S. Senate Hearings, "Foreign Cyber Threats to the United States", January 5, 2017, https://www.armed-services.senate.gov/imo/media/doc/17-01_01-05-17.pdf.

[2] FBI, "GRIZZLY STEPPE—Russian Malicious Cyber Activity", JAR 16 20296A, December 29, 2016.

拜登政府上台后，对意识形态工具的利用更加"随心所欲"，使得网络安全问题的意识形态化趋势更加激进。"人权"和"威权"是拜登政府对他国进行意识形态攻击的重要政治话语，污名化竞争对手以达到其战略目的。拜登政府于2021年3月发布的《临时国家安全战略指南》中着重强调了当前意识形态领域的对立形势，声称民主国家正在遭受"围困"，"威权主义正在全球蔓延"，网络空间的民主正受到选举干扰、虚假信息、网络攻击和数字威权主义的威胁。[1]

在意识形态斗争理念的指导下，美国以"民主""自由"等议题为抓手不断制造所谓"民主国家"与"数字威权主义"之间的矛盾，以此来孤立、遏制所谓的"数字威权主义"国家。例如，在2021年4月举行的七国集团（G7）联合部长会议上通过了"互联网安全原则"文件，七国数字领域部长共同申明"任何改善网络安全的措施都必须支持开放和民主社会的价值观，并尊重人权和基本自由"。[2]

拜登政府计划成立"互联网未来联盟"。在全球范围煽动意识形态对抗。"互联网未来联盟"的声明中出现了一系列如"不可靠供应商""价值观"等充满偏见和意识形态色彩的关键词。这个联盟实际上就是对不得人心的"清洁网络"计划进行升级，试图从更广的范围分裂互联网。"互联网未来联盟"是美国意图主导网络空间秩序的新工具，这一秩序必须服务于美国的全球战略目标和国家利益，充满了美国霸权基因。

（二）网络地缘政治博弈理念回归

奥巴马政府主张在网络空间实现对地缘政治的超越，通过构建网络空间开放、互操作、安全、可靠的网络空间秩序，以此来增强美国领导力。[3]特朗普政府则过度强调地缘政治威胁，把俄罗斯、中国、伊朗、朝

---

[1] The White House，"Interim National Security Strategic Guidance，"March 3，2021.

[2] Department for Digital，Culture，Media & Sport of UK，"Internet safety principles，"April 28，2021.

[3] 沈逸：《美国国家网络安全战略》，时事出版社2013年版，第153—163页。

鲜视为其主要的网络安全威胁来源，并主张采取激进和进攻性的举措来应
对威胁。[1]这种理解并不符合网络安全的基本属性，总体而言，网络安全
虽存在国家属性，但更是全球性威胁和挑战，只有采取集体行动才能实现
维护网络空间稳定、和平、发展的目的。网络安全存在的"水桶效应"，更
表明追求独自安全无法解决安全问题。此外，网络恐怖主义、网络犯罪集
团带来的威胁的紧迫性要远远大于国家网络行动的威胁，过度渲染国家威
胁会阻碍国际社会在打击网络恐怖主义和网络犯罪领域的合作，加剧网络
安全困境，恶化网络空间的整体安全形势。[2]

特朗普政府国家安全战略对地缘威胁的过度强调，使得地缘政治思想
对网络安全战略影响加大。[3]其所产生的影响包括：一是威胁的排序发生
变化。奥巴马政府将网络恐怖主义和网络犯罪视为主要安全风险，国家及
其代理人的威胁在其之后。特朗普政府则不仅将国家行为视为美国网络安
全的主要威胁，更明确将俄罗斯、中国视为美国最重要的网络安全威胁，
认为这种威胁不仅局限于网络安全领域，而且已波及美国的整体国家安
全。[4]二是对维护网络安全的路径进行调整。奥巴马政府时期的《网络空
间国际战略》将网络安全视为国际社会面临的共同挑战，更多从特定议题
领域的网络安全角度看待大国网络安全威胁，并主张以竞争与合作的两手
来处理网络空间大国关系。特朗普政府的网络安全战略则围绕俄罗斯、中
国等所谓的对手展开，首要战略目标是实现"美国优先"，通过强大的网络
军事实力来威慑对手。必要时，美国主张坚决采取进攻性网络行动来维护
网络安全。[5]三是网络军事力量开始向外扩张，加快在网络领域对盟友进

---

[1] The White House, National Security Strategy, December 17, 2017.
[2] 鲁传颖：《网络空间安全困境及治理机制构建》，《现代国际关系》2018年第11期，第48—51页。
[3] 蔡翠红：《网络地缘政治：中美关系分析的新视角》，《国际政治研究》2018年第1期，第10—13页。
[4] The White House, National Security Strategy, December 17, 2017.
[5] Robert Jervis, "Some Thoughts on Deterrence in the Cyber Era", Journal of Information Warfare, 15 (2), 2016, pp.66—73.

行武装。奥巴马政府对于网络空间军事化有很大顾虑，极少对外开展网络军事合作。特朗普政府则把盟友体系视为遏制竞争对手的有力工具，不仅在北约框架下多次开展针对俄罗斯的网络攻击演习，也首次在《美日安保条约》中把网络安全纳入共同协防的范畴。[1]可以预期，美国将会越来越重视与盟友在网络军事领域的合作，并将其视为美国网络战略的重要支柱。

拜登政府上台后，其网络战略处处针对地缘政治对手。在太阳风（solarwinds）公司和微软 Exchange 邮件服务器遭遇黑客攻击等网络安全事件的应对问题上，拜登政府将矛头直指俄罗斯等竞争对手。不仅如此，拜登政府还纠集盟友，强化地缘政治博弈。拜登政府多次鼓动欧盟、英国、澳大利亚、加拿大、新西兰、日本和北约组织发表联合声明对俄罗斯、朝鲜等竞争对手进行指责。由此可见，拜登政府时期，美国与地缘政治对手进行战略竞争的手段更加多元和复杂，这也使得美国网络安全战略与地缘政治博弈之间嵌套得更加紧密。

（三）在网络空间国际秩序上强调美国优先

奥巴马政府对网络空间国际治理机制心态复杂：一方面希望通过国际治理来维护网络空间的稳定与和平，另一方面，国内的网络安全机构并不愿意受到国际机制过多的约束。因此，奥巴马政府虽然积极参与网络空间国际治理工作，但投入的资源和实质性的举措有限。特朗普政府强调"美国优先"，对于国际机制、国际合作缺乏明显的兴趣，先后退出《巴黎协定》"跨大西洋贸易与投资伙伴协定""跨太平洋伙伴关系协定"，重新谈判北美自由贸易协议。[2]而这一网络安全认知的重大转变始于"黑客干预大选"事件。这一事件引起了美国全社会的高度关注，使得特朗普政府不得

---

[1] Tomomi Asano and Michitaka Kaiya, "Japan, US Confirm Cyber Attacks in Scope of Security Treaty", April 21, 2019, https://americanmilitarynews.com/2019/04/japan-us-confirm-cyberattacks-in-scope-of-security-treaty/.

[2] Charlie Laderman, "Conservative Internationalism: An Overview", *The Orbis*, winter 2018, pp.6—8.

不从国家安全角度来评估网络安全对美国造成的威胁程度，全方位提升网络安全在国家安全战略中的定位。[1]另一方面，影响国家安全战略缔造的地缘政治博弈、意识形态和国际秩序观念也开始逐渐对特朗普网络安全战略调整产生重要影响。[2]进攻性和先发制人的网络行动政策得以明确，网络军事走向实战化、外交转向武力化、国土安全转向实体化。特朗普政府在网络安全战略领域的一系列做法看似是对不断增加的网络安全风险的应对举措，与"美国优先"理念相互契合，但在实践中却存在夸大威胁、思想偏激、政策激进的问题。这一趋势也影响到美国在网络空间国际治理机制进程中的立场。鉴于网络安全所具有的战略性和敏感性，特朗普政府更加不愿意接受普遍规则的约束和提供公共产品，并全面地从网络空间国际治理进程中后撤。

特朗普政府对网络空间国际治理机制态度的改变主要表现在：一是从根本上质疑国际治理的作用，认为构建网络空间国际治理机制的谈判可能需要数十年才能有成果，耗时费力。即使达成共识，网络安全的抵赖性也为美国的竞争对手不遵守这些国际机制提供了灵活操作空间。[3]因此，美国反而会因为遵守国际机制而自缚手脚，让对手获得竞争优势。二是不愿意投入政治资源和财政资源来推动构建国际治理机制。

特朗普政府网络安全战略调整的目标是保护美国的网络安全和国家安全，赢得在网络空间的主导权。对内，以加强网络能力建设为战略基础。对外，将惩罚性威慑和先发制人的政策作为美国网络政策的基本原则。[4]这是将物理世界中的国家安全战略逻辑应用到网络安全领域，忽视了网络

---

[1] 鲁传颖：《国际政治视角下的网络安全治理困境与机制构建——以美国大选"黑客门"为例》，《国际展望》2016 年第 4 期，第 33—35 页。

[2] 威廉斯·莫里等编：《缔造战略：统治者、战争与国家》，时殷弘等译，世界知识出版社 2004 年版，第 1—23 页。

[3] See Joseph S. Nye, Jr., "Deterrence and Dissuasion in Cyberspace", *International Security*, 41（3），Winter 2016/17.

[4] 参见 Joseph S. Nye, Jr., "Deterrence and Dissuasion in Cyberspace", *International Security*, 41（3），Winter 2016/17, pp.43—47。

安全的一些特有属性。首先，网络安全具有很强的全球性风险属性，离开国际合作，任何国家均无法独自应对挑战。其次，作为国家安全的关键风险领域，网络安全与各国的核心利益密切关联，所有国家都会将其置于优先地位，不会轻易放弃自己的主张和利益，美国恐吓式的做法难以奏效。因此，美国网络安全战略在实践中不仅与所追求的目标渐行渐远，也越来越不符合一个负责任网络大国的形象。总体而言，特朗普网络战略调整的方向存在偏差，一定程度上透支了美国的实力和信任度。另一方面，偏激和激进的美国网络安全战略给国际社会带来深刻、长远的影响，而现存的国际政治、安全和经济体制难以遏制其冲动。在特朗普政府网络安全战略调整的同时，全球网络安全形势恶化、大国网络冲突加剧、网络空间秩序失范的状况将长期延续，这对网络空间国际治理进程和各国网络空间安全战略都是长期挑战。

拜登政府上台之后，对国际秩序维护和建构的参与程度、重视程度较特朗普政府时期都有明显的提升。这一回调动作一方面是对前任政府"破坏性外交"造成的美国软实力下滑进行弥补和纠错，试图重塑美国的世界领导地位。从拜登上台之后的一系列政策举措中也不难发现，其网络空间治理理念也是围绕上述战略调整的基调展开。

首先，在机构设置上更加注重对国际秩序建构的投入。2021 年 10 月 27日，美国国务卿布林肯正式宣布在国务院成立新的网络部门——网络空间和数字政策局（Bureau for Cyberspace and Digital Policy），该部门将负责处理网络威胁、全球互联网自由、监控风险等问题，并与盟友国合作制定有关新兴技术的国际规范和标准。[1]机构设置上的调整意味着拜登政府将倾注更多政治资源来推动其在网络空间国际议题中的利益，而民主党政府也将回归美国的传统外交策略，即通过盟友体系和意识形态话语来推动符合美国利益的网络空间国际秩序的建立。

---

[1]　《美国务卿宣布成立新网络部门》，环球网，2021 年 10 月 28 日。https://world.huanqiu. com/article/45Lcch2wuG8。

其次，在联盟政策上拉拢"志同道合"国家建立小圈子的规则体系。2021 年 9 月 29 日，美国和欧盟领导人在宾夕法尼亚州的匹兹堡共同主持召开了第一次美欧贸易与技术委员会（TTC）会议。此次会议意在加强美欧双方在半导体供应链安全合作、遏制中国的所谓"非市场贸易行为"等方面的政策协调，并采取更加统一的方式监管大型全球科技公司。[1]此外，在美日印澳"四方对话"机制的基础上，2021 年又强调了新兴技术的"民主化""自由化"，以及 5G 和 6G 技术的部署等问题。[2]

最后，重点推动几个特定领域的规则建立。例如，拜登政府于 2021 年 10 月 14 日主办了由三十余个国家参与的"勒索软件峰会"（Ransomware Summit）[3]，试图建立一个解决当前勒索软件攻击问题的国际联盟。此外，在 2021 年 6 月举行的北约峰会中，美国联合盟国更新了北约的网络防御政策，强调"联盟决心在任何时候都运用全方位的能力，根据国际法积极威慑、防御和应对全方位的网络威胁，包括那些作为混合运动的一部分进行的威胁。"[4]迫使其欧洲盟友接受美国的网络行动规则。

作为民主党传统政治精英，拜登总统对于盟友体系、国际机制等外交工具格外青睐。尽管相较于特朗普政府，拜登政府在网络空间治理理念上确实更加"国际化"和"自由化"，这种看似"多元和自由"的网络空间秩序观，其背后掩藏的是美式霸权和西方对国际政治经济根深蒂固的"中心—边缘"理念，并且从拜登政府的一系列内外政策来看，本届政府积极回

［1］ Chad P. Bown and Cecilia Malmström，"What Is The Us-Eu Trade and Technology Council? Five Things You Need to Know，"Peterson Institute for International Economics，September 24，2021. https://www.piie.com/blogs/trade-and-investment-policy-watch/what-us-eu-trade-and-technology-council-five-things-you-need.

［2］ Ken Moriyasu，"Quad Expands Cooperation to Space at First In-Person Summit，"Nikkei Asia，September 25，2021. https://asia.nikkei.com/Politics/International-relations/Indo-Pacific/Quad-expands-cooperation-to-space-at-first-in-person-summit.

［3］ "White House to Host Virtual Ransomware Summit with 30 Countries—But Not Russia，"NBC News，October 13，2021. https://www.nbcnews.com/tech/security/white-house-host-virtual-ransomware-summit-30-countries-not-russia-rcna2933.

［4］ "Brussels Summit Communiqué，"North Atlantic Treaty Organization，June 14，2021. https://www.nato.int/cps/en/natohq/news_185000.htm.

归国际社会的目的依旧是构建美国霸权主导之下的网络空间国际秩序。

二、主权安全视角下的俄罗斯信息安全观

（一）主权互联网

2019 年年底，俄罗斯政府宣布进行了一次"断网"测验，让国际社会再次开始关注俄罗斯的"主权互联网"政策，关注的焦点主要是俄罗斯政府的行为是否会给俄罗斯自身的互联网发展以及全球互联网的完整性带来挑战。俄罗斯政府"断网"测试反映了俄罗斯网络安全战略观念的演进，背后有着更加深层次的因素。

对保障俄罗斯互联网在外来威胁情况下的稳定性和完整性的《通信法》和《信息法》的修订意见（被称为《网络稳定/主权法》），已于 2019 年 11 月 1 日实行。该法律规定了在俄罗斯联邦建立独立的基础设施，保障在无法连接外部服务器情况下的网络连接。同时，新法还规定通信运营商必须安装能够判断流量来源的技术设备。俄罗斯联邦通信运营商还要使用国家域名体系，该法律标准于 2021 年 1 月 1 日起实行。同时从 2021 年 1 月 1 日起，国家机关只能使用国产信息编码设备。该法律还规定，在俄罗斯联邦境内网络运行出现威胁因素时，俄罗斯联邦电信、信息技术和大众传媒监管局可以在俄联邦政府规定范围内，对流量进行集中管控。威胁的种类由部长办公室确定。对保障互联网交换中心（这一概念在该法律中也有规定）运行的要求，由通信部与国家安全局确定。

俄罗斯开展"断网"试验引起全球的广泛关注，焦点主要集中在三个方面：一是"断网"的技术性分析，即如何开展"断网"试验；二是"断网"试验对俄罗斯互联网发展的影响；三是对于互联网的全球发展意味着什么。

首先，俄罗斯官方对于"断网"技术细节的公布极为有限。2019 年 10 月俄罗斯政府确定，要在俄罗斯联邦举行保障公共使用通信网和互联网运行的稳定、安全和完整性演习。11 月 1 日开始执行的法令规定，演习根据

通信部的决定在联邦和地区层面进行（一个或几个俄罗斯联邦主体进行）。参与演习的有通信运营商、互联网交换中心和跨越俄罗斯国境的通信线路的所有者、互联网上信息传播的平台，还有通信部、国防部、联邦安全局、联邦警卫局、紧急情况部、技术和出口管理局、联邦电信、信息技术和大众传媒监管局、电信局以及演习举行所在地区的相关部门。演习的主要任务有：对 RuNet 稳定运行产生威胁的确定和实现措施、应对方法的研究、从完善立法方面给出建议、威胁应对方案的核定、提高运营商以及其他网络所有人与政府机构之间协调合作的效率等。[1]

根据国际文传电讯社 12 月 23 日莫斯科报道，俄罗斯通信部副部长阿列克谢·索科洛夫表示，RuNet 网络稳定性演习，显示了俄罗斯国家机关和通信运营商对 RuNet 网络稳定性以及公共通信网络产生的风险和威胁应对的有效性。演习方案在几天时间内完成，在莫斯科、罗斯托夫、弗拉基米尔等俄罗斯联邦主体进行。他表示，在演习的过程中演练了几套方案。其中一个方案是与俄罗斯联邦境内网络运行的稳定性、安全性和完整性相关，其中包括应对外部风险。另一套方案是保障移动通信用户的安全，包括保护他们的个人信息、流量拦截和揭示他们位置的信息。此外，还研究了对"物联网"设备产生的风险和危害，其中包括一些关键信息基础设施使用时的情况。

索科洛夫强调说，演习的目的是保障俄罗斯联邦境内的网络运行可以在任何情况下畅通无阻。演习以后还会继续进行，并会准备新的方案。此次演习的结论会向俄罗斯总统普京汇报。

其次，由于该演习内容的不透明，外界对于"断网"存有大量的质疑和批评。俄罗斯国内很多专家质疑"断网"能够取得的效果，质疑"主权互联网"会导致俄罗斯互联网运行效率降低，更慢、更昂贵，导致普通消费者能够享受的通信服务质量大幅下降，并最终会让俄罗斯的网络变得更

---

[1] 俄新社：《俄罗斯将举行保障 RuNet 网络稳定运行演习》，2019 年 12 月 23 日，https://ria.ru/20191223/1562702664.html。

加脆弱。这是因为，在现有的技术条件下，对如此大规模的信息通信网络进行集中管理，将会极大地增加安全风险，一旦遭遇黑客攻击，将会带来灾难性的后果。[1]

"断网"测试是俄罗斯网络安全战略观念演变过程中的一次重要事件，同时，俄罗斯在开展"断网"测试的过程中，所进行的法律、技术准备是俄罗斯网络安全战略的重要组成部分。对"断网"进行的分析，不应仅仅局限于技术层面的成功与失败，因为不排除俄罗斯会进行多次"断网"测试，直到寻找到一种技术上较为完善的解决方案。"断网"之所以重要，是因其反映了俄罗斯网络安全战略观念的演变。

俄罗斯的网络安全战略观念总体上是由两点组成：一是其在现存国际体系中的位置，及其国际战略观在网络空间的延伸；二是对其自身所面临的主要网络安全威胁的认知。冷战结束以后，俄罗斯试图融入美国主导的自由主义国际体系的战略未能得到西方国家的认可，导致俄罗斯与美国领导下的国际体系之间存在着较为激烈的斗争。俄罗斯一方面对所谓建立在"相互依赖"基础上的全球化国际政治体系具有强烈的排斥倾向，依旧以传统国家中心式的观点来看待现存的国际秩序，同时，还试图建立一个多元主义国际体系以反对西方领导下的一元秩序。[2]在这种情况下，美国在互联网领域的特殊地位以及美国所支持的"网络自由"战略在很大程度上成了对俄罗斯网络安全的威胁。因此，俄罗斯有必要进一步加强对网络主权的维护，"斩断"美国影响和威胁俄罗斯网络之手。

此外，俄罗斯的网络安全威胁认知在很大程度上受到其与美国在网络安全领域互动博弈的影响。美国在《网络安全战略》中将俄罗斯视为主要的威胁和挑战，双方在"棱镜门"事件、黑客干预大选等问题上进行了持续的对峙和交锋。美国宣布制裁俄罗斯"卡巴斯基"网络安全公司，并且先后多次针对"互联网研究局"、国家电网等俄境内的机构进行网络攻击，

---

[1] 由鲜举、颉靖、江欣欣：《俄罗斯"主权互联网法案"主要内容及实施前景分析》，《全球科技经济瞭望》2019年第6期。

[2] 理查德·萨瓦克：《超越世界秩序的冲突》，《俄罗斯研究》2019年第5期，第4—21页。

加大了网络安全对俄罗斯所带来的威胁挑战。作为美俄网络安全博弈中实力相对较弱的一方，俄罗斯提出"主权互联网"在很大程度上也是应对美国挑战的一种自然反应。美国所带来的网络安全挑战越大，俄罗斯对于网络主权的维护就越敏感，就会采取更多的应对措施。这不仅对于俄罗斯，甚至对于全球互联网发展都会带来重要的影响。

（二）《俄罗斯联邦信息安全学说》奠定网络战略基础

2016 年 12 月 5 日，俄罗斯联邦总统普京签署了第 646 号总统令，正式发布《俄罗斯联邦信息安全学说》（以下简称《学说》），向国内外正式公布俄罗斯信息安全战略。《学说》界定了俄罗斯在信息安全领域的国家利益和优先发展方向，并明确了俄罗斯在信息安全领域的战略目标。俄罗斯政府的网络空间相关文件被称为"联邦政府信息安全学说"，这意味着一国的信息安全领域同样也可以被视为一国所独有的领土，因此也存在本国在此领域拥有主权的问题。俄罗斯政府重视维护信息安全领域的国家主权，并且也非常重视在信息安全领域的发展问题，使本国的利益最大化。

《学说》分为五个部分：总则、信息领域的国家利益、面临的主要的信息威胁和目前的信息安全状况、保障信息安全的战略目标和主要发展方向、信息安全保障的组织基础。在总则中，开篇先对信息领域作出了明确的界定，然后指出《学说》中使用的基本概念——俄罗斯联邦在信息领域的国家利益、信息安全威胁、信息安全、保障信息安全的目的、保障信息安全的机构、保障信息安全的手段、信息安全保障体系、信息技术设施等。第二部分从五个方面概括了俄罗斯联邦在信息安全领域的国家利益，分别从保障公民的权利与自由、保障信息基础设施的使用、发展本国信息技术产业、注意舆论导向、推进国际信息安全体系的建立几个角度来阐释。第三部分说明了俄罗斯联邦所面临的主要的信息威胁以及目前的信息安全状况。带来信息威胁的几大因素有：带有政治军事目的的跨境信息交流、某些组织加强对俄罗斯的侦察、一些国家的间谍行动、恐怖主义与极端主义、计算机犯罪行为等。目前的信息安全状况是从国防、国家与社会安全、经济、科学技术和教育、保持战略稳定与平等战略伙伴关系等方面来陈述。第四部分谈的是保障信息安全的战略目标和主要发展方向。最后一部分是信息安全保障的组织基础。其中阐释了信息安全保障体系的组成、总统负责制以及信息安全保障的活动原则。

俄罗斯现在面临以下威胁：外国情报机构对俄罗斯民众实施信息心理影响；外国组织加强对俄罗斯国家机关、科研机构、军工企业的侦察活动；特别是，有国外组织针对俄罗斯的青年人，通过一些活动，企图破坏和消除俄罗斯传统的精神和道德层面的价值观。

2016 年版《学说》所特有的内容明确指出了俄罗斯联邦在信息安全领域的国家利益，这在之前的版本中是从未有过的。俄罗斯联邦在信息领域的国家利益包括：第一，保障和维护公民在使用信息技术时与获得、使用信息、不侵犯私人生活相关的个人权利与自由；保障对维护国家与公民社会相互关系所采取的民主机制、制度的信息支持；使用信息技术来保护俄罗斯联邦多民族的文化、历史、精神财富。第二，保障信息基础设施的稳定、通畅使用，首先是要保障俄罗斯联邦的应急信息基础设施，还有保障和平时期、受到侵略时期以及战时的俄罗斯联邦电子联络的安全。第三，发展俄罗斯联邦的信息技术产业和电子产业，完善研究、生产、开发信息安全保障设备和在信息安全保障领域提供服务的活动。第四，向俄罗斯舆论和国际舆论传达有关俄罗斯联邦国家政策及其在一些国家和世界大事上所持态度的真实信息，利用信息技术来保障俄罗斯联邦在文化领域的国家安全。第五，推进国际信息安全体系的建立，旨在应对信息技术使用过程中产生的、破坏战略稳定的威胁，巩固信息安全领域的平等战略伙伴关系，维护俄罗斯联邦在信息空间中的国家主权。

值得一提的是，本次《学说》的修改，将公民在使用信息技术时所拥有的权利与自由以及保障公民信息安全都列为俄罗斯联邦的国家利益，是一大创举。国家是由每个公民共同组成的，公民的信息安全都得不到保护的话，何谈国家的信息安全。2016 年 11 月中旬，社交网站领英在俄被封，就是个实例。俄罗斯通信监管部门认为，领英违反了俄罗斯联邦在 2015 年

9月1日颁布的《个人信息法》。《个人信息法》规定，要在俄罗斯境内保存俄罗斯公民的个人信息，而领英的信息并没有保存在俄罗斯国内的服务器上。

（三）信息安全领域面临的新威胁

新版的《学说》重新定义了俄罗斯在信息安全领域受到的威胁。第一，影响信息安全状况的负面因素之一，就是一些国家出于军事目的，对俄罗斯信息基础设施进行网络渗透，加强了对俄罗斯国家机构、科研组织和军工企业的技术侦察。第二，一些国家的情报机构扩大了信息心理手段使用的规模，旨在破坏世界各地区的国内政治和社会稳定，从内部破坏别国的国家主权和领土完整。这种活动吸引了宗教、民族和维权等组织，还有一些公民团体进行效仿。第三，各种恐怖主义和极端主义组织广泛利用信息技术影响个人、团体、社会的思想，来增加民族间的、社会的压力，激起种族、宗教仇恨及敌对，宣传极端主义思想，招募恐怖活动新的参与者。这些组织出于违法的目的，破坏应急信息基础设施。第四，计算机犯罪的规模也在扩大，不仅是在金融信贷领域，与破坏宪法赋予公民的权利和自由相关的犯罪行为也在不断增多，其中就包括利用信息技术获得个人信息来侵犯私人生活、个人与家庭隐私。进行这种犯罪行为的手段和方法越来越隐秘。

《学说》分析了俄罗斯的信息安全状况。第一，国防领域信息安全状况的特点是，外部国家和组织出于军事目的，扩大信息技术使用的规模，其中包括违反国际法，从内部破坏俄罗斯联邦及其盟国的主权、政治和社会的稳定和领土的完整，对国际社会、全球和地区安全产生威胁。第二，国家与社会安全领域的信息安全状况的特点是，复杂性不断提升，对应急信息基础设施网络攻击的规模不断扩大，外国加强对俄罗斯联邦的侦察活动，对俄罗斯联邦主权、领土完整和政治与社会稳定的威胁不断增加。第三，经济领域信息安全状况的特点是，有竞争力的信息技术的发展和应用水平较低。对外国信息技术的依赖程度较高，其中包括电子元件、软件、计算技术、通信技术产品。这些都造成俄罗斯联邦的社会经济发展对外国地缘政治利益的依赖。第四，科学、技术、教育领域信息安全状况的特点是，科研成果在开发有前景的信息技术方面的成效性有待提高，自主研发技术的使用水平较低，信息安全领域的人力保障程度较低，还有公民对维护个人信息安全的知晓程度较低。在此情况下，保障信息基础设施安全的活动，包括信息基础设施的完整性、可用性以及稳定运行，缺乏使用国产信息技术和本国产品。第五，战略稳定与平等战略伙伴关系方面的信息安全状况的特点是，一些国家力求利用技术优势来达到在信息空间占据有利地位。国际上的机制对互联网安全、稳定的保障阻碍了对资源进行的共同的、公平的、以互信原则为基础的管理。国际社会为建立旨在维护战略稳定和平等战略伙伴关系的国际信息安全体系制造了困难。

三、主权回归视角下的欧盟网络战略思想

（一）欧盟网络安全战略的构建

2013 年发布的《欧盟网络安全战略》（EU Cybersecurity Strategy，以下简称《战略》）是欧盟最重要的政策之一，它为欧洲数字市场开辟了一条新道路，即打造世界上最安全的市场，同时捍卫了基本价值观。它提出了五项原则和五项战略优先事项，以指导欧盟和国际网络安全的发展。这里需要强调的是，《欧洲联盟基本权利宪章》（Charter of Fundamental Rights of the European Union）强调基本权利，如言论自由等。《战略》还指出，相关行动者负有"共同责任"，以减轻风险并进行有效合作。欧盟更多地将网络空间看成物理空间的延伸，欧盟对"网络空间"概念、内涵缺乏明确界定，这唯一一份全面阐述网络空间战略的文件主要从安全视角出发，强调欧盟的价值观、人权、接入权、多利益攸关方、共同责任等五大基本原则。[1]其核心思想是将欧盟在物理世界的伦理、规范和规则体系移

---

[1] European Commission，"Cybersecurity Strategy of the European Union：An Open，Safe and Secure Cyberspace"，July 2，2013，Brussels.

植到网络空间，认为网络空间与现实空间是在线和离线的区别，更多强调网络的工具属性，只需要将物理世界的规则体系延伸到网络空间，即可实现对网络空间的治理。[1]

在构建网络空间秩序的基本原则上，欧盟强调《欧盟基本权利宪章》所规定的基本权利、自由表达权、隐私权等价值观是网络空间治理中的基本原则。[2]欧盟强调有限主权，以国家责任的视角来看待国家在网络空间的主权范畴。[3]在网络空间全球治理领域，欧盟推崇多利益攸关方模式，强调国家、非政府组织和私营部门共同参与治理，采取自下而上、公开透明的基本原则，主要为互联网名称与数字地址分配机构等互联网技术社群所采用，一定程度上暗含了突出社群主导地位、限制国家作用的意味。[4]欧盟理解的多利益攸关方模式主要应用在互联网关键资源治理领域，是一种较为理想化的治理模式。

此外，传统地缘政治因素，特别是美国因素，对欧盟网络战略有很大影响。美欧盟友关系决定了欧盟在安全领域对美国有很大的依赖，其网络空间战略深受美方影响，双方在网络战略协调、政策对接和务实合作方面具有广泛基础。[5]这无疑会影响中欧网络合作的优先性。在全球网络空间治理中，欧盟本能地会将欧美关系置于优先地位。欧盟尚未形成自主的网

[1] "The EU Gets Serious About Cyber: The EU Cybersecurity Act and Other Elements of the 'Cyber Package'", *Convington Report*, September 18, 2017, https://www.cov.com/-/media/files/corporate/publications/2017/09/the_eu_gets_serious_about_cyber.pdf?_ga = 2.268387661.210645683.1514977054-920184002.1504712398.

[2] Alina Kaczorowska Ireland, *European Union Law*, Routledge Cavendish, 4th Edition, 2016, p.176.

[3] European Parliamentary Research Service, "Cybersecurity in the EU Common Security and Defence Policy (CSDP): Challenges and Risks for the EU", European Parliament, May 2017, http://www.europarl.europa.eu/RegData/etudes/STUD/2017/603175/EPRS_STU (2017) 603175_EN.pdf.

[4] Laura DeNardis and Mark Raymond, "Thinking Clearly about Multi-stakeholder Internet Governance", Paper Presented at Eighth Annual GigaNet Symposium, November 14, 2013, pp.1—2.

[5] John B. Sheldon, "Geopolitics and Cyber Power: Why Geography Still Matters", *American Foreign Policy Interests*, Vol.36, No.5, 2014, pp.286—293.

络安全战略和网络威慑能力，在网络技术和网络能力领域倚重美国，"追随美国"的政策倾向明显。[1]无论是网络安全战略思维，还是网络空间国际治理理念，欧洲基本上认可美国提出的主张，其对美国的安全依赖及欧美固有的理念共识，导致欧盟在多边和双边领域都保持了与美国的政策协调，双方在网络军事互动和共同舆论发声上保持了高度一致。[2]欧盟往往配合美国的网络政策，争取西方网络安全话语权，实现西方国家利益的最大化。而美欧所欲实现的目标与其他国家在国际网络领域的目标相悖，美欧密切协调也不利于新型互联网治理模式的推广和实现。[3]美国因素成为全球网络空间治理中重要的第三方因素，使既有的中欧合作机制更为复杂，给推进中欧网络安全合作带来困难。

（二）欧盟网络空间战略的调整

网络空间大国博弈的态势正在发生急剧变化，引发欧盟在网络空间战略上的调整，这主要体现在治理理念上开始关注网络空间中的主权，在战略层面开始构建统一的网络安全战略，以及更加积极地参与全球网络空间治理进程，并力求发挥领导作用。

第一，网络空间治理理念上注重维护网络空间主权。传统上，欧盟一直强调网络的公域属性，关注网络自由、人权议题，积极支持政府之外的利益攸关方在治理中发挥主导作用。出于协调立场的需要，欧盟在很大程度上追随美国的网络空间治理理念，不太注重发挥领导作用。随着全球网络空间安全态势急剧恶化，欧盟面临的安全威胁和战略竞争不断上升，原有的治理理念已经不符合欧盟的利益。因此，欧盟开始重新审视网络空间

---

[1] Iva Tasheva, "European Cybersecurity Policy—Trends and Prospects", European Policy Centre, 8 June 2017, https://www.epc.eu/content/PDF/2017/European_cybersecurity_policy.pdf.

[2] George Christou, *Cybersecurity in the European Union*, Palgrave Macmillan, 2016, pp.146—149.

[3] 刘杨钺、徐能武:《新战略空间安全:一个初步分析框架》,《太平洋学报》2018 年第 2 期,第 4—7 页。

的治理理念，从战略上重视维护网络空间主权，提出了数字主权和技术主权等新概念。

2018年，欧盟委员会提出了"数字主权"（Digital Sovereignty）概念，为维护数字主权进行顶层设计。数据是网络空间中最重要的战略资源，被认为是信息时代的"石油"。过去欧盟与美国立场一致，主张数据应该在网络空间自由流动，国家不应当对数字流动设置障碍。然而，"棱镜门"事件爆出美国以"棱镜计划"为基础开展的大规模全球监听，特别是对欧盟领导人的通信设备进行监听，侵犯了欧盟用户的隐私，严重危害了欧盟的数字主权。这一事件直接导致欧盟数据自由流动观念的转变，并于2015年废止了与美国签订的关于数据跨境流动的《安全港协议》。2016年，欧盟与美国重新谈判制定了《欧美隐私盾牌》协定，但这一协定未能彻底打消欧盟对美国的疑虑。在此背景下，欧盟制定了具有全球影响力的《通用数据保护条例》（GDPR），并将此视为维护数字主权的战略抓手。2018年5月25日，在《通用数据保护条例》正式实施当天，欧盟委员会官方推特发文宣称重新掌控了自己的数字主权。

2020年初，欧盟又提出要加强构建网络技术主权，减少对美国的依赖，保持在人工智能、数字经济等领域的独立自主。2月，欧盟委员会发布了三份旨在建立和维护欧盟技术主权的网络战略文件，分别是《塑造欧洲的数字未来》（Shaping Europe's Digital Future）、《人工智能白皮书》（The White Paper on Artificial Intelligence）和《欧洲数据战略》（European Data Strategy），从不同侧面对技术主权进行了阐述。技术主权的提出反映了欧盟希望摆脱长期依赖美国的现状，提升欧盟在网络空间领域的技术实力，其主要内涵包括"提升欧盟在与数字经济发展密切相关的数据基础设施和网络通信等领域的关键能力和关键技术独立自主的权力，以减少对外部的依赖"。

第二，网络安全战略开始从成员国各自为战、强调非政府组织作用转向突出欧盟层面的顶层设计和统筹协调。近年来，随着治理理念的转变，欧盟开始制定区域层面的网络安全战略、政策和法规，强调区域层面的统筹协调。在早期网络安全治理中，欧盟对主权范畴进行了划分并采取了双层治理结构，如涉及国家安全的领域往往是各成员国政府的主权范畴，各成员国的网络安全政策都由本国政府制定。但面对网络空间治理这样一个跨领域、跨部门的复杂议题时，欧盟和各成员国之间的权力边界很难界定，传统的治理结构已经无法应对其中出现的安全问题。此外，随着全球网络安全形势恶化，欧盟各成员国难以独立应对，需要在欧盟层面进行资源配置和统筹协调才能有效解决。这一发展趋势使欧盟认识到原有治理模式已出现赤字，需要加强在欧盟层面的顶层设计加以应对。

从网络安全层面来看，欧盟近年来加强了顶层设计的力度，先后出台了《通用数据保护条例》和《网络安全法》，开始从欧盟层面统筹协调数据安全、网络安全问题。为了在欧盟内部更好地落实《通用数据保护条例》，欧盟还成立了数据保护委员会（EDPB），负责《通用数据保护条例》的解释工作，并对各国数据保护机构进行协调。此外，欧洲法院负责向各成员国法院就涉及网络安全的相关案件做出解释。《网络安全法》则将欧盟网络与信息安全署（ENISA）指定为永久性的网络安全职能机构，并且赋予其更多的网络安全职责。为了确保欧盟网络与信息安全署能够履行职责，欧盟大幅扩充了该机构的预算资源和人员配置。

从发展新兴技术层面来看，欧盟一直致力于构建数字单一市场以方便数据在欧盟境内自由流动，为人工智能、云计算等新兴技术的发展提供基础保障。2015 年，欧盟通过了《数字单一市场战略》，以保障数据在各成员国间自由流动。2020 年年初发布的《欧洲数据战略》《人工智能白皮书》则为推动大数据和人工智能的进一步发展提供了保障。这些战略举措在很大程度上都离不开欧盟层面的统筹协调。一方面，欧盟通过区域层面的协调来克服成员国之间存在的差异，统一法律、标准和技术；另一方面，集中各成员国的优势，提升欧盟的网络空间治理能力。例如，欧盟通过集合德国的工业 4.0 和法国的网络安全技术等，试图在新兴技术领域获得领先优势。

第三，更加积极地参与网络空间全球治理并力求发挥领导作用。欧盟一度认为，国家或国家组织不应成为网络空间全球治理的主导力量，对于其他国家较为关注的网络主权、网络军备竞赛、数字鸿沟等议题也较少关注。然而，随着网络空间安全形势不断恶化，欧盟的这一立场越来越无法适应新的变化，并影响了欧盟在网络空间全球治理领域的话语权。在此背景下，欧盟的网络空间治理理念发生了转变，其对于参与网络空间全球治理的立场也发生了变化。

在对外交往层面，欧盟通过不断加强与其他国家的网络对话和交流实现了网络空间全球治理的全方位布局。欧盟不仅与传统盟友美国开展了网络对话合作，而且与日本、韩国这样价值观较为接近的国家以及印度、中国等新兴国家建立了网络对话机制。特别是欧盟与中国的网络对话机制，覆盖了全球治理、网络安全、数字经济、信息通信技术等多个领域，涉及双方之间的外交、网信和工信等多个部门。欧盟通过全方位的双边对话加强了与其他国家在网络空间全球治理和国内治理方面的政策协调，这有助于其价值观念和政策立场转化为网络空间治理领域的领导力。

在成员国层面，法国、德国等欧盟大国在网络空间全球治理中的影响力不断提升。欧盟虽然无法直接以国家身份参与网络空间全球治理的多边进程，但是法国、德国等在欧盟发挥领导作用的国家，对网络空间全球治理的参与程度达到了前所未有的高度。法国政府在 2018 年推出了《巴黎倡议》，系统阐述了法国在网络空间领域的政策立场，更多地平衡了发达国家和发展中国家的政策立场，同时对国家行为体和非国家行为体的不同理念持包容态度。德国则在慕尼黑安全会议平台上专门设立了网络安全会议，并且利用慕尼黑安全会议机制专门组织了年度性的网络安全对话，通过组织具有全球性影响的网络安全会议，增加欧盟在网络安全领域的领导力和话语权。

第三章

网络空间秩序演变与未来发展

网络空间稳定不仅受到权力结构的影响，网络空间的规则缺失和秩序混乱也是影响稳定的重要因素。这主要体现在网络空间全球治理博弈的困境上，它不仅反映了大国利益背后的治理理念、原则和方法上的差异，更体现在国家与非国家行为体之间复杂的博弈关系上。全球网络空间治理进程不仅涉及网络发达国家与网络发展中国家在互联网关键资源、网络权力和网络安全等领域的复杂博弈，还包括政府、私营部门和非政府组织等行为体之间的相互博弈。

第一节

———

从互联网治理到网络空间治理

在网络发达国家与网络发展中国家，政府、私营部门和非政府组织等围绕网络空间治理的博弈从冲突转向融合的背后，反映了网络空间治理理念的持续演变。尽管围绕网络空间治理的博弈主要是为了争夺网络空间的权力与财富，但行为体对治理的主体、客体和方法的不同认知对治理的冲突与融合产生了重要影响。微软首席研究及战略官克瑞格·蒙迪（Craig Mundie）在第七届中美互联网论坛上就曾指出："中美双方在网络空间的误解很大程度上是由于对'互联网治理'和'网络空间治理'两个概念的混淆所导致。"[1]同样，网络空间治理博弈和冲突也反映了上述两种治理概念之间的冲突。

一、 治理理念的变化

互联网治理被认为是一种由非政府行为体主导的多利益攸关方治理模式，但也需要政府和政府间组织的参与和协调。互联网治理项目（Internet Governance Project，IGP）将"互联网治理"定义为："所有者、运营商、开发者和用户共同参与的一个由互联网协议连接起来的与网络相关的决策，包括确立政策、规则和技术标准的争端解决机制，制定资源分配和全球互联网中人类行为的标准。"[2]上述定义包括三个方面，即技术标准和协议的接受和认可，域名和 IP 地址等互联网资源的分配，人类的互联网行为产生的垃圾邮件、网络犯罪、版权和商标争议、消费者保护问题、公共部门和私人的安全问题等相关的规定、规则和政策等。劳拉·德纳迪斯提出要按照互联网传输的 TCP/IP 协议的层级，并根据不同层级的不同功能构建互联网模式，依据功能、任务和行为体分别讨论互联网资源控制、标准设定、网络接入、网络安全治理、信息流动、知识产权保护等六个层面的互联网治理内容。[3]

---

[1] 克瑞格·蒙迪于 2014 年 12 月 4 日在华盛顿召开的"第七届中美互联网论坛"上的发言。

[2] Mathiason J., "A Framework Convention: An Institutional Option for Internet Governance", Internet Governance Project, December 20, 2004, http://internetgovernance. org/pdf/igp-fc. pdf.

[3] Laura DeNardis and Mark Raymond, "Thinking Clearly about Multistakeholder Internet Governance", Paper Presented at Eighth Annual GigaNet Symposium, November 14, 2013, pp.1—2.

网络空间治理从原先互联网治理所强调的专业性、技术性领域转向更广泛的政治、安全和经济范畴，政府和政府间组织在网络空间治理中的重要性也日益凸显。网络空间是一个更广泛的领域，不仅包括互联网，还包括网络中传输的数据、网络的用户以及现实社会与虚拟社会的交互等。相对应的"网络空间治理"则是一个更加宽泛的概念，它是"包括网络空间基础设施、标准、法律、社会文化、经济、发展等多方面内容的一个范畴"[1]。它所包含的治理议题更加多元，面临的挑战也在不断增加。如"棱镜门"事件引发的对大规模数据监控的关注、政府在网络空间开展的网络行动导致的高持续性威胁（APT）、全球范围的数字鸿沟（digital divide）与数据贫困（data poverty）、网络恐怖主义、网络商业窃密等越来越多的治理议题已经超出了传统的互联网治理理念的范畴。

网络空间治理博弈中涉及的"全球公域"与"网络主权"、"网络自治"与"国家主导"等冲突反映出人们未能客观、正确地理解"互联网治理"与"网络空间治理"之间不同的治理主体、客体和方法，试图用单一的治理方法去解决其中的多元议题。以 ICANN 为代表的互联网治理主体所推崇的自下而上、公开透明的治理模式，对于国家在应对网络战、大规模数据监听、窃密、高可持续性威胁、网络恐怖主义等问题而言，缺乏有效性和针对性。与此同时，以国家为中心、自上而下的网络空间治理理念也无法有效应对当前国际互联网治理的现实问题，不能取代互联网国际组织在该领域的主导地位。

随着网络空间治理进程的推进，上述两种治理理念和方法在碰撞中也开始不断融合。约瑟夫·奈认为，网络空间由多个治理机制组成，其中互联网治理聚焦于技术层面，是网络空间治理的一个子集。应当根据不同的治理议题，构建不同的治理机制，让不同的行为体来发挥主导作用。[2]治

---

[1] Panayotis A. Yannakogeorgos, "Internet Governance and National Security", *International Strategic Studies Quarterly*, Vol.6, No.3, 2012, p.103.

[2] Joseph Nye, "The Regime Complex for Managing Global Cyber Activities", Global Commission on Internet Governance Paper Series, No.1, 2014, pp.5—13.

理观念的融合还表现在各方对多利益攸关方治理模式共识的增加。ICANN
采用的是一种自下而上、基于共识基础的决策过程，并主张限制政府作用
的治理模式。[1]很多网络发展中国家最初对多利益攸关方治理模式持反对
态度，强调应当采用政府主导的多边治理模式。随着治理进程的深入，网
络发展中国家逐步接受多利益攸关方治理模式，只要政府的作用得到合理
体现，这种观点也在私营部门和非政府组织代表中获得越来越多的共识。
政府、私营部门和非政府组织根据各自的功能与责任来参与决策过程，不
刻意将其他行为体排除在外，也不刻意追求个别行为体的领导权，体现出
更加客观和平衡的网络空间治理理念。

　　网络空间全球治理的大国之间、多元行为体之间的双重博弈，导致网
络空间治理陷入困境，对网络空间治理的建章立制造成了极大挑战。此外，
国际社会对网络空间及其治理的复杂性缺乏清晰、统一的认知，由此而造
成的片面立场和单一政策进一步加剧了治理困境。面对上述复杂情势，约
瑟夫·奈试图通过借鉴环境治理领域的机制复合体理论来解释网络空间治
理的实践，通过多个不同的治理机制组成的松散耦合复合体来分析网络空
间治理。[2]这为分析网络空间治理形势提供了一个有益的视角，即网络空
间治理是由多个而非单一的治理机制组成，各种机制之间的相互作用对治
理产生影响。[3]与此同时，机制复合体理论虽然能够在一定程度上解释网
络空间全球治理的困境，却无法为网络空间稳定指出一条合作的路径。

二、 研究范式的转变

　　网络空间稳定研究需要借鉴战略稳定领域的历史经验和理论内涵，反

---

[1] Miles Kahler, ed., *Networked Politics*：*Agency*, *Structure and Power*, Ithaca, New York：Cornell University Press, 2009, p.34.

[2] Joseph Nye, "The Regime Complex for Managing Global Cyber Activities", Global Commission on Internet Governance Paper Series, No.1, 2014, pp.5—13.

[3] 郎平：《网络空间国际治理机制的比较与应对》，《战略决策研究》2018年第2期，第89—104页。

映了网络空间全球治理领域不断变化的研究范式。网络空间全球治理研究是一个复杂的领域，通常学者用跨学科、跨领域、跨议题来进行这一领域的研究。这一特点不仅是因为网络空间确实覆盖了广泛的领域和议题，参与的行为体多元，更重要的是其自身也在不断地演进中，它对物理空间的渗透程度和连接程度也在不断增加，加大了理解和解释网络空间的难度。这对国际社会如何定义、理解网络空间，并构建网络空间秩序带来了挑战。网络空间不同的发展阶段所对应的研究范式不尽相同，如果忽视了这一点，就会给原本复杂的跨学科、跨领域、跨议题网络空间全球治理研究带来概念、理论、方法上的混乱。为了更加清楚地呈现网络空间研究范式的转变，本书将网络空间的演进划分为最初的互联网（internet，缩写为 I），到数字社会（digital society，缩写为 D），再到网络空间（cyberspace，缩写为 C）三个阶段，I—D—C 阶段所对应的研究范式分别为互联网治理、数字社会治理和网络空间治理三个不同的研究范式，其背后的理论来源、研究对象、议题、行为体存在较大的差异。

第一阶段，人们用"Internet"来指代刚刚发明出来，通过网络相互连接的计算机系统，一系列以"I"开头的互联网国际组织在这一阶段成立，如 ICANN、IETF、IAB、ISOC 等。这些被称为互联网社群的国际组织设计了互联网的整体架构，发明了基础协议，并一直掌管着互联网关键资源的分配。I 阶段互联网治理的理论范式是建立在"多利益攸关方"互联网治理理论之上。这种理论认为，早期的互联网是由技术社群创造并负责关键资源的分配，私营部门推动了互联网应用的普及，国家的作用有限，因此要采取与主权国家所青睐的科层制截然不同的自下而上、公开透明的多利益攸关方治理模式。劳伦斯·莱斯格（Lawrence Lessig）、劳拉·德纳蒂斯（Laura DeNardis）、弥尔顿·穆勒分别从"代码治理""层级治理""议题驱动型治理"等视角开展相关研究。劳伦斯·莱斯格在《代码——塑造网络空间的法律》一书中认为，网络空间是由计算机代码所构筑或编制的，也应受到其治理。劳拉·德纳蒂斯在《互联网治理全球博弈》中依据功能、任务和行为体分别归纳了互联网资源控制、标准设定、网络接入、网络安全治理、信息流动、知识产权保护等六个不同的治理模式，在这些治理模式当中，不同的行为体可根据功能的不同分别参与其中。弥尔顿·穆勒认为，互联网治理不能简单认为是去政府的，不同的议题需要有不同的治理模式，政府与互联网的关系是一种控制与摆脱控制的关系，这种关系是动态的。

第二个阶段可称为数字社会阶段。在这一阶段的早期，人们喜欢使用如电子商务（e-commerce）、电子政府（e-government）等来形容数字化的社会生活，"电子的"（electronic）更多的是表示用计算机技术开展的活动。随着大数据的广泛应用，数据成为新的驱动力量，"数字"（digital）成了更有代表性的名词。数字经济、大数据、数字生活、数字贸易等以"数字"开头的新的经济社会生活现象开始流行。D阶段的研究主要是从政治经济学角度探讨数字鸿沟问题、数字化对全球化的影响、构建新的数据跨境贸易规则等。社会学大师卡斯特在其著名的《信息时代三部曲：经济、社会与文化》中指出，20世纪末信息化和全球化的资本主义兴起与经济的衰退、社会的崩溃同时发生，这绝不是历史的巧合，而是资本主义选择性吸纳和排斥的结果。网络空间兴起以后，沃勒斯坦定义的"中心—半中心—边缘"世界经济体系理论将会被颠覆，网络发展中国家将会进一步边缘化，不发达国家将会被彻底地排除到体系外。[1]罗伯特·基欧汉（Robert Keohane）、约瑟夫·奈通过国际政治经济学的理论视角来看待数字社会的崛起，并在《权力与相互依赖》一书中进一步提出，信息技术的发展不仅会对大国之间实力对比产生影响，也会对国际体系造成冲击。[2]总体而言，数字经济是一个新兴而且重要的领域，越来越多的学者都从不同的学科视角开展研究，国际贸易领域的学者开始探讨如何建立数字贸易规则；法律专家较为注重数字知识产权的保护。

---

[1] 曼纽尔·卡斯特：《网络社会的崛起》，夏铸九、王志弘等译，社会科学文献出版社2003年版。

[2] 罗伯特·基欧汉、约瑟夫·奈：《权力与相互依赖》，门洪华译，北京大学出版社2012年版。

在第三个阶段，人们更多使用网络空间，强调网络作为空间的概念，以区别于 I 阶段和 D 阶段的研究范式，反映了网络空间对于物理空间的映射速度在加快，程度在加深。网络空间阶段学术研究的主要特点是将空间作为一个整体进行研究，国家成为主要的行为体，国家关注的网络空间政治、安全、经济，甚至文化成为研究的对象。双边层面的合作与竞争、全球层面的秩序构建，甚至国内层面的网络空间治理问题都成了大国博弈的重点领域。网络空间成为研究关注度和活跃度都非常高的新领域，可以从国际安全、国际法等视角来归纳现有的学术研究特点。国际安全领域对网络空间的研究主要包括网络威慑、网络规范、网络地缘政治等相关的学术概念和理论的研究，代表性的成果包括：约瑟夫·奈根据传统的威慑理论提出了网络威慑理论；玛莎·芬尼莫尔提出构建网络规范（cybernorm）来约束国家在网络空间的行为；戴维·克拉克（David Clark）和容·迪尔伯特等人提出的网络地缘政治和信息地缘政治观点，认为网络空间中的行为体、基础设施、信息等都有很强的地缘政治因素，因此，网络空间并非全新的空间，有很强的地缘政治属性。此外，梅丽莎·哈撒韦、约翰·马勒里、詹姆斯·刘易斯等人从传统国际关系领域的大国博弈、冲突、危机经验出发，探讨网络空间的军控、建立信任措施、危机管理、冲突降级等具体政策。

网络空间从最初的 I 阶段技术主导空间，到 D 阶段商业化主导空间，再到 C 阶段政治、经济、安全等全方位融合的空间，研究范式发生了深刻的转变。原本相对独立的互联网关键资源治理和数字贸易规则等问题都成为了国家竞争的领域，政治化、安全化的趋势愈发明显，这就需要有新的理论视角来研究和解释网络空间中出现的新现象。因此，网络空间的大国关系成为了影响和平与冲突以及安全与发展最重要的变量。

在实践中，上述三个阶段并不是截然分开的，很多情况下是相互叠加的，人们交替使用着不同的术语，因此也导致了概念的混乱。按照 I—D—C 的划分方法不仅有时间上的阶段性特点，也为我们区分了不同的研究领域，有助于后续研究能够更清晰地界定研究概念和范畴。

三、 网络空间秩序困境

霍布斯式的网络空间大国关系加剧了网络空间的秩序缺失，导致了一系列网络空间全球治理的新困境。

第一，网络空间分裂的困境。网络空间正处于秩序变革的关键时期，在网络安全的巨大冲击下，网络空间"巴尔干化"的风险渐行渐近。网络空间数据自由流动已经成为"过去时"，数据本地化政策已经将欧盟、美国、中国以及其他国家和地区划分为不同的数据主权区域，网络空间的数字地缘版图已经开始出现。虽然互联网在底层进行分裂的可能性并不大，但是俄罗斯已经开始测试基于另一套标准的"互联网"。就技术层面而言，建立一个新的"互联网"并非难事。在网络冲突加剧的情况下，可能有国家主动中断与互联网的连接，或者国家群体建立新的"互联网"，从而导致网络空间从底层架构开始分裂。美国试图强行在信息通信技术领域与中国"脱钩"，更是增加了互联网在物理层发生分裂的风险。

第二，国际社会在建立网络空间的制度体系上面临着严峻挑战。联合国信息安全政府专家组是网络空间全球治理最核心的机制之一，聚焦于与国际安全相关的网络安全国际规则制定。近年来，专家组在各国的努力下先后就《联合国宪章》等国际法在网络空间的适用性、信任建立措施等方面取得了突破。然而，被寄予厚望的第五届专家组未能达成共识报告，专家组组长在 2017 年 9 月 21 日新加坡召开的"联合国国际规范"研讨会上正式宣布专家组未能达成共识。此后，在俄罗斯等国的提议下，联合国成立了信息安全开放式工作组，作为信息安全政府专家组的并行机制，开启了"双轨制模式"。[1]尽管两者都是在联合国大会第一委员会下成立，但如果中国、美国、俄罗斯、欧盟等大国和组织不能协调好两者之间的关系，"双轨"将不可避免陷入冲突和竞争，给原本就陷入困境的网络空间全球治理

---

[1] United Nations，*Resolution adopted by the General Assembly on 5 December 2018*，A/73/505.

带来新的不确定性。

第三，国际法作为维护网络空间秩序的重要支柱，各方面临着很大的分歧。国际法领域常用"Pactomania"和"Pactophobia"来形容国际社会所处的造法状态，这两个词都是由"Pact"（条约）作为前缀，"mania"是狂热的意思，"phobia"有恐惧的意思，是一对相反的词根。[1]冷战早期，美国艾森豪威尔政府推动国际社会制定了很多国际条约，历史学家把这一时期称为"Pactomania"。而网络空间的国际法状态目前还处于一种"Pactophobia"的状态，各国还缺乏制定国际法的意愿。导致这种状况的原因既有客观上如何基于网络空间的特点来制定国际法的挑战，也有主观上国家之间所存在的分歧。国际法的初衷是维护小国的利益，但网络空间国际法却成为大国谋取优势的工具。[2]尽管《塔林手册》作为近年来网络空间国际法领域的重要成果有着很高的关注度，但国际社会对此却有很大争议，即使是美国政府，对于这一由北约所支持的项目也持否定态度。中国、俄罗斯等国也清楚地表明了《塔林手册》仅仅是一种学术探索，不具备作为网络空间国际法的地位。[3]由此可见，网络空间国际造法的过程将会面临诸多挑战。

第四，人工智能等新兴技术的发展与应用也给国际社会带来了新的安全挑战，相应的治理机制构建面临重重阻碍。人工智能自身的技术安全问题、算法黑箱、自主决策、数据安全都有可能带来人工智能武器的失控，并由此造成严重的安全后果。因此，如何在确保安全的前提下开展人工智能军事应用至关重要。[4]如果不负责任地使用人工智能武器，或是随意地扩散，都有可能给国际社会造成严重的安全、经济和社会伤害。比如，滥用人工智能武器造成无辜平民的伤亡；恐怖分子获取人工智能武器将会造

[1] 萨什·贾亚瓦尔达恩等：《网络治理：有效全球治理的挑战、解决方案和教训》，《信息安全与通信保密》2016 年第 10 期，第 45 页。
[2] 同上书，第 45—47 页。
[3] 吴楚：《网络空间国际法应由联合国来管》，《环球时报》，2017 年 2 月 11 日，https://opinion.huanqiu.com/article/9CaKrnK0pYh。
[4] 鲁传颖、约翰·马勒里：《体制复合体理论视角下的人工智能全球治理进程》，《国际观察》2018 年第 4 期，第 68 页。

成重大的恐怖袭击等。

此外，人工智能在军事领域的应用将会颠覆国际安全体系。随着人工智能的发展，战争的形态将会彻底改变。军人、战场和战争模式会发生颠覆性的变化。程序员将会成为军人中的重要组成部分，更加精确的杀伤将会使得战场范围更加广阔，传统的战争决策模式也难以适应人工智能快速反应的决策模式。如此巨大的变化将会使得传统的国际安全架构难以适应新的挑战，现有冲突降级、危机管控、建立信任措施等维护国际安全的措施无法解决大国在人工智能军事领域的冲突，国际安全体系的稳定也将难以为继。

第五，"霸权国"的政策转变给网络空间全球治理带来了新的挑战。一是特朗普政府一改奥巴马政府通过建立网络空间治理规则来增强美国"软实力"和"话语权"的理念，回归到更加保守和自助的模式，并从根本上质疑国际治理的作用。二是美国不愿意投入政治资源和财政资源来推动构建国际治理机制。三是美国对各种治理主张多采取抵制态度。

第二节

———

大国网络秩序理念的变化

一、 网络公域与网络主权

美国政府将网络空间视为由人类创造出来的虚拟空间，具有"全球公域"属性，并将其纳入美国的全球公域战略。全球公共领域（global commons）是指在世界范围内，没有哪个国家可以单独控制但所有国家都赖以生存的某些领域和地区，这些公共领域是国际体系的联通渠道。[1]但实际上，美

---

[1] Lt Gen Davinder Kumar, "Securing Cyberspace: A Global Commons", *Indian Defence Review*, Vol.30.2 Apr-Jun 2015.

国的战略目标是通过在全球公域建立霸权，攫取这些没有明确国家属性空间的资源与权力；同时，限制美国竞争对手进入这些空间，获取政治、经济、军事上的资源。[1]另一种观点针锋相对，认为网络空间是建立在信息基础设施之上，存在于国家、社会之间，具有明确的主权属性。[2]国家既有促进网络空间发展、维护网络空间稳定、保护网络空间安全的职责，也有依法行使对于网络空间进行管理和打击网络犯罪、保护信息隐私的责任。因此，网络空间不是所谓的"全球公域"，它是国家主权的重要组成部分。

　　网络空间的两种不同属性决定了各国在网络空间全球治理模式、平台、路径上存在分歧，这也是在网络空间全球治理进程中，最难以达成共识的核心问题之一。这两种观点共发生过两次重大的交锋。一次是在第六十六届联合国大会上，中国、俄罗斯联合上合组织成员国向联合国提交的《信息安全国际行为准则》受到了以美国为首的西方国家的强烈抵制。该文件认为，与互联网有关的公共政策问题的决策权是各国的主权，应尊重各国在网络空间的主权，尊重人权和基本自由，尊重各国历史、文化和社会制度多样性等。[3]第二次是在 2012 年迪拜的国际电信联盟大会上，89 个信息发展中国家与 55 个信息发达国家在将"成员国拥有接入国际电信业务的权力和国家对于信息内容的管理权"写入《国际电信规则》的议题上发生了分裂，虽然签署条约的国家占据大半，但由于 55 个信息发达国家的抵制，条约无法生效。[4]

　　属性分歧实则反映出国家对于网络权力扩张和限制两种截然不同的观

［1］ Barry R. Posen, "Command of the Commons: The Military Foundation of U.S. Hegemony", *International Security*, No.1, Summer 2003, pp.5—46.

［2］ Jack L. Goldsmith, "The Internet and the Abiding Significance of Territorial Sovereignty", *Indinana Journal of Global Legal Studies*, Vol.5, No.2, 1998, pp.475—491.

［3］ 参见中俄等国向第 66 届联大提交的《信息安全国际行为准则》，https://www.fmprc.gov.cn/web/ziliao_674904/tytj_674911/zcwj_674915/t858317.shtml，浏览时间：2012 年 6 月 5 日。

［4］ BBC, "US and UK Refuse to Sign UN's Communications Treaty", December 14, 2012, https://www.bbc.co.uk/news/technology-20717774，浏览时间：2013 年 9 月 15 日。

点。美国想借助其在网络空间的优势，谋求在空间中建立霸权。而广大发展中国家一方面要维护网络空间的开放、稳定，让网络空间更好地服务于经济发展、政治稳定、社会进步；另一方面要抵制美国等国借助在网络空间基础设施和信息产业上的优势，借助所谓的"全球公域""信息自由"等战略将权力扩张到他国的网络空间和主权领域。

围绕网络空间中秩序、权力与财富的分配，网络发达国家与网络发展中国家在下列问题上产生了严重分歧：网络空间属性是"全球公域"，还是"主权领域"？治理手段是政府主导的"多边治理"，还是非政府行为体主导的多利益攸关方模式？治理文化是西方主导的"一元文化"，还是平等协商的"多元文化"？[1] 这一时期的矛盾焦点还集中体现于信息内容的自由流通，希拉里·克林顿就任美国国务卿时，针对互联网自由发表了多次讲话，鼓吹美国的互联网自由战略。在始于 2010 年年底的西亚北非动荡之中，美国政府与社交媒体网站在背后所扮演的角色引起了网络发展中国家的广泛关注，后者加强了对互联网的管理。[2]

二、 走向多元的治理理念

随着网络空间与物理空间融合程度的不断增加，各国在治理理念上的矛盾与统一也在发生变化，关于主权与公域之间的争议也演变为更加复杂和多元的治理理念。各国在网络空间的权力格局中的位置使得不同国家间的治理理念逐渐发生了变化。

（一）从构建全球秩序后撤的特朗普政府

美国网络空间治理理念一直是内外有别的。对外，美国认为网络空间

---

[1] 鲁传颖：《试析当前网络空间全球治理困境》，《现代国际关系》2013 年第 9 期，第 44—47 页。

[2] "Secretary Clinton's Remarks on Internet Freedom", IIP Digital, December 8, 2011, https://2009-2017.state.gov/secretary/20092013clinton/rm/2010/01/135519.htm.

是全球公域，主张网络自由、多利益攸关方模式，各国政府不应当支持网络主权；对内，美国把维护自身在网络空间的主权置于神圣的地位，在维护自身网络主权方面投入了大量战略资源。"棱镜门"事件后，美国这种自相矛盾的做法受到越来越多诟病，国际社会纷纷指责美国虚伪。与此同时，中国提出的网络主权越来越能够反映网络空间的本质，也被越来越多的国家认可。特朗普上台后，保守主义开始回归，美国政府在国际秩序上的后撤也导致了其网络全球治理理念的变化。特朗普政府首先撤并了负责网络外交和国际合作的国务院网络事务协调员办公室，并在首任美国网络安全事务协调员克里斯托弗·佩恩特（Christopher Painter）退休后取消了这一职位。与此同时，美国与其他国家的对话交流明显减少。中美执法与网络安全对话和网络空间国际规则高级别专家组仅开展一次就陷入了暂停状态。美俄网络安全工作组因"棱镜门"事件被终止，至今未能恢复。不仅如此，美国与盟友国家之间的网络对话也基本没有继续。总体而言，特朗普政府的网络外交对话基本陷入了静默状态。[1]

特朗普政府在网络空间秩序上后撤的同时，对于网络公域与主权的主张也不再出现在官方政策文件当中。美国采取了一种更加务实的做法，也就是所谓的"美国优先"的网络版，抛弃所谓的秩序理念，加强网络权力的争夺。具体包括：突出强调在强制性网络权方面的建设，在制度性网络权方面作出调整，在结构性网络权方面保持稳定，并且减少了对生成性网络权的追求。网络行动的指导思想从主动防御转向探索开展进攻性网络行动策略，并提出前置防御和先发制人的战术概念。特朗普政府首先撤销了《第 20 号总统行政令》（PPD 20），放开美军在开展进攻性网络行动方面的限制，使网军能够更自由地对其他的国家和恐怖分子等对手开展网络行动，而不受限于复杂的跨部门法律和政策流程。[2]随后，《国防部网络战略》提

---

［1］ 鲁传颖：《保守主义思想回归与特朗普政府的网络安全战略调整》，《世界政治与经济》
2020 年第 1 期，第 60—79 页。

［2］ DOD，Summary of the National Defense Strategy of the United States of America：Sharpening
the American Military's Competitive Edge，January 19，2018.

出前置防御的战术方针，强调美军应当"从源头上破坏或阻止恶意网络活动，包括低烈度武装冲突"[1]。前置防御与主动防御存在两点主要区别：一是防御阶段前移。主动防御侧重及时识别与发现正在进行的网络攻击行为，前置防御则强调在恶意网络活动发生之前就采取行动，从源头上加以遏制，以进攻性的网络行动阻断和打击潜在敌人的网络攻击行为。二是防御范围扩大。在主动防御的方针下，美军只需保护国防部的网络和系统安全，前置防御则要求美军在各种威胁发生之前就采取行动排除安全隐患，即美军可以对世界任何地方展开网络行动，对"可疑的"危险目标发起攻击。通过以上转变，特朗普政府将对网络军事力量发展的限制降到有史以来的最低水平，以新的网络力量建设思路和行动方针为网军的实战化发展建立制度基础，并争取最大的物资支持。[2]

拜登政府上台后，一方面延续了特朗普时期的一系列做法，同时，也力图修复美国历届总统在网络空间业已形成的支柱，包括回归建制派所提倡的网络安全理念。美国国内各方在网络安全议题上空前的"同仇敌忾"必然影响拜登的政策举措，可以说拜登几乎从上任第一天起就面临被要求"重振国家网络工作"的舆论压力。当然，这也为其评估威胁、确定利益和塑造对手，强化政策合法性提供了空间。

第一，大肆渲染网络空间威胁为"即刻且危险"。拜登频繁强调美国所面临的网络空间威胁，从竞选期间所营造的网络攻击动摇民主体制，到当选后强调网络安全对于国家安全的威胁，并发表"网络攻击将引发大国战争""网络安全是国家安全核心挑战"等论调，将网络空间威胁塑造为"即刻且危险"。2021年3月公布的《临时国家安全战略指南》（Interim National Security Strategic Guidance）明确表示"坚持网络安全第一要务，提升网络安全在政府工作中的重要性"。2021年5月公布的《改善国家网络安全行政令》声称"网络安全为联邦事务优先项"，"保护网络安全是国家和经

---

[1] DOD, Summary of Department of Defense Cyber Strategy, September 18, 2018.
[2] 鲁传颖：《保守主义思想回归与特朗普政府的网络安全战略调整》，《世界政治与经济》2020年第1期，第60—79页。

济安全的首要任务和必要条件"。拜登在半年内即完成了网络议题相关责任人任命，主要选择经验丰富的官员和精英管网治网，并采纳"网络空间日光浴委员会"建议，创设国家网络总监一职，任命前国安局副局长克里斯·英格利斯（Chris Inglis）担任。外界评价拜登上任半年内在网络议题上举措之多、速度之快远胜过前总统的四年，网络安全成为拜登政府议事议程的重点。

第二，将网络空间核心利益界定为"应对挑战"和"恢复优势"。《临时国家安全战略方针》明确表示美国国家安全战略目标的实现，"取决于一个核心战略主张：美国必须恢复持久优势以便能够基于强大实力迎接当前的挑战"。应对挑战和重建优势地位也成为拜登政府在网络空间所界定的核心利益，一方面全力维护美国的网络安全，公开强调针对美国关键基础设施的网络攻击、扰乱美国选举安全的信息行动以及供应链攻击等将损害美国核心利益，意图为网络空间行为"划红线"；另一方面重建并维持美国的技术优势，特别是在以 5G、量子计算、人工智能等为代表的"技术革命"中保持领先地位，确保技术治理反映所谓民主国家的利益，为开展网络空间大国竞争"划重点"。

第三，重塑网络安全决策体制，恢复建制派精英在决策层中的主导地位。拜登上台后强化了与情报部门之间的关系，从情报、安全部门中挑选了一批网络安全高级官员。如国安局前网络安全主管安妮·纽伯格为负责网络安全事务的总统国家安全事务副助理，美国前国家安全局反恐中心副主任珍·伊斯特利为 CISA 局长，前国家安全局副局长克里斯·英格利斯为国家网络总监，前国安局高级顾问迈克尔·苏梅尔为网络事务高级主管。安全背景出身的官员对于网络议题关键岗位的垄断使得拜登对于网络威胁的认知多倾向于追求"绝对安全"的零和思维观。可以说，拜登将网络议题与大国竞争相挂钩正是"深层国家"部门推动的结果。

（二）《巴黎倡议》与欧盟的治理理念

在网络空间全球治理的进程中，欧盟一直作为美国的盟友而存在，美国也不断强调美欧等所谓"理念一致国家"应采取统一立场，共同主导网络空间全球治理的规则体系。实际上，美国并没有把欧盟的利益置于重要位置。"棱镜门"事件揭示出美国对欧盟的监听甚至远远超过了对其他国家的监听，到了直接对德国总理默克尔等人的私人通信工具进行监听的程度。尽管在美欧关系大局的影响下，"棱镜门"事件并未影响美欧之间在网络空间全球治理领域的盟友关系，但特朗普上台后，美国大举从多边体系后撤，并在网络军事和情报方面开展更具有进攻性的行动，美欧之间的分歧也开始变得更加明显，欧盟开始意识到网络主权的重要性，也担忧网络空间军事化将会带来的负面影响。

2018 年 11 月，法国总统马克龙在巴黎召开的互联网治理论坛（IGF）上提出了《巴黎倡议》，这是欧盟在网络空间全球治理领域所取得的一个重要的成果。《巴黎倡议》是一份总体上反映了欧盟在网络空间全球治理领域主张的文件，它高度强调国际法的作用，认为《联合国宪章》、国际人道法、习惯国际法普遍适用于网络空间，强调国际人权法对于保护网络人权的重要性，以及欧委会制定的《布达佩斯公约》是网络犯罪领域的重要法律文件。[1]《巴黎倡议》在治理方式上高度认可多利益攸关方模式，强调非国家行为体的参与。这份文件的出台正值联合国在网络空间治理进程中暂时受挫，并且文件是由法国总统亲自宣布的，因此取得了很大的影响力。同时，由于文件在表述中主要是援引了联合国及其他相关的"国际共识"，得到了很多欧洲国家以及非国家行为体的支持。

法国专门建立了网站，不仅用于展示文件内容，而且用于公开征集不同利益相关方的支持。只要在线填写申请表，就能表达对《巴黎倡议》的支持，支持的国家和机构会展示在网站上。在支持者的名单中不仅没有中国、俄罗斯，也没有美国。中俄不支持的理由很好理解：一是没有参与文件的起草，二是对文件内容本身的倾向和一些具体的内容存在不同的意见。

---

[1] Emmanuel Macron，"Paris Call for Trust and Security in Cyberspace"，November 12，2018，https://pariscall.international/en/.

如《巴黎倡议》中提到的国际法适用于网络空间，中俄对于在网络空间行使"自卫权"，开展"反措施"等还存在很大疑虑。[1]美国没有与其他欧洲国家一起行动，则明显有悖于先前声称的"理念一致国家"集体行动主张。美国官方并没有说明不支持的理由，据分析，主要理由可能是特朗普政府对于类似的多边机制缺乏兴趣，同时，对于其中一些条款也存有疑虑。虽然这不能表明美欧已经在网络空间全球治理领域分道扬镳，但至少表明了欧洲独立意识的觉醒。

《巴黎倡议》虽然没有公开提出要支持网络主权，但主权原则作为《联合国宪章》的主要精神，实际上已经体现在其中。欧盟在《通用数据保护条例》正式实施后，曾高调宣称数字主权回归到了欧盟手中。此外，法国不顾美国强烈反对，对美国互联网企业征收数字税的政策表明，欧盟越来越注重维护自身的利益。[2]

（三）俄罗斯的网络主权观

俄罗斯是网络空间中具有代表性的国家，不仅具有强大的网络安全实力，在网络空间治理理念上也独树一帜。国家的网络秩序观念在很大程度上是其国际秩序观的反映。俄罗斯官员、学者对于国际秩序有着强烈的不信任感，认为自己是现存国际秩序的受害者，并且反美情绪越来越高涨。2013年我曾在俄罗斯的高等经济专科学院（HSE）交流学习过一段时间，其间就俄罗斯的网络战略开展了调研。这种秩序观促成了极有代表性的俄罗斯治理理念，它高度关注网络主权安全，把美国视为危害主权的主要来源，对于参与信息通信技术的全球化分工极为疑虑。

在治理理念上，俄罗斯将网络主权置于核心位置，2019年俄罗斯《主权互联网法》正式实施，使得俄罗斯境内的互联网越来越成为"俄罗斯互

---

[1] 黄志雄、潘泽玲：《〈网络空间信任与安全巴黎倡议〉评析》，《中国信息安全》2019年第2期，第104—107页。

[2] Julia Horowitz, "France Orders Big Tech to Pay Digital Tax Despite Threat of US Tariffs", *CNN Business*, November 25, 2020.

联网"（Runet）。从逻辑层面上，俄罗斯建立自己的域名解析体系作为备份，并且开展断开国际互联网的实验和演习，为建立一个可以独立运行的俄罗斯互联网奠定了技术基础。[1]俄罗斯对于网络主权受侵犯极为敏感，在《俄罗斯联邦信息安全学说》中指出了四类网络安全威胁，提出要建立强大的网络军事力量维护自身的信息空间安全。[2]俄罗斯政府也高度重视数据安全和关键信息基础设施安全，建立了相应的保障能力和体系。

　　俄罗斯在网络空间全球治理领域一直非常积极，并有很多建树。俄罗斯支持联合国作为建立网络空间规则的主平台，强调主权国家的领导作用。俄罗斯是联合国信息安全政府专家组、联合国信息安全开放式工作组、联合国打击网络犯罪工作组等机制主要的发起者之一，这些机制最终成为联合国在网络空间治理中的关键机制。

第三节

―――

网络空间治理未来的发展态势

　　尽管网络空间全球治理领域各方博弈的态势依旧激烈，但是积极的一面也在逐渐显现。随着网络空间治理进程的推进，各方对网络空间属性的认知逐渐达成共识，并由此使其在治理方法、路径上的分歧缩小。特别是在认知层面，各国对网络空间的认知由基于不同的政治、经济、文化背景，强调各自的独特性，转向基于网络空间的客观属性和规律，强调不同观点之间的融合。[3]网络空间的互联、共享属性决定了零和博弈不适用于网络

---

[1] 徐陪喜：《俄罗斯断网测试对我国参与互联网关键技术资源治理的启示》，《中国信息安全》2020年第3期，第36—38页。
[2] 杨国辉：《俄罗斯联邦信息安全学说》，《中国信息安全》2017年第2期，第79—83页。
[3] 王明国：《全球互联网治理的模式变迁、制度逻辑与重构路径》，《世界经济与政治》2015年第3期，第69—70页。

空间，网络空间的安全、发展、自由是政府、私营部门和非政府组织所共同追求的目标。同时，安全、发展、自由这三个议题的相互制约关系，使得任何一方都不可忽视其他行为体的利益，而追求自身的绝对利益。正如习近平主席 2015 年 12 月 16 日在第二届世界互联网大会开幕式的主题演讲中指出："在信息领域没有双重标准，各国都有权维护自己的信息安全，不能一个国家安全而其他国家不安全，一部分国家安全而另一部分国家不安全，更不能牺牲别国安全谋求自身所谓绝对安全。"[1] 由此，国际社会也逐步意识到，没有任何一方可以主导网络空间治理进程。因此，网络空间全球治理的原则、理念和方式都需要予以相应的调整，以适应形势的发展。

一、 国家为中心的多边治理体系将会成为机制构建的主导力量

秉持互联网治理的多方参与理念，信息社会世界峰会（WSIS）首次提出互联网治理概念。2003 年的 WSIS 峰会建立了互联网治理工作组（WGIG），随后又设立了互联网治理论坛（IGF）。[2] 2004 年在联合国秘书长的号召下，成立了联合国信息安全政府专家组，为各国制定、协商符合各国利益的网络空间国际规范提供了有效场所。这些多方参与的论坛或工作小组的设立，打开了互联网治理多方参与的渠道，赋予主权国家正当的身份参与互联网治理。以美国为首的主权国家以独立姿态展示了政府如何介入网络空间治理，如 2007 年 ICANN 的国际化进程中美国政府的干预；2008 年，奥巴马竞选美国总统期间对互联网和 web 2.0 的使用，对网络中立的支持；2010 年时任美国国务卿希拉里·克林顿针对中国发表的互联网言论自由演讲。[3] 总体

---

[1] 中央网信办：《习近平出席第二届世界互联网大会开幕式并发表主旨演讲》，2015 年 12 月 16 日，http://www.cac.gov.cn/2015-12/16/c_1117480642.htm。这一立场反映了网络空间治理的上述特殊属性。

[2] IGF 是联合国秘书长召集的多利益攸关方机构，并作为讨论与互联网治理关键要素相关的公共政策问题的重要空间。

[3] Hillary Clinton, "*Secretary Clinton's Remarks on Internet Freedom*", 08 December 2011, https://2009-2017.state.gov/secretary/20092013clinton/rm/2010/01/135519.htm，浏览时间：2021 年 9 月 4 日。

而言，进入 21 世纪的前十年，网络空间多方参与的治理平台搭建为主权国家参与提供了有效途径，互联网衍生的业务量和业务形式的激增，主权国家对数据资源、数据隐私的重要性认识明显提高，在网络空间治理中的影响力和主导性显著增强。

始于 2010 年年底，爆发于 2011 年的"阿拉伯之春"证实了互联网作为交流沟通工具在现代政治中能够产生的重大影响，埃及用断网的方式阻止政治抗议展现了互联网工具被政治化的现实。2013 年的"棱镜门"事件使得数据保护和隐私保护成为网络空间治理议题中的重要关注点，信息发达国家和信息发展中国家都意识到维护网络空间的安全需要各国的共同参与，没有任何国家可以单独主导网络空间治理进程。[1] 2004 年成立至今的 UNGGE 也分别在 2010 年、2013 年、2015 年推出了成立以来最具成果性的三份报告，提出了负责任的国家行为准则、建立信任措施、能力建立措施等概念与举措，特别是对现有法律在网络空间的适用性问题展开了深入的讨论。主权国家日益认识到网络空间不是法外之地，开始以双边、多边的形式倡导建立网络空间规范，如中美建立网络安全工作组、美俄进行互信建设、英国组织的"伦敦进程"、中国举办的世界互联网大会等。此外，主权国家组建的国际组织如上合组织、金砖国家、七十七国集团等对网络空间治理的议题关注度也愈发增强。国家介入网络空间治理的议题关注焦点从数字资源争夺向网络空间治理理念、治理手段演变。例如以中俄为代表的推崇网络空间多边治理（multilateral）和多方治理（multi-party）模式以及美欧所推崇的多利益攸关方模式。总体而言，近十年来网络空间的安全事件频发不断、网络技术的发展日新月异、网络空间被安全化的趋势日益明显，以国家为中心的网络空间多边治理体系成为网络空间建章立制主导力量。

联合国在网络空间治理中的作用持续提升，将有力地推动网络空间治理架构和规范的建设步伐。通过联合国信息安全政府专家组的努力，国际社会在国家在网络空间的行为规范和建立信任措施等方面也取得了重要突

---

[1] 鲁传颖：《网络空间治理的力量博弈、理念演变与中国战略》，《国际展望》2016 年第 1 期。

破。2013 年 6 月，联合国发表了一份由 15 个国家的代表组成的专家组报告。报告首次明确了"国家主权和源自主权的国际规范及原则适用于国家进行的通信技术活动，以及国家在其领土内对通信技术基础设施的管辖权"。同时，报告进一步认可了"《联合国宪章》在网络空间的适用性"。"各国在努力处理通信技术安全问题的同时，必须尊重《世界人权宣言》和其他国际文书所载的人权和基本自由。"[1]与 2010 年的专家组报告相比，上述内容分别作为 2013 年报告的第 20 条和第 21 条出现，这是一个巨大的进步，表明网络发达国家和网络发展中国家在网络空间治理认知理念上的兼容性不断提高。2015 年 7 月，联合国信息安全政府专家组公布了第三份关于网络空间国家行为准则的报告。这份报告在保护网络空间关键信息基础设施、建立信任措施、国际合作等领域达成了原则性共识。网络发展中国家关心的网络主权进一步得到明确，网络发达国家主张的"国际法特别是武装冲突法在网络空间中适用的核心内容"也被写入其中。[2]

2018 年联合国大会 A/RES/73/266 决议开启了 2019 年 UNGGE 组会进程，并要求 UNGGE 成员与非洲联盟、欧洲联盟、美洲国家组织、欧洲安全与合作组织、东南亚国家联盟区域论坛等有关区域组织合作举行一系列协商，在 UNGGE 会议前就会议所涉议题交换意见。这一协商会议是新开启的不限成员名额的开放式工作组，该工作组的参与成员来自联合国会员国、产业界、非政府组织和学术界。OEWG 和 UNGGE 是联合国主持下的重要独立协商机制，两者并驾齐驱相互补台。OEWG 先于 UNGGE 会议召开，这将便于 OEWG 代表讨论的议题和建议融入此后的 UNGGE 会议中，间接扩大 UNGGE 参与成员。OEWG 首次会议于 2019 年 12 月 2—4 日在纽约召开，100 个主权国家和 113 个机构组织注册参加。全球多利益攸关方在

---

［1］ Group of Governmental Experts on Developments in the Field of Information and Telecommunications in the Context of International Security，UN General Assembly Document A/68/98，June 24，2013.

［2］ Group of Governmental Experts on Developments in the Field of Information and Telecommunications in the Context of International Security，UN General Assembly Document A/70/174，July 22，2015.

联合国总部围绕网络威胁与挑战议题展开了激烈的讨论。[1]

二、 多利益攸关方内涵发生变化

在治理方式和路径方面，各国在网络空间治理中的政策立场也更强调从实际出发，特别是在处理政府与其他行为体的关系上。各方都意识到应当根据网络空间治理中的问题来划分政府与其他行为体的职责。对于多利益攸关方治理模式，网络发达国家与网络发展中国家的认知逐步统一，政府与私营部门、非政府组织根据各自的职能参与网络空间治理。[2]认知差异的缩小，意味着一方对另一方的关切更加了解，网络发达国家与网络发展中国家在网络空间治理中的博弈将更具针对性，表现为竞争与合作同步进行，以竞争促进合作。当然，这与网络发展中国家加大了对网络空间建章立制的投入，在网络空间治理的话语权上的增长有关。巴西、中国先后建立了网络空间多利益攸关方会议和世界互联网大会机制，探讨网络与国家安全、网络主权等核心问题，网络发展中国家的声音将越来越多、越来越大。

三、 网络空间全球治理的议题转变

全球网络空间治理议程转变主要体现在网络空间全球治理的话语叙事和议程设置等方面的变化中。由于网络空间国际安全规则长期迟滞、网络安全困境、大国博弈不断加剧的同时，国际社会对于网络空间安全与发展的观念也在发生变化，对发展关注的声音在不断扩大。[3]联合国、

---

［1］ 鲁传颖、杨乐：《论联合国信息安全政府专家组在网络空间规范制定进程中的运作机制》，《全球传媒学刊》2020年第1期，第102—115页。

［2］ 郎平：《网络空间国际秩序的形成机制》，《国际政治科学》2018年第1期，第25—54页。

［3］ 李艳：《从战略高度审视网络空间治理发展态势》，《信息安全与通信保密》2020年第1期，第5—9页。

G20、经合组织、东盟地区论坛等国际和区域性组织都在积极关注数字经济领域的国际规则建立，提升了数字经济治理在全球网络空间秩序中的影响力。[1]这对于克服一直以网络安全为主导的网络空间治理带来了新的变化。

2020 年，联合国先后发布了《数字合作路线图》《超越复苏：跳入未来》等多份政策报告，强调全球数字经济发展与合作的重要性，要求联合国加强在网络空间国际规则制定领域的话语权与主导力。[2]在秘书长古特雷斯的强力推动下，联合国展示了主导推动构建全球数字经济治理体系的决心。联合国重点推动全球数字经济发展议题将会重新设定网络空间国际治理的议题，将国际社会的关注点从安全转向发展，从单一的网络安全主导转向网络安全与数字经济并重。这一变化不仅会促使越来越多的国家和行为体关注数字经济发展问题，也会使建立数字经济国际合作的规则体系提上议事日程。更为重要的是，联合国对数字经济议题的重视也会推动国际社会反思现有的追求绝对安全化、过度安全化的网络安全治理机制和政策举措对全球数字经济发展所造成的障碍。

除了中美在数字经济领域的强劲发展外，欧盟、东盟和非盟等区域组织也开始在促进数字经济发展领域进行战略部署，投入更多的资源。2020 年伊始，欧盟连续发布《塑造欧洲的数字未来》《人工智能白皮书》和《欧洲数据战略》三份数字战略文件，在数字技术研发上优先投入超过 40 亿欧元的资金。[3]近期，受新冠肺炎疫情的影响，欧盟再次加大科技领域的研发投入。欧委会提出一项重大复苏计划，其中包括在七年内向欧盟科研创

［1］ 李艳：《从战略高度审视网络空间治理发展态势》，《信息安全与通信保密》2020 年第 1 期，第 5—9 页。

［2］ United Nations，"Secretary General's Roadmap for Digital Cooperation"，29 May，2020，https：//www.un.org/en/content/digital-cooperation-roadmap/assets/pdf/Roadmap_for_Digital_Cooperation_EN.pdf.

［3］ "White Paper On Artificial Intelligence-A European Approach to Excellence and Trust"，European Commission，February 19，2020，https：//ec.europa.eu/info/sites/info/files/commission-white-paper-artificial-intelligence-feb2020_en.pdf.

新资助 944 亿欧元的"地平线欧洲"（Horizon Europe）计划，这比最初的计划多出近 110 亿欧元。[1]东盟处于数字经济发展起步阶段，近年来在数字产业发展方面表现出强劲的势头。据谷歌和 Temasek 联合发布的报告显示，2019 年东盟各国数字经济产业的交易额比 2018 年跃升了近 40%。[2]东盟近年来不断加深与中国数字经济合作，提升东盟各国的数字化转型进程。信息基础设施和数字经济发展较为落后的非洲地区，近年来也逐渐认识到数字经济对国家经济发展的重要意义。非盟在疫情期间制定了《非洲数字转型战略（2020—2030）》，该战略的目标之一是打造创新的融资模式，实现非洲的数字转型。[3]

由于网络安全与数字经济之间不可分割的关系，建立数字经济规则将不可避免地影响和重塑网络安全规则。在过去十年中，网络安全议题减少了国际社会对于数字经济发展与合作的关注。安全与发展并重的理念并未得到正确的理解。新形势下，网络安全如何服务于数字经济发展将会成为新的治理议题。这一新方向将会给现有的治理理念带来重大变化。变化的主要趋势是安全与发展理念的融合，这需要处理好两者之间的关系，不应过度追求网络安全而影响数字经济发展，也不应一味寻求数字经济发展而催生更多的安全隐患。安全与发展理念的融合，将引发国际社会从技术、法律、规则等各方面重新思考网络空间国际治理的方向。同时，治理议题的融合一方面会带来治理理念的突破，通过注重统筹思考安全与发展问题，会使安全与发展相互妥协的可能性增加，推动形成更加务实的解决方案，帮助国际社会走出安全困境；另一方面，这将打破导致网络安全困境的藩

---

[1] 张唯：《欧盟 944 亿欧元押注研发，"地平线欧洲"是经济增长灵药吗？》，《澎湃新闻》，2020 年 6 月 4 日，https://www.thepaper.cn/newsDetail_forward_7704221。

[2] "e-Conomy SEA 2019-Swipe up and the Right：Southeast Asia's ＄100 Billion Internet Economy"，October 2019，Google and TEMASEK，https://www.blog.google/documents/47/SEA_Internet_Economy_Report_2019.pdf.

[3] SCHUMAN Associates，"The African Union's Digital Transformation Strategy"，March 23，2020，http://www.schumanassociates.com/newsroom/the-african-union-s-digital-transformation-strategy.

篱，激发国际社会寻求走出网络安全困境的方案，从技术、政策、法律等多个角度为数字经济发展构建良好的安全环境，如建立更加安全的网络架构、数字经济基础设施、行业标准体系等。

网络空间全球治理议程设置的变化和议题的融合，将会给现有的治理进程带来变化。例如，G20、WEF等关注经济议题的组织将会转向数字经济规则的建立。同时，也会催生出一些新的组织和平台，专注于数字经济、网络安全相关融入性议题的治理。在治理平台不断扩大的背景下，网络空间国际治理议题的普遍化和多元化趋势将会更加明显。在这种趋势下，越来越多的行为体对网络空间国际合作的关注将会带来更多的治理资源，有利于推动治理议题不断专业化，并最终解决网络空间国际合作的问题。

四、网络空间全球治理机制从单点转向全面

网络空间全球治理正在从少数几个专门的治理机制不断扩散到越来越多的既有治理平台上。一方面，早期网络空间治理主要是由联合国信息安全政府专家组、联合国打击网络犯罪开放式工作组、WSIS、ICANN等为数不多的专门机制负责规则的制定。这些机制之间在治理的理念、手段和内容上存在很大的差异，并且相互之间并不融合；另一方面，随着网络空间数字化转型速度的加快，越来越多的领域面临着秩序生成的挑战。因此，越来越多传统治理机制开始参与到网络空间国际规则制定领域。

同时，原有的治理机制也作出调整，参与的行为体和涉及的议题也在不断扩大。

第四章

安全困境与治理失灵

"棱镜门"事件对网络空间发展进程的最大影响就是加速了各国在网络安全领域的博弈，引发了网络军备竞赛，促使现阶段网络空间发展在一定程度上陷入安全困境。此后，各国政府加强了在网络空间的能力建设与战略博弈，对自身安全的关切远超以合作谋求共同安全的诉求，致使网络空间国际治理机制面临失灵，国际网络安全陷入困境。[1]但客观来看，该事件虽然起到了"催化剂"的作用，但网络空间安全困境背后更加深层次的原因在于网络技术的溯源难、防御难等特点，网络产品与服务的军民两用性，以及在国家与社会层面应用的广泛性和重要性。

本章首先从网络安全的内涵演变出发，分析网络安全发展的趋势；其次，以经典安全困境的逻辑解释网络空间军备竞赛的风险；最后，探讨安全困境对于构建网络空间规则体系所带来的挑战。

---

[1] Ben Buchanan, *The Cybersecurity Dilemma：Hacking，Trust and Fear Between Nations*, London：Oxford University Press，2017，pp.10—15.

第一节
————

网络安全内涵的演变

网络安全已经成为危害国际安全的重要挑战，以"震网"事件、"索尼影业"、"棱镜门"事件、黑客干预大选、"想哭病毒"事件为代表的网络安全事件颠覆了传统的安全观念，极大地丰富了网络安全的内涵，重塑着国际社会对于网络安全的认知。

一、网络安全内涵的演变

网络安全的定义在"棱镜门"事件之后发生了根本性变化，从原本的网络安全（network security）、信息安全（information security）等拓展为网络空间安全（cyber security），各国政府普遍将网络安全上升到总体安全层面。在此之前，国际社会对于网络安全的认知更多地停留在网络犯罪、计算机网络安全和信息安全层面。"棱镜门"事件引发了国际社会对网络安全的大讨论，逐渐改变了国际社会对网络安全的认知。[1] 网络安全的内涵不断被扩充，大数据与国家安全、网络意识形态安全、网络战争、个人信息安全等新型的安全问题不断涌现在国际网络安全议程中。"网络安全"概念内涵和外延的拓展充分表明网络安全与政治、经济、文化、社会、军事等领域的安全交融度不断深化。从某种意义上讲，网络安全不仅仅是总体国家安全观的一个组成部分，它更是丰富了总体国家安全观的内涵，使其变得更加立体化。[2]

---

[1] Joseph Nye Jr., "Deterrence and Dissuasion in Cyberspace", *International Security*，Vol.41，No.3，2017，pp.44—71.

[2] 总体国家安全观由习近平主席在2014年4月15日在"中央国家安全委员会第一次全体会议"上提出，包括11个安全领域。网络安全的发展使得信息安全内涵更加丰富，与其他10个安全领域密切相关，形成这样一个立体的安全观，即由总体安全观处于顶层，其他10个安全领域处于中间，分别与10个安全领域相连接的网络安全处于底层。

二、 低烈度冲突呈现常态化

在现有技术条件下，网络攻击相较于现实世界战争行为，具有暴力程度低、致命程度弱等特点。在军事学中，暴力是指对人体的生理和心理所带来的伤害，人体是暴力的第一目标。网络武器和网络攻击的特性决定了其暴力程度远远低于传统武器和战争。其一，网络武器不像传统武器那样以直接杀伤人体为目标；其二，网络武器由于不直接攻击人体，因此很难对个人精神产生物理性伤害；其三，网络武器缺乏实体武器的象征属性，其隐蔽性和非展示性对抗使其与实战中的战机、炮弹等武器大有不同。[1]因此，多数的网络行动被认为低于战争门槛，是一种低烈度的冲突。因此，国家开展网络行动也许会危害其他国家的安全，但由于没有达到触发战争的状态，现有国际法难以对此作出有效约束和规范。因此，虽然各方对网络战的定义、内涵和影响还缺乏明确的共识，但在实践中，网络战被认为是一种新型的作战方式。

网络攻击低暴力性和行动隐蔽性的特点使得各种形式的网络行动更加频繁，也引发了越来越多的网络冲突。无论是"棱镜计划"，还是"震网"病毒、"索尼影业"、黑客干预大选等事件都表明，国家在网络空间的行动越来越频繁，手段、目标和动机也越来越多元，引发的冲突也愈发激烈。这一类网络行动并没有达到引发战争的程度，低于国际法所规定的战争门槛，但是冲突的形式又比纯粹的信号情报收集要激烈很多。因此，一些学者将这些网络行动界定为低烈度的网络冲突。[2]从表面上看，低烈度的网络冲突并不会对各国国家安全以及国际安全造成严重后果，但是高频度的低烈度冲突会产生从量变到质变的结果，最终在某一个触发点突破红线，

---

[1] 托马斯·里德：《网络战争：不会发生》，徐龙第译，人民出版社 2017 年版，第 58 页。

[2] Trey Herr and Drew Herrick, "Understanding Military Cyber Operation", in Richard Harrison and Trey Herr (eds.), *Cyber Insecurity*, Maryland: Rowman & Littlefield, 2016, p.216.

从而引发激烈冲突，危害国际安全。[1]如美国对于"黑客干预大选"所采取的激烈制裁手段表明，美国正在改变原先对于网络行动的认知，采取所谓的跨域制裁方式，对俄罗斯的实体和个人进行制裁，并且从外交上向俄罗斯施加压力，驱逐俄罗斯驻美外交官，关闭其领事馆。这样低烈度的网络冲突应当是网络空间国际治理规则重点关注的领域。

三、　网络安全从等级化走向非对称的趋势

过去网络安全的不对称性仅仅体现在特定的关键信息基础设施保护层面，网络强国与网络发展中国家从能力上来看还是呈现出等级化的特点。网络安全打破了等级化的格局，重新定义了网络安全的非对称性。一直以来，美国等西方国家自认为在信息战方面是免疫的，互联网自由天然与西方国家意识形态和国家利益绑定，美国的"互联网自由战略"是最典型的代表。互联网具有的去中心化结构、匿名性和跨国界性，被认为是对非民主国家进行意识形态宣传和政治干预的最佳平台，西亚北非动荡被认为是经典案例。时任美国国务卿希拉里·克林顿公开宣称要通过社交媒体来宣传美国的意识形态和价值观，实现对其他国家的政治干预和政权颠覆。[2]网络安全颠覆了这一传统认知，网络空间的意识形态宣传和政治干预并非等级制和单向的，而是非对称和双向的。

这种非对称性是由网络安全、社交网络和互联网自由等属性结合而产生的，具有易攻、难防、扩散等特点。首先，从网络安全角度来看是难以防范的，黑客的目标不是人们传统认为的关键信息基础设施，而是政治顾问的个人邮箱和民主党全国委员会的内部网络，这些目标都算不上关键信

［1］ Brandon Valeriano and Ryan Maness, *Cyber War Versus Cyber Realities*：*Cyber Conflict in the International System*，London：Oxford University Press，2015，pp.20—23.

［2］ "Secretary Clinton's Remarks on Internet Freedom"，December 8，2011，http://iipdigital. usembassy.gov/st/english/texttrans/2011/12/20111209083136su0.3596874.html♯axzz2eIWP YNRu.

息基础设施，也难以全部被保护。其次，社交媒体取代主流媒体成为公众获取信息的主要来源，具有政治意图的黑客、维基解密和社交媒体共同组成一个新的意识形态生产和宣传生态，取代了精英和主流媒体在意识形态宣传领域的控制地位。在之前的西方国家选举中，候选人也会面临各种形式的揭老底、爆料事件，精英和主流媒体起到了"把关人"的作用，根据特定价值取向和标准进行信息传播。所谓的"外国虚假信息宣传"和特朗普的"推特治国"，都在侵蚀美国主流媒体和价值观的根基。最后，"互联网自由战略"导致自缚手脚。为了推广"互联网自由战略"，美国的法律、政策多数不涉及网络内容的传播管理，给黑客利用信息进行意识形态宣传和政治干预留下了巨大空间。网络安全、社交网络和互联网自由三大特点的融合放大了网络空间安全的非对称性。

不对称性趋势导致"区分法"不适用于建立网络空间秩序。美国和其他西方国家一直认为其在网络技术、能力以及合法性上领先于其他国家，不愿以平等地位共同建立网络空间秩序，而是通过区分的方法有选择地设置治理议程。例如，在新一届的联合国信息安全政府专家组中，美方坚持只讨论国际法在网络空间中的适用性问题，而不愿根据新的情况确立新的国际法则。[1]在大规模网络监听和网络商业窃密问题上，美国认为其对全球进行的大规模网络监听是正常的情报收集活动，不应当受到指责，而其他国家对美国企业进行的商业窃密则损害了美国的国家利益，应当受到制裁。另外，美国认为自己可以单独发展出一套网络威慑理论，通过跨域威慑的方式来保障自身安全和推动"区分"战略。

从全球治理的实践来看，规范和规则要想被国际社会广泛认可，就必须采取公正的立场，而不是有选择地依据自身利益来区别对待。"区分法"背后体现的是霸权思维和单边主义思想，并不符合网络空间秩序的要求。黑客干预大选体现了网络空间安全是无等级、非对称的，没有所谓能够自

[1] *Group of Governmental Experts on Developments in the Field of Information and Telecommunications in the Context of International Security*，UN General Assembly Document A/70/174，July 22，2015.

我防御的霸权国家，单边主义无法应对挑战。因此，国际社会只有采取集体行动才能加以应对。这就要求在网络空间治理中采取平等协商的方式，考虑各国的共同关切，并采取客观公正的立场推动网络空间治理进程。

四、 从网络空间权力扩散走向网络赋权的趋势

从网络空间权力扩散走向网络赋权的趋势会导致更多的安全议题主导国际政治，更多与安全相关的部门主导国际规则的制定。如果说网络空间发展第一阶段的主要特征是权力扩散，即网络空间治理权威的缺失导致权力从国家行为体向非国家行为体扩散、从等级制走向扁平化、从中心走向节点等一系列的权力转变趋势，黑客干预大选则揭示出一个新的趋势，即一些处于网络安全治理核心区域能够正确认知网络安全、积极掌握网络安全技术的部门，能够通过网络重新赋权，从而在权力扩散的同时，逆向集中和掌握权力。这是一轮新的网络赋权运动，它不是以平等、透明和去等级化为发展方向；相反，它呈现出某些集权的、非公开和不对等的趋势。

网络安全事件揭示了网络赋权的三个来源：领域风险、认知能力、技术差异。首先，领域风险主要是由于某些领域具有战略性地位，相应的威胁能够对全局产生影响。"剑桥分析丑闻"等事件对政治安全、意识形态安全甚至经济安全、个人信息安全等造成严重威胁，这些风险和威胁会提升网络安全的重要性和关注度，从而为网络安全的赋权提供了基础。其次，认知能力要求高是由于网络安全问题的全局性使其具有复杂性和跨领域、跨学科的特征，这为正确认知网络安全问题提出了很高的要求。大多数部门和个人还是从单一和传统安全的理论视角来看待网络安全，只是被动防御，而一部分能够拥有更宽广视野、更全面认知网络安全的部门和个人获得网络赋权的可能性则有所增加。最后，技术差异是指由于先进网络安全技术的垄断性，掌握技术的群体和未掌握技术的群体之间产生权力差异。上述三者既有客观因素，也有主观因素，三者之间的结合构成网络安全甚至整个网络空间赋权发展的新趋势。

网络赋权运动加剧了部门之间权力的转移，并对国际安全体系和大国关系形成挑战。从美国国内政治来看，网络安全事件显示出以美国国家安全局、联邦调查局为代表的网络情报机构在这一轮赋权运动中占得先机，而传统的情报机构以及美国国务院、美国国土安全部的地位开始下降。[1]从国际秩序角度来看，传统意义上的国际和外交事务是由拥有丰富经验和熟悉规则的外交部门负责，但是当各国情报和安全机构来承担这些责任时，相应的机制以及信任的缺乏将对现有的国际安全架构形成挑战，大国互动关系也将重新构建。

网络赋权趋势要求网络空间治理要有新的制度安排。网络赋权的趋势表明，网络安全部门、网络情报机构、网络部队等传统意义上关注国内问题或隐藏在背后的一些部门已经冲到大国博弈和国际安全秩序的前线，成为最重要的影响力量之一。但是这些相关的网络安全部门在定位上并非传统意义上开展国际合作的部门，国际社会并没有制度性的安排来容纳这些部门。另外，网络安全技术的复杂性使得传统上擅长国际对话交流的外交部门和经济部门缺乏对上述安全部门的内部协调能力。这两方面因素叠加，成为当前网络空间安全治理进程难以取得实质性突破的主要原因之一。目前网络空间安全治理进程中一个主要问题就是缺乏相关网络安全部门的参与，外交和经济部门的谈判成果难以落到实处，无论是联合国信息安全政府专家组，还是G20之类多边机制，甚至双边合作都面临着如何落实的问题。

因此，建立综合性的国际安全制度性框架具有必要性和紧迫性。首先，各国政府应更加重视建立内部的沟通协调机制，在大国合作和国际安全合作的背景下看待网络安全部门的作用，建立有效的跨部门对话协商机制。其次，探索建立危机管控机制。2013年"棱镜门"事件发生后，因对俄罗斯收留斯诺登不满，美国中断了与俄罗斯在网络安全领域的对话。在美国

---

[1] James Lewis, "From Awareness to Action—A Cyber Security Agenda for the 45th President", Center for Strategic and International Studies, January 4, 2017, https://csis-website-prod.s3.amazonaws.com/s3fs-public/publication/160103_Lewis_CyberRecommendationsNextAdministration_Web.pdf.

大选过程中，奥巴马曾通过热线致电普京，要求俄罗斯停止通过网络干预美国大选，但未起到任何作用。黑客干预大选事件表明危机管控机制的重要性，它能够为相关国家在网络安全领域的博弈和互动建立共识，并设立一定的底线。危机管控的缺乏将会为冲突爆发埋下隐患。最后，在有害网络信息、归因技术、漏洞信息共享等技术层面开展网络安全的务实合作，使网络空间安全的冲突和博弈从政治层面逐步回归到技术层面，更有利于问题的发现和解决。

第二节

网络空间军备竞赛风险

网络空间安全所覆盖的领域不断增加，产生的影响不断演变，使得安全越来越重要，风险也越来越难以管控。伴随着国家不断增加在网络军事领域的投入，安全困境一触即发，军备竞赛的风险也越来越大。[1]

随着全球信息化和智能化程度的不断提升，国家经济、金融、能源、交通运营所依赖的关键信息基础设施数量和重要性不断上升。在这一大趋势下，网络安全成为事关政治、经济、文化、社会、军事等领域新的风险点，面对日益复杂的网络安全环境，国家倾向于提升网络能力来应对新任务、新挑战，包括军事、情报、执法和行政等领域的网络力量发展，这成为支撑国家战略和应对网络危机的重要手段。主要大国纷纷将网络安全提升到战略层面。包括美国、俄罗斯等国在内的主要大国纷纷出台网络空间安全战略，重组网络安全治理架构，提升网络安全在国家议程中的重要性。美国政府早在 2009 年就制定了"网络安全政策评估"战略，将网络空间定

---

[1]　鲁传颖：《网络空间安全困境及治理机制构建》，《现代国际关系》2018 年第 11 期，第53—58 页。

义为继陆地、海洋、天空、外太空之外的第五战略空间。[1]2016 年版本的《俄罗斯联邦信息安全学说》指出，信息领域在保障实现俄罗斯联邦的国家优先发展战略中起到了重要的作用。[2]

大国在网络空间的竞争导致两种不同的战略选择，一种是以美国及其部分盟友为代表，超越了"防御"，积极发展进攻性网络力量，并开展"持续交手""前置防御"网络行动，追求网络空间的绝对安全。"棱镜门"事件后，美国不仅没有放缓网络情报能力的构建，相反还进一步推动进攻性网络作战力量的建设。特朗普政府在机制上将网络司令部提升为战略作战司令部，在制度上废除了奥巴马政府制定的旨在约束网络行动的《第 20 号总统行政令》，并高调宣布在阿富汗和伊拉克战场中开展进攻性网络行动，这些举动进一步加速了网络安全向军备竞赛方向的发展。[3]另一种是以俄罗斯等信息发展中国家为代表的，以积极防御来维护网络空间安全的战略。俄罗斯在《俄罗斯联邦信息安全学说》中指出，要在"战略上抑制和防止那些由于使用信息技术而产生的军事冲突。同时，完善俄罗斯联邦武装力量、其他军队、军队单位、机构的信息安全保障体系，其中包括信息斗争力量和手段"。[4]

大国在网络安全领域的博弈使得整个网络空间陷入了多重网络安全困境。第一重困境是罗伯特·杰维斯所定义的经典的国家安全困境。当一国不断加大对网络军事的投入和采取进攻性的网络战略时，会引起其他国家的不安全感，引发网络空间的军备竞赛，从而抵消该国网络军事投入的效果。[5]美俄等国加大网络军事力量的建设以及开展进攻性网络行动带来的

---

[1] The White House, "Cyberspace Policy Review: Assuring a Trusted and Resilient Information and Communications Infrastructure", https://www.energy.gov/cio/downloads/cyberspace-policy-review-assuring-trusted-and-resilient-information-and-communications. 浏览时间：2018 年 7 月 7 日。

[2][4] 班婕、鲁传颖：《从"联邦政府信息安全学说"看俄罗斯网络空间战略的调整》，《信息安全与通信保密》2017 年第 2 期，第 81 页。

[3] Joseph Nye Jr., "Deterrence and Dissuasion in Cyberspace", pp.44—71.

[5] 罗伯特·杰维斯：《国际政治中的知觉与错误知觉》，秦亚青译，世界知识出版社 2003 年版，第 112—205 页。

示范性效应已经显现。据统计，全球已有 100 多个国家开始网络军事力量建设，其中约 40 多个国家具有开展进攻性网络行动的能力。第二重困境是全球整体网络安全环境恶化对国家单方面努力的抵消。国家之间如果不能加强合作，将会给网络恐怖主义和网络有组织犯罪带来可乘之机。[1]大国之间的分歧导致了网络空间国际机制构建上的止步不前，不仅使得信息安全政府专家组机制陷入困境，更让国际社会在打击网络恐怖主义和网络犯罪等问题上的合作也陷入困境。[2]全球网络安全整体形势的恶化使得大国旨在通过加强安全能力建设来应对网络安全挑战的努力大打折扣。

首先，国家采取的网络军事行动不断突破现存国际规则底线的情况带来了新的冲突风险。信奉进攻性网络战略的国家一方面强调网络空间的共同性，认为现有的国际法适用于网络空间；另一方面涉及自身网络安全时，又强调网络空间的差异性，认为现有的国际法无法应对风险挑战。因此，要赋予自身更大的自主权，包括单方面对攻击来源的溯源，对恶意网络行动的反击，甚至是按照所谓前置防御理念，在攻击尚未发起之前就采取措施监控涉嫌会对本国发起攻击的服务器，尽管这种行为将会破坏现有的国际法体系和挑战他国的网络主权。美国与俄罗斯围绕着黑客与大选问题就展开了多轮网络较量。2018 年美国中期选举时，网络战司令部就主动对涉嫌干预美国大选的俄罗斯互联网研究局进行了攻击，迫使其断网了一天。[3]类似事件极易引发大国在网络空间的冲突。这涉及以下问题：美国采取网络行动是否侵犯了俄罗斯的网络主权，俄罗斯所采取的反击措施是否会引起大国网络安全的升级。

---

[1] 鲁传颖：《网络空间安全困境及治理机制构建》，《现代国际关系》2018 年第 11 期，第 53 页。

[2] Krutskikh, Andrey, "Response of the Special Representative of the President of the Russian Federation for International Cooperation on Information Security Andrey Krutskikh to TASS Question Concerning the State of International Dialogue in This Sphere", June 29, 2017, http://www.mid.ru/en/foreign_policy/news/-/asset_publisher/cKNonkJE02Bw/content/id/2804288.

[3] Ellen Nakashima, "U. S. Cyber Command Operation Disrupted Internet Access of Russian Troll Factory on Day of 2018 Midterms", *The Washington Post*, Feb.27, 2019.

其次，网络军事领域的规则缺失容易引起冲突升级。通常情况下，通过进攻性的网络行动来对他国网络实体进行攻击的行为明显缺乏国际法依据，显然侵犯了他国主权。[1]类似的现象如果普遍发生，建立在主权之上的国际安全秩序将会被颠覆，导致国际安全秩序陷入混乱，丛林法则将会盛行。鉴于网络空间的虚拟性，溯源问题存在着很大的技术挑战，在缺乏国际性的权威机构对网络冲突开展溯源的情况下，各国以自身的判断开展溯源，很容易受到主观和政治成分的影响，存在很大的误判风险。[2]此外，在规则缺失的情况下，攻防双方容易产生误判。以上述对俄罗斯互联网研究局的攻击为例，美方认为这是在向俄罗斯发出威慑的信号，警告俄方不要干涉美国选举。但这种信号并不一定会被俄方接受并作出同样的理解。接收方有可能会认为这种攻击是战争行为，因此将采取更加激进的反击手段，从而引发网络冲突危机。

再次，大国在网络空间军事化问题上存在不同认知，这增加了网络行动后果的不确定性。例如，在受到网络攻击时，国家应当如何反击？有的国家声称会使用包括核武器在内的一切手段进行反击。[3]但低烈度的网络冲突时时刻刻都在发生，任何一次网络攻击都有可能成为国家发起军事反击的原因。[4]实际上，网络攻击根据危害的程度有多种层次，包括对计算机、系统和网络的控制、阻止、拒止、降级和破坏。[5]不同层次的攻击，会造成不同的损害。但是当受害国发现自己被网络攻击时，很难精确判断对方的破坏行为并给予合适的回应，往往会过度反应，从而导致冲突升级。再如，在核领域网络安全引发冲突的风险越来越大，而大国之间并未就此

［1］ Michael N. Schmitt, et al., *Tallinn Manual 2.0 on the International Law Applicable to Cyber Operations*, Cambridge: Cambridge University Press, February, 2017.

［2］ Brandon Valeriano, Ryan C. Maness, *Cyber War Versus Cyber Realities: Cyber Conflict in the International System*, Oxford University Press; 1st edition, May 26, 2015, pp.20—23.

［3］ See The White House, "International Strategy for Cyberspace", May 2011, pp.3—6.

［4］ See Martin Libicki, *Cyberdeterrence and Cyberwar*, Santa Monica: RAND Corporation, 2009, pp.102—134.

［5］ 刘永涛：《国家安全指令：最为隐蔽的美国总统单边政策工具》，《世界经济与政治》2013年第 11 期，第 29—30 页。

展开讨论。核武器的指挥与控制系统以及通信系统都面临着网络攻击的风险。由于核领域的高度敏感性，任何层次的网络行动都可能引起过度反应。[1]随着网络空间军事化的步伐不断加快，各种不确定性急剧上升，在这种情况下，大国之间的首要任务是要探讨如何避免网络攻击，建立信任措施，而非一味发展进攻性的网络军事力量。[2]

最后，网络空间军事化引发的连带伤害的影响愈发严重。"想哭"病毒源自美国国家安全局的武器库中"永恒之蓝"漏洞的扩散，它给全球带来了几百亿美元的损失，但是受害者难以追究美国国家安全局的责任，也无法获得相应的赔偿。[3]此外，美国与以色列联合开发的"震网"病毒在对伊朗的核设施造成毁灭性破坏之后，也开始在全球的电站中进行扩散，多个国家已经发现了类似的病毒。可以预见，随着网络空间军事化程度的加剧，其带来的连带伤害和负面溢出效应会越来越多，成为国际安全、经济、政治领域新的不稳定来源。

第三节

―――

网络空间国际治理失灵

网络安全困境进一步加剧了网络空间秩序失范，它主要表现为对"网络主权"的侵犯，以及刻意扩大网络空间"全球公域"属性。[4]包括美国在内的"五眼联盟"国家倾向于将网络空间定义为全球公域，为自身扩大

［1］ Beyza Unal，Patricia Lewis，"Cybersecurity of Nuclear Weapons Systems"，Chatham House，11 January 2018，pp.6—9.

［2］ Mark D. Young，"National Cyber Doctrine：The Missing Link in the Application of American Cyber Power"，*Journal of National Security Law & Policy*，Vol.4：173 2010，pp.173—176.

［3］ 鲁传颖：《网络空间安全困境及治理机制构建》，《现代国际关系》2018 年第 11 期，第 53—58 页。

［4］ 杨剑：《数字边疆的权利与财富》，上海人民出版社 2012 年版，第 207—215 页。

在网络空间的行动范围寻求借口，比如认为网络自由政策、大规模网络监听政策都是基于否定网络空间的国家主权而开展。与此同时，这些国家还在网络空间推广强权政治，声称对本国网络的攻击等同于对其国土的攻击，将会受到包括核武器在内的一切武力手段的反击。[1]

网络霸权对国际网络安全治理机制构建带来了新的挑战。"棱镜门"事件后，国际社会曾短暂地试图在网络空间国际规则领域达成共识。2014年在巴西召开多利益攸关方大会，共同商讨应对大规模网络监听、进攻性网络空间行动等国际治理机制。2014—2015年联合国信息安全政府专家组就负责任国家行为准则、国际法在网络空间的适用和建立信任措施等网络规范达成共识。[2]然而不久后，多利益攸关方大会就销声匿迹，2016—2017年的专家组由于各方在国家责任、反措施等方面的分歧最终未能发表共识报告，国际社会在构建网络安全国际治理机制上的努力陷入停滞。[3]

此外，治理机制构建的困境还体现在现有的网络规范未被认真落实。例如，2015年信息安全政府专家组报告提出："各国就不攻击他国的关键信息基础设施达成共识。"但是类似于乌克兰电厂遭受攻击的事件却一再发生。报告还提到："国家在使用信息技术时应遵守国家主权平等、以和平手

[1] 杨剑：《美国"网络空间全球公域说"的语境矛盾及其本质》，《国际观察》2013年第1期，第46—49页。

[2] United Nations，Group of Governmental Experts on Developments in the Field of Information and Telecommunications in the Context of International Security，UN General Assembly Document A/70/174，July 22，2015.

[3] 美、俄两国专家组代表在会后发布的官方声明指出阻碍专家组达成共识的主要原因。参见 Michele G. Markoff，"Explanation of Position at the Conclusion of the 2016—2017 UN Group of Governmental Experts（GGE）on Developments in the Field of Information and Telecommunications in the Context of International Security"，https://2017-2021.state.gov/explanation-of-position-at-the-conclusion-of-the-2016-2017-un-group-of-governmental-experts-gge-on-developments-in-the-field-of-information-and-telecommunications-in-the-context-of-international-sec/index.html；"Response of the Special Representative of the President of the Russian Federation for International Cooperation on Information Security Andrey Krutskikh to TASS Question Concerning the State of International Dialogue in This Sphere"，http://www.mid.ru/en/foreign_policy/news/-/asset_publisher/cKNonkJE02Bw/content/id/2804288.浏览时间：2018年10月15日。

段解决争端和不干涉内政的原则。"在现实中，很多国家的网络主权屡屡被破坏，干涉他国内政的情况屡有发生。特别是在处理网络冲突时，有些国家经常采取单边制裁的方式而非和平手段。[1]

国家之间的博弈是国际治理机制失灵的主要因素之一。这种博弈体现在不同阵营所支持的治理理念和政策上的分歧。发展中国家强调网络主权，坚持政府在网络空间治理中的主要作用，以及联合国在国际规则制定中的主要地位。发达国家则强调网络自由，主张多利益攸关方治理模式，质疑联合国平台在网络安全治理领域的有效性。随着网络空间国际规则制定进程不断深入，发展中国家与发达国家之间的分歧也越来越难以在短期内弥合。这种阵营化的趋势又反过来加剧了发达国家和发展中国家在国际治理机制上的对抗。如美国与西方国家通过七国集团平台推广所谓"理念一致"国家同盟，"金砖国家"和上合组织则成为发展中国家推广治理理念和政策的主要平台。

治理机制失灵不仅使得国际层面的网络危机管控和争端解决等相关机制处于空白状态，也对一些重要的双边对话合作产生很大影响。如美俄网络工作组在"棱镜门"事件后中断工作，并且短期内难以恢复。中美网络安全工作组一度因为美国起诉中国军人事件而中断，虽然在中美两国领导人共同推动下，建立了"中美打击网络犯罪及相关事项高级别联合对话机制"，后升级为"中美执法与网络安全对话"，但对话机制主要聚焦在打击网络犯罪领域，不涉及网络军事与规则制定等议题。[2]因此，在缺乏危机管控和争端解决机制的情况下，各国在网络领域的冲突极易升级，并且容易鼓励采取单边行动来进行反制，从而加剧了网络安全困境。

大国在网络空间的竞争进一步加剧了网络空间的"巴尔干化"风险。

---

[1] United Nations, Group of Governmental Experts on Developments in the Field of Information and Telecommunications in the Context of International Security, UN General Assembly Document A/70/174, July 22, 2015.

[2] The White House, "Fact Sheet: President Xi Jinping's State Visit to the United States," https://www.whitehouse.gov/the-press-of-fice/2015/09/25/fact-sheet-president-xi-jinpings-state-visit-united-states.

在人类迈向信息社会、智能社会的过程中，网络空间的战略性地位将会进一步凸显。但作为新的空间，网络空间秩序的构建面临极大的挑战。在规则体系缺失并且各方认知理念差异较大的情况下，随着大规模监听、情报收集、知识产权窃密、社交媒体操纵、关键信息基础设施漏洞等网络安全事件的不断增加，国家在网络空间面临的风险和挑战也在上升。一方面，政府面临与日俱增的应对压力，亟须新的应对手段和方法。另一方面，考虑到网络空间的不确定性和后果，大国在开展网络行动尤其是进攻性网络行动时仍极为谨慎。奥巴马政府对于网络空间行动总体上采取了较为克制、审慎的理念，客观上避免了大国之间发生激烈的冲突。但特朗普政府以所谓的"黑客干预大选"为由大幅调整网络安全战略，采取激进、破坏性的方式，对原本脆弱的网络空间秩序构建进程带来了极大冲击，加剧了网络空间的秩序失范。

网络空间的秩序必须具有全球性、普遍性和平等性等基本的属性，这样才能被所有行为体认可和接受。[1]特朗普政府对网络空间主导权的重视大于对稳定性的重视，过度强调自身受害者的身份，忽视了美国才是最大的监听大国，并不断推动网络空间军事化来威慑他国国家安全的事实。这种偏颇的认知和战略思想不仅拉大了美国自身对网络安全的认知与他国对美国认知之间的差距，而且使得已经具有强大实力的网络安全机构更加不受约束，这无论是对美国国内政策还是对网络空间国际秩序，都将带来极其巨大的破坏性效应，急剧提升大国之间的冲突风险。

在网络空间治理进程中，以意识形态画线，抛开国际社会的共同努力，构建所谓"理念一致国家"联盟，加强盟友之间在网络军事领域的合作，也会加剧网络空间的分裂，甚至是阵营化的对抗。[2]这种做法对原本已经较为脆弱的构建网络空间秩序的努力带来伤害，影响了网络空间的稳定和

---

[1] 参见 Scott Warren, Martin Libicki, and Astrid Stuth Cevallos, *Getting to Yes with China in Cyberspace*, Santa Monica：RAND Corporation, 2016, pp.15—30.
[2] 鲁传颖：《网络空间大国关系面临的安全困境、错误知觉和路径选择——以中欧网络合作为例》，《欧洲研究》2019 年第 2 期，第 113—118 页。

秩序。网络空间秩序失范还会进一步威胁到经济的发展。数字经济正在成为全球经济转型的新范式，构建数字经济规则是国际社会面临的共同任务。网络安全与数字经济发展之间存在着辩证的关系，过度追求独自网络安全会使得自身陷入封闭的数字经济体系。[1]网络空间主权的疆界模糊，互联网是全球一体的，数据是全球流动的，主权国家特别是网络大国的行为的外部性很大。如果美国开展大规模网络监听，无论是基于美国的互联网企业，还是通过途经美国的光缆，都会成为美国获取他国信息的渠道，都将迫使其他国家不得不采取更加严格的数据本地化措施，从而进一步加剧全球网络空间"巴尔干化"的风险。

大国在网络空间中的战略博弈加剧，从某种程度上加速了约瑟夫·奈所指出的自由国际主义秩序已经宣告灭亡这一大趋势。但是对于这一后果，国际社会缺乏认真的思考以及足够的应对手段。另一方面，网络安全有其自身的独特性，它比人类所面临的任何一种非传统安全都要复杂，影响范围也更加广阔，给国家安全和国际安全带来的威胁更是全方位的。因此，各国都面临着网络安全挑战不断增加的压力，需要寻找新的应对方式和手段。网络空间大国需要意识到，自身战略和政策不仅是各方效仿的对象，同时也会给全球网络安全整体形势、网络空间秩序构建带来严重冲击。[2]

全球网络安全和国际安全将会面临一个新的时代，由于外交与国际法不断式微，网络空间国际治理陷入困境，同时各国的网络军事、情报等强力机构登上国际舞台，将主导网络空间未来秩序构建的方向。网络空间中原有的全球公域属性、技术属性、价值中立属性将会受到物理世界中的各种分歧、矛盾、对抗的持续冲击。俄罗斯已经开始测试在断开互联网的情况下，建立自身互联网的可能性，并呼吁在金砖国家之间建立独立的"互联网"。这些原本被当作不可能的假设，正在变为现实。

---

[1]　方芳、杨剑：《网络空间国际规则：问题、态势与中国角色》，《厦门大学学报（哲学社会科学版）》，第22—32页。

[2]　张腾军：《特朗普政府网络安全政策调整特点分析》，《国际观察》2018年第3期，第67—69页。

现存的国际安全、政治、经济体系也无法应对大国在网络安全领域战略博弈的影响，并将会面临更大的冲击。未来，人们会将更多的希望寄予技术的突破，通过更加安全、有韧性的信息通信技术改变人们对于网络安全的认知，拒绝接受"兜售恐惧"，从而以更加理性、务实的态度来看待网络安全问题，将重心放到发展、繁荣一端。这才是网络空间多利益攸关方模式的真正价值所在。无论是中国提出的《携手共建网络空间命运共同体》，还是西方国家倡议的《数字日内瓦公约》《网络空间信任宪章》《巴黎倡议》，都在大力呼吁建立更加安全的互联网，认识到私营行业重要行为体在增进网络空间信任、安全和稳定方面的责任，鼓励它们提出旨在增强数字流程、产品和服务安全性的倡议；欢迎各国政府、私营部门和非政府组织合作，制定使基础设施和相关组织得以强化网络保护的网络安全新标准。[1]

---

[1] Kate Conger, "Microsoft Calls for Establishment of a Digital Geneva Convention", *Tech Crunch*, February 14, 2017.

第五章

错误认知、 行为逻辑和政策转向

国家普遍将网络空间视为新疆域，加之网络空间的特殊性使得物理空间中对安全、秩序的认知以及行为逻辑难以简单地应用到网络空间中。因此，导致网络空间不稳定的深层次的原因还在于国家对网络空间的认知，以及在网络空间中采取的行为。本章从罗伯特·杰维斯的知觉与错误知觉出发，探讨网络空间作为新的空间，需要认识到传统在这一领域的局限，并且构建更符合网络空间特性的认知框架。随后，我对国家在网络空间中的行为逻辑进行了分析，从更深层次解释了导致网络空间不稳定的原因。

第一节

————

网络安全的错误认知

网络空间大国关系中，导致困境的原因主要是国家对国际层面的网络空间秩序构建、双边互信，以及对对方政策意图的理解等方面存在一系列的错误知觉。本节拟从决策者的传统思维定式导致的错误知觉以及网络空间的新特性放大错误知觉两方面进行分析，并对消除错误知觉提出一些建议。

一、 网络空间对全球治理带来的认知挑战

网络空间秩序困境促使我们去反思国际社会在网络空间治理上所采取的基本理念、理论视角和治理方法是否出现了不适应实际情况的偏差？现有的研究和政策议程设置反映出，网络空间研究对网络空间中国家、大国关系、国际体系存在一系列的错误认知。

现有的学术和政策研究对网络空间存在着过于抽象、片面和静态的错误认知。网络空间作为一个"新概念"，不同领域、不同的机构和专家对其作出的定义已经不计其数，但各方依然缺乏统一的认知。究其原因，现有的定义主要存在以下的问题：一是过于简洁和抽象，如美国政府将网络空间定义为"由相互依赖的信息技术基础设施网络和其中的数据组成，包括互联网、电信网络、计算机系统以及嵌入式处理器和控制器"[1]。这一类定义过于强调网络的技术属性，忽视了空间中的行为体互动，难以反映网络空间的内涵及影响。二是从单一学科的视角来理解网络空间，如从技术、商业、政治、法律等不同的视角来理解网络空间，忽视了网络空间具有跨学科、跨领域和跨议题的特性。三是很多学者用分层的方式来理解网络空间，将其划分为物理层、逻辑层、应用层等。分层的方法可以较为全面地反映网络空间的面貌，但是以一种静态的方式来看待网络空间，忽视了网络空间对物理空间的映射，以及物理空间对网络空间的反馈。归根结底，网络空间是一个跨学科、跨领域、跨议题的研究领域，统一的研究范式尚未出现之前，"网络空间学"还需要依据现有不同学科的理论范式，针对不同的议题进行探讨。

---

[1] The White House，"Cyberspace Policy Review：Assuring A Trusted and Resilient Information and Communications Infrastructure"，http://www.whitehouse.gov/assets/documents/Cyberspace_Policy_Review_final.pdf.

网络空间的跨学科研究范式。网络空间突破了物理空间存在的地理和时空界限，连接了数千亿台设备，拥有超过 50 亿的用户，承载了国家、社会、公民生活的方方面面。伴随着技术和应用的突破，网络的渗透程度和广度进一步增加，物理空间与数字空间将会融合形成新的智能物理空间。因此，建立全面的、综合性、动态的认知框架，对理解网络空间，分析其给国际体系带来的深刻影响具有重要意义。

网络空间是建立在信息通信技术基础上的虚拟空间，它与战略稳定发生关系是因为其在国际体系中的战略地位越来越突出。可以从网络空间所具有的四种属性来分析其与战略稳定之间的关系。一是演进性，从阿帕网诞生，到现在的大数据、云计算、人工智能、物联网，网络技术在不断迭代更新，也越来越具有颠覆性。二是网络空间具有强大的渗透性，从最初仅供极少数科学家使用的阿帕网，到目前在全球拥有 50 亿用户，各种应用的渗透使得人类社会的工作、生活等方方面面已经完全离不开网络空间。三是连接性，网络空间实现了互联互通，不仅把人与人连接在一起，更是将人与设备、设备与设备联系在一起，未来将会出现 2 000 亿台设备联网的状况。四是拓展性，网络在不断地向物理空间进行拓展，不仅仅是用网络思维和技术在改造人类生产的物品，并且通过与生物技术的组合改变着自然。

国家在网络空间面临着前所未有的挑战，陷入了多重焦虑，这种焦虑未能得到应有的关注。如果说核武器的诞生给国家带来的仅仅是震撼与恐惧，并且这种情绪在"威慑理论""战略稳定理论"等理论诞生后迅速得到缓解，那么网络空间给国家带来的是更严重的"焦虑"和"不确定"，并且在新的安全观和理论构建起来之前，这种情绪将会长期伴随国家，影响国家的理性决策。

国家先是陷入了网络空间"身份的焦虑"：国家既是进攻者，也是防御方，产生了追求自身利益最大化和集体行动危机的矛盾。一方面，国家将网络空间视为"战略新疆域""第五空间"等新的权力与资源空间，需要制定战略、采取行动来参与权力与资源的分配。另一方面，网络空间缺乏规则，国家既要制定普遍遵守的规则以维护网络空间的秩序，同时也需要尽可能根据自身的利益来塑造规则，并压制对手。从国际社会来看，国家的能力有强弱，当每一个国家都将自身利益置于集体利益之上时，任何秩序都难以建立，霍布斯式的国家间关系将会使所有的国家陷入对安全和不确定性的焦虑。

国家同时陷入了"能力危机"，人工智能、云计算、5G、量子技术等新兴技术不断发展与突破，挑战了国家掌控和驯服技术的难度。首先，网络空间的新兴技术挑战了国家的"安全观"，网络空间将国家安全、国防安全、经济安全、政治安全等连接到了一起，对国家总体安全造成全局性挑战。传统的基于不同领域的安全观已经无法理解和应对网络空间安全带来的全局性挑战。其次，新兴科技增加了国家应对挑战的难度。网络空间安全的泛在、军民两用、攻防不对称等特性使得传统的手段不再适用，国家缺乏对于维护网络安全的能力和信心。

大国关系陷入"泛网络安全"的错误认知。网络空间模糊了时空界限，加剧了国家交往的深度和频度，同时，外交关系中安全、政治、经济、科技等不同领域议题之间的联系程度更加紧密。当网络安全成为主导性议题时，国家在网络安全领域的冲突与对抗就会延伸到政治、经济和科技领域，形成更大范围和更激烈的外交对抗。

网络空间对全球战略稳定的深层次影响被忽视。现有关于网络空间与战略稳定的研究，如"网络军事稳定""网络与核战略稳定"等概念，并不能反映网络空间对于国际体系的影响。网络军事稳定主要关注国家的军事行为，网络与核战略稳定更多聚焦网络对核指挥与控制系统的安全挑战和对大国核战略稳定的影响。网络空间不仅对国际政治与安全体系产生冲击，且正在颠覆和重塑国际经济秩序，给全球战略稳定带来了前所未有的全方位挑战。

二、 思维定式导致的错误知觉

从大国在网络空间的互动可以看出，一系列的错误知觉影响了决策者的认知，增加了双方合作的障碍。网络是国际关系中的新兴议题，一方面，它所展现出来对国际体系和国家战略的颠覆性影响使决策者将面临更复杂的决策环境；另一方面，作为大国关系中的新问题，如何客观地认知网络问题，并制定相应的政策举措也增加了决策者面临的挑战。决策者倾向于用传统的思维定式来理解网络空间，包括使用既有的理论、固化的知识框架、固有的观念等来解释网络空间国家的行为和意图是产生错误知觉的主要原因。[1]

　　第一，以既有理论理解网络空间导致的错误知觉。理论通过对复杂现象进行抽象和逻辑推理，能够帮助决策者更好地理解决策环境，制定长期战略。换言之，理论可以在纷繁复杂的现象中寻找变量之间的逻辑关系，并且屏蔽干扰因素。[2]在正常情况下，当旧的理论不能解决更多更重要的问题时，就失去了解释力，但理论的追随者却不愿轻易放弃，他们认为："业已建立的理论如此成功地解释了许多现象，促进了如此多的新知识……放弃这些理论会造成极大的损失，而且坚信这些理论有能力解释比较麻烦的新现象。"[3]不同的理论会产生不同的知觉，原有的理论会使决策者不自觉地忽视重要的、有价值的信息，从而产生认知的误差，并制定不明智的政策。[4]

　　网络空间的战略性和复杂性恰恰需要新的理论来辅助决策者对其进行解释，但由于这一领域影响范围太大，演变速度太快，新理论的构建速度远远跟不上实践的发展。当缺乏新的理论来解释新现象时，决策者往往会基于既有的理论来进行解释。[5]比较典型的例子就是用地缘政治理论来解释网络空间大国关系。[6]网络空间秩序构建的阵营化思维明显受到地缘政

　[1]　罗伯特·杰维斯：《国际政治中的知觉与错误知觉》，秦亚青译，世界知识出版社 2003 年版，第 112—205 页。

　[2]　詹姆斯·多尔蒂、小罗伯特·普法尔茨格拉芙：《争论中的国际关系理论》，阎学通、陈寒溪等译，世界知识出版社 2003 年版，第 18—24 页。

　[3]　罗伯特·杰维斯：《国际政治中的知觉与错误知觉》，第 168 页。

　[4]　同上书，第 140—172 页。

　[5]　同上书，第 140—141 页。

　[6]　See John Sheldon, "Geopolitics and Cyber Power: Why Geography Still Matters", *American Foreign Policy Interests*, Vol.36, No.5, 2014, pp.286—293.

治理论的影响，各国自然而然地把自己划归特定的阵营，并且认为只有这一阵营提出的治理理念和方法才有利于自身的利益。从理性认知的角度来看，中国与欧盟并非网络领域"中俄阵营"与"西方阵营"的主导者。[1]即便在所谓的阵营内部，各国之间也存在很大的差异。从国家利益的角度来看，阵营之间的界限与国家的身份之间并不匹配。欧盟与美国在网络空间军事化上存在根本性的分歧，"棱镜门"事件表明美国并不信任欧盟，并且损害了欧盟成员国的国家安全。美欧在网络军事力量的发展上也不存在一致的利益。美国为追求在网络空间的霸权而推动网络空间的军事化，不仅会给欧盟带来安全隐患，也会导致其被动卷入网络军备竞赛中。[2]同理，中国与俄罗斯虽然在网络领域的合作很多，但双方对现存网络空间治理体系认知上存在较大差异，俄罗斯寻求推翻或者另建一套互联网体系。[3]中国的诉求是在现有体系下推动变革，让其更加多边、民主和透明。[4]但是，地缘政治思维会让中欧轻易作出选择，并且相互把对方归为某一阵营，从而过滤了各方在网络领域不同的政策立场，增加了错误知觉。[5]

决策者使用地缘政治理论来解释网络空间国家行为的更深层次原因是为了寻求认知相符，比如我们倾向于认为，我们喜欢的国家会做我们喜欢的事情，如果一个国家是我们的敌人，它提出的建议一定会伤害我们，一定会损害我们朋友的利益。[6]由于中国与俄罗斯是网络空间的朋友，自然

---

[1] Andrey Krutskikh, "Response of the Special Representative of the President of the Russian Federation for International Cooperation on Information Security Andrey Krutskikh to TASS Question Concerning the State of International Dialogue in This Sphere", June 29, 2017, http://www.mid.ru/en/foreign_policy/news/-/asset_publisher/cKNonkJE02Bw/content/id/2804288, last accessed on 2 April 2019.

[2] George Christou, "Transatlantic Cooperation in Cybersecurity: Converging on Security as Resilience?", in *Cybersecurity in the European Union*, Palgrave Macmillan, 2016.

[3] 班婕、鲁传颖：《从"联邦政府信息安全学说"看俄罗斯网络空间战略的调整》，《信息安全与通信保密》2017年第2期，第81页。

[4] Lu Chuanying, "China's Emerging Cyberspace Strategy", May 24, 2016, *The Diplomat*, https://thediplomat.com/2016/05/chinas-emerging-cyberspace-strategy/，浏览日期：2019年3月21日。

[5] 罗伯特·杰维斯：《国际政治中的知觉与错误知觉》，第120—122页。

[6] 同上书，第113页。

就是欧盟的"敌人";反之,欧盟与美国的盟友关系也导致中国在网络治理中对欧盟存有戒心。任何一方在网络领域的行动都会加深这一认知,如中俄加强在网络安全领域的合作就会引起欧盟的警惕;同理,北约开展的网络军事演习也会引起中国的高度关注。实际上,现阶段的网络攻击更多是由非国家行为体和恐怖主义分子实施。而网络军事演习更多是为了提升网络安全能力,增加网络安全的韧性,对他国的针对性并没有那么明显。地缘政治理论认为,中国与俄罗斯的合作会增加欧盟对中欧合作的担忧,美国与欧盟以及北约的合作也会增加中国对欧盟的不信任感,这种错误知觉阻碍了中欧在网络领域的合作。

　　第二,用固化的知识框架理解对方政策产生的错误知觉。认识框架一旦建立起来,人们就会顽固地坚持自己的认识,即便事后证明事实与他们的认识截然相反。[1]在面对网络这一新议题时,决策者需要不断更新知识框架,才能更好地应对新挑战。在实践中,建立客观认知网络空间的知识框架面临多重挑战:一是网络技术专业性带来的挑战。二是理解网络议题时需要跨学科的知识框架带来的挑战。大多数网络议题涉及的都是跨领域的,需要有外交、经济、法律和安全等不同领域的知识才能完整地理解问题。三是理解对方决策体制的困难。在涉及网络政策时,各国往往都有自己的政策实践,在决策体制、理念和原则上各不相同;即使在国内层面,也面临"九龙治水"的问题,各部门具有不同主张。[2]在双边层面的对话中,决策者对对方网络政策的决策机制、理念和原则的理解不足经常成为阻碍对话有效性的障碍。当无法构建合理的认知模式时,为了达到认知平衡,决策者会不自觉地运用已有的知识框架来试图理解新问题;[3]在网络领域通常表现为了寻求物理世界与网络世界的认知平衡,倾向于用物理世界建立的知识框架来理解网络空间的问题。

---

[1]　罗伯特·杰维斯:《国际政治中的知觉与错误知觉》,第 140 页。

[2]　周秋君:《欧洲网络安全战略解析》,《欧洲研究》2015 年第 3 期,第 77 页。

[3]　Robert Jervis, "Some Thoughts on Deterrence in the Cyber Era", *Journal of Information Warfare*, Vol.15, No.2, 2016, pp.66—73.

在大国网络对话中，经常会出现类似的错误知觉。一方面，双方对对方网络领域的决策体制缺乏了解，不清楚不同政府部门之间的角色。如欧盟的学者和官员就曾反复询问中国的国家互联网信息办公室在网络领域究竟扮演什么角色，并经常会认为其仅仅是一个宣传部门。中国的相关机构对欧盟复杂的网络决策体系也不是特别清楚，如欧盟与成员国之间在网络政策领域各有哪些职能，又是如何协调的，等等。尽管双方在对话中都进行了解释，但效果并不明显。双方还是倾向于用自身的经验去理解对方的决策体制。另一方面，由于网络空间还在不断演进，国家在制定相应的战略和制度时需要对各种情况进行权衡。如《网络安全法》是中国维护网络安全、国家安全的基础性法律，是对多方利益的平衡，例如安全与发展、开放与自主，但其真正的实施需要在实践中进行探索完善，也需要相应的配套措施。从美国的角度来看，很难理解这种平衡，更多的是基于对自身法律的理解来看待中国的法律，过度夸大相应条款对其造成的影响。[1]由于对对方决策体系和机制缺乏理解，把对方网络政策视为统一的、经过谋划的策略，从而导致了误解的加深，这显然不利于双方的合作。

第三，用固有观念解释网络空间战略形成的错误知觉。固有观念是对事物采取先入为主的看法，并在长期互动过程中形成的观念，一旦形成就很难改变。在国际关系中，观念的意义还包括意识形态、价值观和身份认同等深层次的因素。欧盟与中国在政治体制、主权和人权等领域都已形成一系列的观念。这些固有观念有时会成为双方理解对方网络战略的障碍，比如先入为主地从固有的观念来演绎和理解对方的网络战略，忽略许多重要的信息，从而形成错误的知觉。如欧盟认为，中国对网络主权的强调是要"分裂互联网"，造成网络空间"巴尔干化"。这种观念反映了西方将中国视为所谓威权体制的延伸。实际上，中国提出网络主权不仅是为了捍卫国家的主权权益，也是为了维护网络安全，特别是在"棱镜门"事件之后，

---

[1] Sui-Lee Wee, "China's New Cybersecurity Law Leaves Foreign Firms Guessing", *The New York Times*, May 31, 2017.

中国作为受害者，对网络主权受到侵犯更加敏感，希望能在国际法层面得到安全的保障。此外，中国不仅强调网络主权，同时也强调建立网络空间命运共同体，但并未受到应有的关注。在双边对话合作中，中国提出的网络主权主张被西方国家持有的"威权国家"的固有观念进行了刻板的解读，忽视了其丰富、广泛和平衡的内涵。

西方国家传统上认为中国是一个强政府、弱社会的国家，政府加强网络管理的任何政策都会引起西方从人权角度的批评。在双边合作中，一旦有了这样的思维定式，就会对其他领域的合作产生影响。固有观念还体现在对对方网络政策的认知上。在看待双方的网络政策目标时，对自己的政策总能找出合理的解释，对对方同样的政策却有不同的看法。这种双重标准的认知障碍被带入网络领域，美欧认为自己加强数据安全的保护是为了保护人权和隐私权，而中国加强数据管理则是为了"强化监控"，尽管双方的管理政策客观上都会给企业带来成本的增加和商业模式上的挑战，但前者是合理、合法的，后者的政策则会受到人权和市场两方面的质疑。中方也会简单地使用双重标准这一固有观念来理解西方的对华网络政策，缺乏对双重标准背后深层次原因的分析和认识。实际上，欧洲社会对隐私的诉求很大程度上源自对纳粹大屠杀等事件的集体记忆，即政府对私人信息的滥用给社会带来的巨大灾难。[1]西方国家内部也存在着不同的做法，美国更加强调数据的自由流动，欧盟的做法在某种意义上也是平衡社会的关切和经济发展。例如，在《通用数据保护条例》生效的第一天，欧盟委员会官方推特就发布了一条消息——"欧洲的数字主权回到了欧洲人手里"。此外，欧盟虽然在国际上高调批评中国的网络内容管理政策，自身却出台了多部法律和使用多种手段来应对网络舆情挑战，特别是针对虚假新闻、外国信息干预等方面制定了多部相关法律。这一系列做法的背后反映了欧盟内部政府与社会之间的不同关切。用双重标准这一固有观念去解释欧盟看

---

[1]　F. Bignami, "European versus American Liberty: A Comparative Privacy Analysis of Anti-terrorism Datamining", *Boston College Law Review*, 48, May 2007, pp.609—688.

似矛盾的行为与中方的认知体系更加相符，但却忽视了欧盟作为后现代国家组织的根本特性，从而影响了双方在网络领域的合作。

三、 网络空间新特性导致的错误知觉

网络空间给国际关系和国家战略带来的颠覆性变化在挑战决策者的认知，也是影响各国在网络空间合作的重要变量。网络技术的进步、应用的渗透在不断推动网络空间的演进。这种演进具有双重含义：一方面，大数据、人工智能、物联网和云计算等新科技，即所谓"大智物云"在不断推动网络空间自身的变化；另一方面，新科技也在推动网络空间与物理世界进行深度互动，不断地颠覆物理世界中建立的秩序、规范和伦理。这一过程引发了国家对网络安全的焦虑以及对伦理问题的担忧，也带来了身份认同的困惑，很多错误知觉由此产生。

第一，安全焦虑引发的错误知觉。越来越多的网络安全事件的发生加剧了国家对网络安全的关切，也令国家加大了资源的投入。网络安全与传统安全相比具有泛在性、虚拟性（测量难）和抵赖性（核查难），给国家带来了认知挑战，容易引发安全焦虑。网络空间的基础是由人编写的代码，这就导致了网络安全具有泛在性，即所有的设备都有可能面临未知的安全漏洞，从而被对手利用以展开网络攻击。以美国国家安全局、网络司令部为代表的国家安全机构对"零日漏洞"的囤积加剧了各国政府对国家安全、经济发展和社会稳定所高度依赖的网络设备安全性的担忧。网络武器的虚拟性导致决策者无法对对手网络武器库的规模、先进程度及危害程度等获得准确的答案，从而放大了国家的不安全感，产生新的安全焦虑。此外，网络的隐蔽性、匿名性和跨国界性增加了对网络攻击溯源的难度，因此，发起网络攻击的国家可以轻易对其行为进行抵赖。[1]从已有的网络安全案

---

[1] 参见 Thomas Rid and Ben Buchanan, "Attributing Cyber Attacks", *Journal of Strategic Studies*, Vol.38，No.1—2，2015，pp.4—37。

例来看，国际社会与当事方围绕溯源问题产生纠纷，无法确认攻击者身份，导致其无法受到应有的惩罚，受害者也无从维权，从而进一步放大了国家对于网络安全的焦虑。

安全焦虑增加了理性决策的难度，决策者也容易放大自身面临的网络威胁，夸大对手的实力以及给自身带来的威胁，在双边的互动中倾向于向对方提出过高的要求而不轻易做出让步，最终导致对政策的误判。在中欧网络对话中，欧方就曾要求中欧双方参照中美在打击网络攻击行为和网络商业窃密方面的声明，开展类似合作。对中方而言，中欧之间并不存在所谓的网络商业窃密问题，签署类似的声明毫无必要。对此，前德国驻华大使柯慕贤曾公开抱怨，指责中国缺乏对话意愿，导致相关对话未能如期开展。中国外交部进行了反驳，认为其讲话不符合事实，颠倒黑白。[1]欧方的政策反映了其在网络安全领域的焦虑情绪，对中欧之间的网络合作和对话产生了很大的负面影响。

第二，伦理担忧产生的错误知觉。网络空间崛起推动人类社会从工业社会向信息社会和智能社会转型。网络时代的数字经济范式与工业文明下建立的经济、法律和政治制度产生了新的冲突，引发了在伦理层面对数字经济发展导致的个人隐私保护、算法歧视、机器取代人类等伦理现象的担忧。各国政府纷纷从法律、规范和标准等相应的公共政策入手来应对这些问题。伦理问题不仅是中国与美欧等国网络政策的重要领域，同时也是合作面临的重要挑战之一。双方都面临各种担忧，如美国认为，中国的网络政策对伦理关注程度不够，而中国认为，美国会利用伦理借口来限制中国的发展。处理好伦理问题对新技术的应用具有重要意义，但网络空间中伦理的内涵和标准还处于非常模糊的境地，包括中美在内的各方还存在不同的看法。例如，隐私问题是数字经济时代最重要的伦理问题之一，但隐私保护与数据利用之间的平衡点没有明确的界限，过度的隐私保护会限制数字经济发展。同理，人工智能的发展不仅会提高劳动生产率，也会取代人

---

[1]　青木：《外交部批德国驻华大使涉华不当言论：颠倒黑白》，《环球时报》，2017年12月28日。

类的就业，决策者也面临选择的难题。

中国与美欧在伦理以及围绕伦理产生的一系列法律、规范和标准等问题上的差异成为双方合作今后面临的挑战。欧盟于 2018 年 5 月实施的《通用数据保护条例》被认为是全球最严格的数据保护政策，它对数据跨境流动提出了相关的要求，明确表示对数据伦理问题的关注。欧盟要求数据接收方必须"尊重人权和基本自由、相关立法、独立监督机构的存在和有效运作，以及第三国或国际组织已签订的国际承诺"。在物理世界，中欧对人权的理解存在一定的分歧，这会进一步加剧双方在伦理问题上的分歧，也会对今后中欧在数据保护和数据跨境流动方面的合作带来疑虑。同样，美国 2018 年出台的《云法案》（Cloud Act），也将"适格外国政府"（qualifying foreign governments）作为有资格开展数据调取合作的标准，以主观认定的方式将国家划分为不同类别，从而影响中国与美国在数据执法方面的合作。判断"适格"的核心准绳是"外国政府的国内立法，包括对其国内法的执行，是否提供了对隐私和公民权利强健的实质上和程序上的保护"。

第三，身份认同产生的错觉。在网络空间中，国家面临与其他行为体之间的身份认同挑战。国家与其他行为体之间究竟是平等的关系，还是管制与被管制的关系？如果视角定位不同，会直接影响政府看待自身在网络空间中的身份差异。网络空间中存在众多的行为体，包括国家、互联网社群和私营部门等。[1]社群和私营部门在网络空间创造和发展过程中扮演着重要角色，而国家在某种意义上是网络空间的后来者。[2]例如，一系列以"I"开头的互联网国际组织（如 ICANN、IETF、IAB、ISOC 等）设计了互联网的整体架构，发明了基础协议，并一直掌管着互联网关键资源的分配。这就产生了两种不同身份认同的观点：一种认为在网络治理中国家与其他

---

[1] Martha Finnemore and Kathryn Sikkink, "International Norm Dynamics and Political Change," *International Organization*, Vol.52, No.4, 1998, pp.887—917.

[2] Laura DeNardis and Mark Raymond, "Thinking Clearly about Multi-stakeholder Internet Governance", Paper Presented at Eighth Annual GigaNet Symposium, November 14, 2013, pp.1—2.

行为体是平等的，即所谓多利益攸关方模式；另一种观点尽管认可互联网社群和私营部门的作用，但强调政府应发挥主导作用。美国和欧盟更倾向于采取多利益攸关方模式，中国则更青睐政府主导的多边模式。[1]

错误知觉对于构建良性的网络空间大国关系产生了干扰，影响了大国在网络领域的合作。因此，中美俄欧等主要网络行为体在开展网络合作时，应着重消除错误认知，建立在网络领域中的相互信任，同时加强对话机制的设计，有针对性地增加合作性举措，以此为基础，构建合作共赢的中欧、中美网络关系，为探索网络空间大国良性互动作出示范。

四、 积极消除大国网络互动中出现的错误知觉

随着网络安全、数字经济的战略性意义不断提升，网络议题在大国关系中的比重将会不断增加，消除误解、增加合作符合大国之间的共同利益。

第一，要建立理性的网络知识框架。这可以帮助决策者避免受到思维定式和错误知觉的影响，更加客观地看待对方的网络政策和更准确地研判对方的政策意图。[2]国家在物理世界的战略、经济、政治和安全领域建立的知识框架难以简单适用于网络空间，还需依据网络空间的特殊属性来构建更具有解释力的认知框架。例如，网络安全是全球共同面临的长期威胁，网络安全合作应充分考虑网络安全的泛在性、全球性等特点，重点关注各方在保护金融、能源和交通等全球关键信息基础设施安全上的共同责任，上述关键信息基础设施一旦遭受攻击，将会给包括中、美、欧盟、俄在内的全球经济带来重大危害。网络武器的易扩散性、暗网交易的隐秘性使各国在打击网络恐怖主义、网络有组织犯罪等方面面临很大的技术性挑战，需要加强在技术、执法和信息共享等领域的深度合作。[3]许多恐怖分子和

---

[1] Laura DeNardis, *The Global War for Internet Governance*, Yale University Press, 2014, pp.20—25.

[2] 罗伯特·杰维斯：《国际政治中的知觉与错误知觉》，第 114—160 页。

[3] Thomas Rid and Ben Buchanan, "Attributing Cyber Attacks", *Journal of Strategic Studies*, Vol.38, No.1—2, 2015, pp.4—37.

犯罪组织正是利用了国家间合作困境来规避打击，例如某些犯罪组织在欧洲、东南亚国家设立针对中国的网络犯罪中心等。构建基于网络属性、特性的知识框架对决策者更好地理解大国网络关系具有重要作用。

此外，网络议题还具有动态性、实时性和全局性等特点，出现的问题往往复杂多变，从而增加了决策者的认知难度。智库和研究机构提供的"智力支撑"在辅助决策者建立理性的认识框架上具有重要作用。目前，网络领域有大量的问题需要研究，但学术界对此的关注程度却并不高，高质量的研究报告和论文寥寥无几，无法向决策者提供足够的知识。因此，各国的学术机构应加大对网络事务的关注程度，围绕网络空间国际治理形势开展合作研究；在理论层面加强对网络空间统一的术语体系、网络空间战略稳定机制、国际法在网络空间上的适用等方面的深入研究。这不仅有助于决策者更加系统地理解网络空间的复杂性和深刻性，同时也有助于克服双方思维定式导致的错误知觉。在战略层面，智库和研究机构可以加大对网络主权、数据主权以及网络空间命运共同体等双方网络空间战略中具有基础性作用的领域的研究，帮助决策者更好地理解对方的决策过程和主要关切。在具体政策层面，可以加大对建立信任措施、保护关键信息基础设施、数据安全以及负责任国家行为准则等领域的合作路径的研究，为决策者提供一个较为具体、可落实的合作框架。上述研究取得的成果对构建大国之间客观、理性的知识框架具有重要的参考价值。

第二，要建立更多的信息交流渠道来消除错误知觉。"理智决策……需要主动寻找信息。如果不能捕捉到明显重要的信息，就会导致非理性的信息处理。"[1]特别是在网络这一错综复杂的领域，需要大国之间加强有效沟通，通过对话来获取更多的有价值信息，为理性决策提供依据。现有的网络对话机制与其他领域的政府间对话机制一样，往往采取高峰论坛、圆桌对话等方式。作为典型的政府间对话模式，上述对话机制还不能完全满足网络领域的信息供给。由于网络涉及的议题十分广泛，有大量需要沟通的

---

[1] 罗伯特·杰维斯：《国际政治中的知觉与错误知觉》，第175页。

领域，但对话的参与部门和人员毕竟有限，许多重要的部门和工作人员无法在圆桌和高峰对话中开展有效交流。因此，大国之间可以探索建立合作点名录，将双方网络领域的负责人对等列入名录，并且为工作层面的对话交流提供指导框架，形成有效的信息交流的制度保障。此外，由于网络的技术性特征强，需要的信息获取不仅包括相互了解，还包括一些技术层面的执法信息、情报信息的共享。例如，对网络攻击的调查工作应实时展开，相关有价值的信息也应快速共享。就像地震过后，抢救受害者有"黄金时间"一样，网络攻击的取证工作也会伴随着时间的消逝出现价值递减。一般各国在国内调查时采取 7×24 的应急响应机制，但涉及跨国合作时，往往通过传统外交或国际合作机制，需要国际、国内多个部门之间的审批，基本无法达到有效信息共享。中、美、欧、俄可在负责网络安全的机构中建立相应的信息共享机制，如在中国的公安、网信部门与美国的国土安全部、联邦调查局、欧盟警察、数据保护等机构之间建立专门的网络信息共享机制。

　　第三，通过加强议程设置来消除错误知觉。网络具有议题广泛、行为体多元的特点，加之美欧有支持多利益攸关方治理模式的传统，企业、互联网社群都试图根据自身的利益来影响中欧在网络领域的合作，从而增加了彼此合作的协调难度。这就需要双方政府掌握对大国网络议程设置的主导权，避免受"众声喧哗"的干扰，明确双方合作的战略方向，框定合作的内容，引导企业、互联网社群积极参与，并在合作中寻求利益保障。网络议题的对话十分专业，也极为广泛，在物理世界数字转型的大背景下，几乎所有的议题都可与网络相关。所以议题的选择和范畴对对话合作的有效性而言具有重要意义。具体而言，一方面，要为各国的企业、机构之间的交流合作提供对话平台；另一方面，对国家在网络领域的合作要有全局性的掌控力，特别是避免双方在人权、自由、知识产权保护等物理世界的分歧影响大国在网络领域的合作。因此，大国之间的对话议题，应尽量围绕网络空间中出现的新问题、新机遇开展，而非将原本在物理世界就分歧很大的议题拿到网络领域进行讨论。如中国与美欧在构建数字贸易规则、保护全球关键信息基础设施领域、负责任的国家行为准则等领域合作的可能性，要远远大于意识形态等双方长期以来具有很大分歧的领域。

第四，通过在重点议题中的相互理解来建立信任。网络关系中有一些关键的议题对于国家建立互信具有重要意义，如国际法在网络空间适用的问题、打击网络犯罪的全球性法律文本协定等。网络空间国际法不仅是美欧关注的重点议题，也是中俄等国高度重视的领域，双方可以就网络空间国际法领域涉及的重要议题如网络主权、人权问题开展更多的对话。[1]妥协和合作是外交谈判永恒的艺术。在物理空间，国际社会在主权和人权问题上也存在并不完全一致的看法，《联合国宪章》和《联合国人权公约》作为两份重要的国际法准则也有着不同的侧重。大国之间可以通过加深相互理解，推动在网络主权和网络人权问题上取得平衡。此外，大国之间还可以在网络军控、加强联合国在网络安全溯源等方面的合作，共同推动联合国和区域性组织发挥积极作用，为国际社会提供维护网络空间和平稳定的制度方案等领域加强合作。

第五，通过网络领域的务实合作增加共识。政府在发挥战略协调作用的同时，还要为彼此的网络安全产业、技术和人才提供交流的平台，为双方数字经济发展创造机遇。如为了应对网络安全人才的稀缺性问题，网络大国可积极推进网络安全领域的人才交流与合作，成立相应的网络人才合作工作组。中方近年来出台了网络安全一级学科和建设一流网络安全学院的发展计划，这在全球具有一定的创新性，中国可与其他国家围绕网络安全的高等教育开展合作，鼓励双方的网络安全学院加强机制性合作，互派访问学者、交流学生。[2]此外，中美欧都有针对网络安全意识的活动，如中国的网络安全宣传周和美国、欧洲的网络安全月。各方开展了许多类似的活动，可进一步加强这些机制之间的合作。中方的网络安全宣传周邀请

---

[1] Madeline Carr，"Power Plays in Global Internet Governance"，pp.640—659.
[2] 中央网络安全与信息化领导小组办公室秘书局、教育部办公厅：《关于印发"一流网络安全学院建设示范项目管理办法"的通知》（中网办秘字〔2017〕573 号），2017 年 8 月 14 日。

了大量美欧的官员、学者和企业参与，美欧也可采取同样的举措，邀请中方的官员、学者和企业参与自己的网络安全月相关活动。

网络空间的崛起推动着人类社会从信息化、数字化向智能化转型，并不断颠覆现存国际秩序的基础，国家在网络空间的实力对比已成为决定未来国际力量格局和治理体系演变的核心要素。网络空间大国关系在这一宏大的变革趋势中面临重要抉择：是继续在错误知觉的影响下不断重复困境，还是努力建立客观的认知模式，通过多层次的合作举措将网络外交打造为大国关系中的典范。

第二节

———

国家在网络空间的行为逻辑

国家在网络安全和治理机制构建领域的错误认知加剧了大国博弈、国际治理机制失灵和低烈度网络冲突不断等现象，形成了一个看似难以解决的系统性安全困境。要破解困局，还需要对现象背后的更深层次的原因作进一步的深入分析。本节对网络安全的技术特点、网络产品和服务的属性展开研究，并在此基础上进一步分析国际网络安全的政治逻辑。

一、 网络技术安全逻辑

技术一直是国际关系研究中的重要变量，科学技术的进步曾多次直接或间接地推动了国际关系的变革。从技术层面看，网络天然具有匿名性、开放性、不安全性等特点。匿名性、开放性与互联网架构有关，匿名性主要是指互联网用户的身份保持匿名，并且可以通过加密和代理等手段规避溯源；开放性是指全球的互联网通过统一的标准协议体系进行连接，接入互联网的设备互联互通；不安全性是指任何设备和系统都是由人设计，理论上任何设备和系统都存在着不同程度的错误，这些错误有可能存在漏洞从而被攻击。网络安全原本是指对计算机系统和设备的机密性、完整性和可获得性的破坏与防护。因此，各国的网络安全战略的两个重要目标是对网络数据和关键信息基础设施的保护。网络的技术特点导致网络整体溯源难和防御难，由此形成的逻辑是网络安全有利于进攻方，理性的决策者会倾向于采取加强能力建设和资源投入的方式来保卫自身安全和获取战略竞争优势。这一技术逻辑对相关国家网络安全的战略选择和国际治理均产生直接影响。

网络技术的开放性和匿名性增加了溯源的难度。现有的网络安全调查取证技术难以查出高级持续性威胁（APT）真实的攻击者，难以对攻击者进行惩罚。溯源既是国际网络安全领域的核心技术，也是最具争议的领域。溯源旨在锁定攻击源头，从而为判定国际网络安全事件的性质、采取法律应对措施提供基本判断条件。[1]由于网络的匿名性和开放性，加上各种隐藏身份的技术，攻击者往往会对自己的行为和身份进行伪装，增加溯源的难度。已发生的众多网络安全事件，几乎都无法提供有力的证据来证明攻击源头。因此，国际社会难以在攻击者与被攻击者之间表明立场，并采取行动来惩罚攻击者。以"震网"事件为例，事件发生多年后才由于媒体的曝光而为世人所知。开发病毒的美国与以色列情报机构对此未置可否。"震网"病毒及其变体后来也先后感染了全球多家发电厂，成为危害国家关键信息基础设施的重要威胁。尽管如此，没有任何机制能够促使国际社会对媒体曝光的始作俑者进行谴责或者制裁。[2]乌克兰电厂被攻击、爱沙尼亚银行系统被攻击等类似国际性的网络安全事件仍然频发，进一步降低了国际社会对网络安全的信心。

理论上，网络安全漏洞是广泛存在的。无论是连网的设备还是组成系

---

[1] Martin Libicki, *Cyberdeterrence and Cyberwar*, Santa Monica: RAND Corporation, 2009.

[2] "Obama Ordered Wave of Cyber—attacks against Iran", *The New York Times*, June 1, 2012, http://www.nytimes.com/2012/06/01/world/middleeast/obama-ordered-wave-of-cyberattacks-against-iran.html，浏览时间：2018 年 6 月 9 日。

统的代码，主要都是通过人来编写。因此，错误是无法避免的，缺陷与生俱来，任何一种设备都无法做到绝对安全，所有的连网设备都可能成为网络攻击的目标，特别是在信息化渗透度不断增加的情况下，国家面临着保护越来越多的关键信息基础设施这一重任。实际情况是，漏洞广泛存在于关键信息基础设施的系统中，并且这些关键信息基础设施分散在不同的行业和企业中，政府对其进行保护的成本和压力极为巨大。例如，美国将关键信息基础设施分为 17 类，但其数量从未对外公布。若对其关键信息基础设施进行全面保护，所需耗费的人力、物力、财力之大可想而知，特别是很多关键信息基础设施的运营者是企业，企业拥有的资源有限，安全投入亦相对有限，在很多情况下也不愿意对外透露遭到网络攻击的信息。在这种情况下，对于攻击者而言，这种攻击目标的广泛性和保护的非全面性给予其大量的攻击机会。同时，网络的匿名性导致的"敌明我暗"的网络空间存在方式增加了主动防御的难度。

二、网络商业安全逻辑

商业是推动国际体系演变的重要动力。从国际安全的角度来看，商业和贸易是重要影响因素之一，如《瓦森纳协定》对于高科技出口的管制就是通过商贸来影响国际安全的重要机制。从国际网络安全角度来看，由于网络技术、产品和服务的军民两用程度越来越高，国家安全和政治正在逐步改变商业安全的逻辑，引起了关于"技术民族主义"的讨论。因此商业安全逻辑是导致国际网络安全困境的重要因素，只有认清其问题本质，并从供应链安全角度开展相应的国际治理工作，才能有效缓解网络空间的困境。

从国际网络安全视角来看，网络产品的军民两用性开始逐步改变传统的商业逻辑基于竞争、开放和合作等理念。在网络领域，技术、产品和服务的军民两用性表现得更加明显，对传统商业逻辑的影响也更大。"棱镜门"事件就揭露出包括微软、谷歌、推特、脸书、亚马逊等互联网企业与美国国家安全局合作，在消费者和他国不知情的情况下向美国政府情报机构提供海量用户信息。[1]不仅如此，包括美国国家安全局、网络战司令部在内的网络军事、情报机构，都试图通过发现大型互联网企业服务与产品中存在的漏洞，将其开发为网络行动的武器。因此，网络攻击的对象不再是军事网络和政府网络，民用关键信息基础设施也不可避免地成为攻击对象。

从网络产品和服务的军民两用性来看，大型互联网企业的商业活动难以保持商业中立。军事和安全部门也需要使用先进的互联网产品和服务来提升能力，如美国亚马逊公司就向美国多个军事和情报机构提供云服务平台，增加美军的信息化水平。[2]这种情况下，各国政府对于境外互联网企业提供的产品与服务缺乏信任。这会促使各国政府更加倾向于使用来自本国的企业所提供的设备和服务，以确保这些外国互联网企业不会与他国政府共谋危害本国网络安全。各国政府开始重新审视以美国企业为代表的跨国企业在境内商业活动的目的，普遍加强了对其他国家互联网企业的产品和服务的安全审查工作。另一方面，网络产品和服务的军民两用性也容易引起国家寻求对技术的垄断，从而破坏全球创新生态。美国政府近来通过扩大外国投资审查委员会（CFIUS）的权力，在芯片、人工智能等领域对与中国相关的投资、人员交流、科技合作等方面作出进一步限制。[3]这种做法无疑会提高创新成本，阻碍技术的发展，破坏全球创新体系。

---

[1] "NSA Prism Program Taps in to User Data of Apple，Google and others"，The Guardian，June 7，2013，http://www.theguardian.com/world/2013/jun/06/us-tech-giants-nsa-data，浏览时间：2018 年 7 月 2 日。

[2] "Amazon Collects Another US Intelligence Contract：Top Secret Military Computing"，The Sputnik News，June 1，2018，https://sputni-knews.com/military/201806011065023768-am-azon-collects-another-us-intelligence-contract/，浏览时间：2018 年 7 月 2 日。

[3] The White House，"Remarks by President Trump at A Roundtable on The Foreign Investment Risk Review Modernization Act"，https://www.presidency.ucsb.edu/documents/remarks-during-roundtable-discussion-the-foreign-investment-risk-review-modernization-act，浏览时间：2018 年 10 月 5 日。

三、 国际政治安全逻辑

冷战结束之后，国际政治安全主要是在权力政治与相互依赖两种理念之间博弈，在大国关系领域既有权力政治的博弈，也有经济相互依赖的合作。[1]网络空间作为新疆域，规则体系尚未建立，维护安全主要取决于国家能力，这导致政治安全逻辑的天平更加偏向权力政治的一端。[2]国际网络安全具有进攻和防御的两面性，从进攻角度而言，网络安全为国家谋取安全优势打下基础，国家实力既是维护网络安全的必要条件，也是谋取更为广泛的安全优势的支柱，由此衍生出了霸权思想、绝对安全、单边主义、先发制人等权力政治的安全逻辑并在网络空间逐渐流行。从防御角度来讲，网络安全的威胁具有普遍性、跨国界等特点，客观上需要各国之间加强合作，共同应对威胁和挑战。自由主义的相互依赖、集体安全、多边合作等理念是解决网络安全困境的重要方面。而"棱镜门"事件后，国家关注的焦点是安全威胁，由此导致现实主义的政治安全逻辑相较于自由主义更加受欢迎，推动了国际网络安全走向战略博弈、军备竞赛的方向。

国家还面临着一种非传统安全——网络安全带来的挑战。从传统安全角度来看，安全主要是国家层面的事，实力是决定安全的最重要因素。由此可见，在军事战略、作战、科技等领域领先其他国家，就一定会比其他国家更加安全。但是网络安全与信息化程度之间呈现负相关，信息化程度越高，往往意味着依赖度越高，随之产生更大的"脆弱性"，面临的威胁也越多。尽管先进国家投入了大量的资源来维护网络安全，但由于连接到互联网中的设备多、关键信息基础设施多，其所面临的网络安全风险并未下降，甚至还在不断上升。这使得政府难以对自身的网络安全防御拥有足够信心，安全的威胁会持续存在。这些网络安全特点演变出的国际政治安全逻辑导致了各国在网络安全政策上的不透明，缺乏必要的接触，难以开展合作。

---

[1] 罗伯特·基欧汉、约瑟夫·奈：《权力与相互依赖》，门洪华译，北京大学出版社 2012 年版。
[2] 杨剑：《数字边疆的权力与财富》，上海人民出版社 2012 年版，第 67—88 页。

第三节

———

国家网络安全战略

国家在网络空间中的认知、行为最终会反映在国家网络安全战略中。本节以美国网络安全战略为例展开分析。相比较其他国家而言，美国的网络战略有其独特之处。美国是互联网的诞生地，在网络空间发展的历史上具有举足轻重的地位。与此同时，美国的战略目标是建立网络空间的霸权，而非简单地维护网络安全。更好地分析美国网络安全战略观念、政策的变化，特别是特朗普政府网络安全战略保守主义化演变，可以更好地理解这一变化是如何影响网络空间秩序和稳定的。

一、 美国网络安全的观念演变

在美国两党政治体系中，特朗普政府上台后，主要是通过执政团队的调整，将共和党保守主义思想贯彻到内政、外交的大政方针中，以取代民主党的自由主义执政理念。特朗普政府的特殊性表现在总统本人及其周围的核心成员与共和党建制派之间处于一种矛盾与合作共存的状态，再加上黑客干预大选等重要网络安全事件的深刻影响，保守主义网络安全战略思想的演进过程中，主要有三个重要思想来源：一是特朗普本人提出的"美国优先"思想中民族主义、孤立主义和民粹主义成分的影响。二是传统共和党保守主义思想的影响，通过共和党建制派网络安全团队形成网络安全战略思想。[1]三是在应对黑客干预大选等重大网络安全事件挑战时，自下而上形成的一种基于网络安全自身逻辑的战略思想。

第一，"美国优先"对网络安全战略思想的影响。特朗普政府"美国优

---

[1] James Traub，"The Bush's Year：W.'s World"，*New York Times*，New York，Jan.14，2001，https://archive. nytimes. com/www. nytimes. com/library/magazine/home/20010114mag-traub.html.

先"思想对网络安全战略的影响主要体现在其民族主义、孤立主义和民粹主义的思想与网络安全领域安全风险泛在、规则体系缺失、影响范围广等特点天然具有内在的关联性。具体表现为对网络安全领域面临的风险高度重视,打破了安全与发展的平衡;将维护美国在网络安全领域的"霸权"视为优先目标,对潜在的挑战者予以重点打击;对网络安全相关的信息通信技术高度敏感,将其他国家通过合作、贸易、投资等方式与美国企业的合作视为"窃取"美国领先的技术,"占美国的便宜"。

"美国优先"思想打破了安全与发展的平衡,过度强调网络安全风险及应对,对价值观、经济等方面关注不足。奥巴马政府国安会网络政策主任在总结"奥巴马网络主义"(Obama's cyberdotrine)的时候提道:"奥巴马政府的网络安全政策聚焦在将互联网作为提升效率、经济交易和思想交流的平台。尽管网络安全带来了真正的风险,但是有效的应对方法必须增加互联网的开放性和创新性。过度通过发展军事来应对网络安全将会产生网络边界,伤害数字经济发展。"[1]特朗普政府的网络安全战略完全以国家安全为导向,突出考虑安全的重要性,并不关注可能对美国的领导权、价值观,甚至是数字经济发展所带来的负面效应。《国家安全战略报告》中,网络安全是与国土安全、反恐同等地位的国家安全的四根支柱之一,该报告提出了以"网络时代的安全"来取代奥巴马政府时期提出的网络安全概念,用更加宏观和全方位的视角来看待网络安全对美国国家安全的深刻影响,指出联邦政府网络、社会赖以运行的关键信息基础设施和个人的日常生活都面临着网络安全威胁。[2]

《国家安全战略报告》将俄罗斯、中国视为"修正主义国家"、网络安全领域的对手和威胁,认为俄罗斯在全球开展信息行动已经对美国网络安全构成严重威胁。《国家安全战略报告》还认为中国在大数据、人工智能等前沿网信领域实力的增强,也是对美国在网络空间中主导权的伤害。这些

---

[1] Rob Knake, "Obama's Cyber Doctrine", *Foreign Affairs*, May/June 2016.
[2] The White House, National Security Strategy, Dec 17, 2017.

国家通过网络空间，不用跨越国界，就可以发起一场破坏美国政治、经济、安全利益的行动。[1]"美国优先"思想高度重视经济和科技安全在维护网络空间国家利益上的作用，其主要逻辑是认为对手国家通过贸易、投资和研究合作大量获取了美国的信息通信技术，并将其作为危害美国国家安全的工具。前白宫顾问史蒂芬·班农（Stephen Bannon）称，美国与中国的关系是一场经济和信息"战争"。谷歌创始人之一埃里克·施密特（Eric Schmidt）表示，尽管美国的利益与中国纠缠在一起，但中国是美国在全球技术主导地位竞争中的头号对手。[2]

第二，共和党建制派决策团队对网络安全战略思想的调整。来自共和党内部建制派的网络安全决策团队一方面对民主党自由主义思想网络安全战略展开全面调整，另一方面，也对特朗普"美国优先"中一些过于极端、民粹的理念进行了一定程度的调和。新团队制定的很多网络安全政策背后都有"移植"共和党其他安全政策的身影。

特朗普政府首先对网络安全团队的人事和机构进行调整。美国网络安全决策体系中具有重要影响的机构分别是白宫、国防部、国务院、国土安全部和情报界（Intelligence Community，IC），主要包括负责网络安全事务的国家安全事务助理、白宫网络安全事务协调员、网络安全司令部/国家安全局负责人，以及国务院、国土安全部、中央情报局、联邦调查局等机构负责网络事务的副部级官员。特朗普政府对网络安全决策团队的调整分为两步，第一步实现共和党与民主党的轮替，按照惯例从共和党内部选拔了一批官员对上述重要岗位的负责人进行了重新任命，取代了奥巴马政府的官员。如负责网络安全事务的白宫国土安全顾问托马斯·博塞特是小布什政府时期的国土安全顾问，白宫网络安全协调员罗伯特·乔伊斯是从特定入侵行动办公室（Office of Tailored Access Operations，TAO）负责人的岗

---

[1] The White House，National Security Strategy，Dec 17，2017.

[2] Liz Moyer，"Engage China, or Confront It? What's the Right Approach Now?"，*The New York Times*，Nov.11, 2019，https://www.nytimes.com/2019/11/11/business/dealbook/us-china-relationship-future.html.

位上内部提拔的。第二步是对奥巴马时期的网络安全架构进行了调整，先是于 2017 年 7 月撤并了国务院网络事务协调员办公室，在约翰·博尔顿担任国家安全事务顾问后取消了负责网络安全事务的国家安全事务助理、白宫网络安全事务协调员两个重要岗位。

建制派网络安全团队实现了用保守主义思想来制定新的网络安全战略。保守主义"强调硬实力，重视主权，认为国际机构和组织是实现目标的手段而不是政治解决的形式，主张自由贸易，对外部的安全环境抱较为悲观的观点"。奥巴马政府的网络安全战略主要反映了民主党自由主义国际思想，认为美国要发挥在网络空间国际规则方面的引领作用，追求增加软实力；注重国际法在网络空间的适用；强调网络规范在约束国家行为方面的作用，积极推动与网络大国之间建立信任措施；对网络军事行动采取比较谨慎的态度，更愿意通过综合使用外交、政治、经济、执法手段，如"点名批评""外交施压""经济制裁""司法起诉"等"跨域威慑"的方式来解决网络安全冲突。

保守主义网络安全团队认为，美国面临的网络安全环境更加悲观，将网络安全视为国家安全面临的最主要的风险来源与最复杂棘手的难题，认为网络安全一旦失守，国家安全将面临整体陷落的风险。[1]网络安全威胁领域也极为广泛，作为国家安全的核心组成部分，网络安全与政治安全、经济安全、文化安全、社会安全、军事安全等领域相互交融、相互影响，在识别各个领域所面临的安全风险时，网络安全都是关键因素。网络威胁来源的分布也不断扩大，既包括国家，也包括恐怖主义、犯罪分子等。[2]"以实力促和平""单边主义"以及"理念一致国家"同盟等传统共和党执政理念在网络战略中开始得到更多重视。"以实力促和平"政策在网络安全

[1] The White House, "Presidential Executive Order on Strengthening the Cybersecurity of Federal Networks and Critical Infrastructure", https://trumpwhitehouse.archives.gov/presidential-actions/presidential-executive-order-strengthening-cybersecurity-federal-networks-critical-infrastructure/.
[2] The White House, National Security Strategy, Dec.17, 2017.

战略上表现为高度重视发展网络军事力量和建设网络国土安全防御能力。2017 年 8 月网络团队组建后不久，特朗普政府就宣布将网络司令部升级为美军的第十个一级作战司令部，迅速地完成了奥巴马政府时期存有争议的网络军事政策转变。国土安全防御也得到前所未有的重视，重新改组了网络与基础设施局，增加了国土安全部在维护联邦政府网络安全、关键信息基础设施安全等方面的职能。"单边主义"的网络战政策也开始越来越多地影响美国在中东等地区开展的网络反恐行动，通过这些网络行动追踪 ISIS 的成员，打击其指挥网络。[1]在网络安全国际治理中，美国也愈发主张削弱联合国的作用，加强"理念一致国家"同盟之间的协作。

第三，网络安全事件驱动的战略思想。基于"重要事件"驱动的指导思想变化已经成为特朗普政府网络安全战略的重要组成部分。如果说"美国优先"或"传统保守主义"对网络安全战略的总体影响是以一种自上而下、主动调整的方式，黑客干预大选则以一种被动应对、自下而上的方式，是基于网络安全自身逻辑推动产生的新网络安全思想。促动这一转变的原因是，美国原有的战略思想和工具箱已经无法应对黑客干预大选所带来的安全挑战。

黑客干预大选是美国网络安全进程中一件具有里程碑意义的事件，它对美国网络安全战略思想转变的影响，丝毫不低于"棱镜门"事件对国际网络安全进程的影响，甚至可以将其称为网络安全领域的"9·11"事件。[2]为应对这一安全事件所造成的挑战，美国政府对网络安全战略思想作出重大调整，废除了《第 20 号总统行政令》，在国际层面，强调"国家责任""反措施"在网络空间的适用，对内则提出了"持续交手""前置防御"等新的网络安全政策理念，积极调整美国网络力量的发展方向。这些

---

［1］ Dina Temple Raston，"How The U.S. Hacked ISIS"，NPR，Sept 26，2019，https://www.npr.org/2019/09/26/763545811/how-the-u-s-hacked-isis?t = 1638423541379.

［2］ Jonathan Reiber，Ikram Singh，"Where's the 9/11 Commission for Russia's Election Attack?"，November 13，2017，https://foreignpolicy.com/2017/11/13/russia-election-attack-usg-response-911-commission/.

调整背后的原因是美国现有的网络安全思维已经不适应网络空间战略环境的变化，无法应对网络安全的发展趋势。

黑客干预大选爆发于 2016 年美国总统大选期间，主要是由民主党总统候选人希拉里"邮件门""民主党竞选总部遭遇网络攻击"和针对选举的"社交媒体信息行动"等系列网络安全事件组成。这一事件极大地震惊了美国政府和社会，提升了全社会对网络安全风险的关注程度。美国前国家情报总监詹姆斯·克莱伯将"干预"行为定义为超越传统间谍界限的、试图颠覆美国民主的尝试，认为该行为绝对是有预谋的，除了黑客外，他们还运用媒体和社交网络进行宣传和造谣，并用假新闻抹黑竞选人。[1]保守主义思想的官员和学者纷纷将这一事件视为美苏在冷战时期意识形态斗争的翻版，呼吁特朗普政府"重新激活冷战的剧本，开展针对俄罗斯的意识形态斗争"[2]。

这一事件触动了网络安全决策层对美国在网络安全预防措施和应对手段上的反思。在网络安全防御层面，国土安全部投入了大量资源建设的"爱因斯坦"入侵检测系统、国家安全局数量众多的"网络监听"项目，以及其他国防部、情报界所拥有的先进"态势感知"技术，在黑客干预大选过程中，均未能发挥预防作用。[3]在事后应对中，网络外交、军事手段都未能发挥有效的作用。奥巴马政府试图通过复制中美在"网络商业窃密"领域的博弈经验，通过"跨域制裁"施压来推动建立"规范"，但却遭到失败。美国大力建设的"网络部队"和在应对类似低于武装冲突门槛的冲突时，几乎无法发挥应有的作用，特别是《第 20 号总统行政令》对网络行动

---

［1］　Brianna Ehley, "Clapper Calls Russia Hacking a New Aggressive Spin on the Political Cycle", *Politico*，October 20，2016，http://www.politico.com/story/2016/10/russia-hacking-james-clapper-230085.

［2］　Seth Jones, "Going on the Offensive: A U.S. Strategy to Combat Russian Information Warfare", *CSIS Briefs*，October 1，2018，https://www.csis.org/analysis/going-offensive-us-strategy-combat-russian-information-warfare.

［3］　Jonathan Reiber, Ikram Singh, "Where's the 9/11 Commission for Russia's Election Attack?", November 13，2017，https://foreignpolicy.com/2017/11/13/russia-election-attack-usg-response-911-commission.

的对象、目标和决策程序的较为严格限定，导致了网军无法对类似的黑客行为作出反击。

黑客干预大选事件深深地触动了美国网络安全决策层对于战略思想的重新思考。首先，网络空间的战略环境已经发生了重大的变化。网络是一个"灰色地带"，对手针对美国采取了低于武装冲突门槛的行动，以此来获取利益，并且挑战了美国对网络空间的主导权。现有的网络战略思想对此应对不足，"以实力促和平思想"并不能完全适用于网络空间，"网络威慑"也难以发挥应有的效应。其次，美国要突破现有网络安全战略思想的藩篱，积极适应网络战略环境。美国网络司令部公开表示："我们需要在我们边境之外开展行动，走出我们自己的网络，确保我们掌握对手的情况，如果我们仅仅在自己的网络中开展防御，我们将会丢掉主动权。"[1]第三，美国网络力量的建设、使用方针需要调整，以"前置"为导向使用网络能力，制定"持续交手"政策。网络空间是一个新的战略环境，空间中的国家利益和对手的行为已经发生巨大变化，因此美国需要适应环境变化，针对对手开展持续性的网络行动，降低对手的战略收益。[2]最后，能力前置需要有一个全谱系的后置决策支持结构来支持"持续交手"。这需要建立一个包含多方面的国家安全领域的综合性网络战略体系，如外交、信息、军事、经济、金融、情报和执法（DIMEFIL）等。[3]

这些举措在大方向上顺应了"美国优先""传统保守主义"中关于维护美国国家利益、主权、安全的思想，但超越了传统美国政府的工具箱范围。美国对于这些新的变化还在不断地探索，即使是概念的创造者和政策制定

---

[1] Paul Nakasone，"An Interview with Paul M. Nakasone"，*Joint Forces Quarterly*，No.92（1），p.7.

[2] Michael P. Fischerkeller and Richard J. Harknett，"Persistent Engagement and Tacit Bargaining：A Path toward Constructing Norms in Cyberspace,"*Lawfare*，November 9, 2018. https://www. lawfareblog. com/persistent-engagement-and-tacit-bargaining-path-toward-con-structing-norms-cyberspace.

[3] Johan Mallery，"Integrating Persistent Engagement into a Comprehensive Cyber Strategy inclu-ding Deterrence and Diplomacy"，*Conference Paper of RMCS*，April 30, 2019.

者，对这些新概念的定义和内涵，以及未来政策的演变方向也存在很大的不确定性，这增加了对其背后思想脉络探索的难度。

二、 全政府、全国家的网络安全政策

（一）联邦政府部门纷纷制定相应配套战略予以响应

《国家安全战略报告》（以下简称《报告》）发布后，美国各个政府部门纷纷制定相关战略来响应《报告》对网络安全的战略定位的调整。总体来说，美国涉及网络安全的机构可以分为国防、国土安全、网络情报、网络安全执法和国际合作等五大类。这些网络安全相关机构都出台或更新网络安全战略，落实《报告》对网络安全的指导方针。

一是国防部作为网络军事力量建设和使用的部门，进一步加快网络司令部和各军种的网军建设。特朗普首先废除了奥巴马政府时期制定的《第20号总统行政令》，赋予军方在网络空间更自由、主动的网络行动权力。[1]同时宣布美军网络司令部升格为战略作战司令部，各军种的网络力量基本形成作战能力。2018年9月，《国防部网络战略》发布，围绕《报告》中提出建立美军在网络空间中的领导权，应对网络安全威胁，在进攻性网络行动、前置防御、网络威慑等方面明确了具体的行动方针。[2]

二是国土安全部作为负责境内联邦政府和民间的网络安全防御部门，进一步明确保障目标与优先领域。2018年5月，国土安全部发布《网络安全战略》（Cybersecurity Strategy），参照《报告》中提出的战略目标，提出了美国网络安全的四大重点领域、10项目标和42项优先行动，进一步提升在保护联邦政府网络安全和关键信息基础设施方面的能力，并全方位实现

---

［1］ Eric Geller，"Trump Scraps Obama Rules on Cyberattacks, Giving Military Freer Hand"，Politico，16 Aug，2018，https://www.politico.com/story/2018/08/16/trump-cybersecurity-cyberattack-hacking-military-742095.

［2］ 参见 DOD，Summary of the National Defense Strategy of the United States of America：Sharpening the American Military's Competitive Edge，19 January，2018。

了与国家安全战略的无缝对接。[1]

三是负责对外情报收集、研判与反应的情报界进一步加强了网络安全威胁评估与应对工作。国家安全局、中央情报局、国防情报局等多个情报机构在网络安全领域最为活跃，实力增长最快。美国情报机构对网络安全问题的关注源自传统上对信号情报工作的重视。《报告》发布后，美国情报界发布了《国家情报战略（2019）》（以下简称《战略》），两份报告一致将网络安全置于国家安全的优先范畴。[2]《战略》指出，情报界的主要职责是检测和掌握来自任何国家和非国家行为体的恶意网络活动等网络威胁，为国家安全决策、网络安全和各种应对活动提供情报依据。据报道，国家安全局下属的精英团队"特定入侵行动办公室"（TAO）提供了近七成美国总统关心的重要情报。[3]"棱镜门"事件和"永恒之蓝"等泄密事件使外界得以一窥美国情报机构的实力，而网络安全、大数据、人工智能等新兴网络科技的发展，赋予了情报机构新的使命和手段。

四是司法部及其下属的联邦调查局主要负责网络安全事件调查和司法起诉。联邦调查局在网络安全领域一直极为高调，其任务是调查犯罪分子、海外敌对势力和恐怖分子的网络攻击行为，尤其是针对政府和私人计算机的网络入侵[4]，包括"索尼影业"、黑客干预大选事件等网络安全事件最终都交由联邦调查局进行起诉。

一个值得关注的现象是，相较于上述部门在网络安全领域的不断加码，主要负责网络安全的国际战略和对外合作事务的国务院在网络安全战略上的角色却陷入了困境。美国国务院在奥巴马政府时期发布了《网络空间国

---

[1] 参见 DHS, "Cybersecurity Strategy", 4 April, 2019, https://www.dhs.gov/publication/dhs-cybersecurity-strategy。

[2] 参见 DNI, "2019 National Intelligence Strategy", January 22, 2019, https://www.dni.gov/files/ODNI/documents/National_Intelligence_Strategy_2019.pdf。

[3] Documents Reveal Top NSA Hacking Unit, *Spiegel Online*, December 29, 2013, https://www.spiegel.de/international/world/the-nsa-uses-powerful-toolbox-in-effort-to-spy-on-global-networks-a-940969.html.

[4] 左晓栋主编：《美国网络安全战略与政策二十年》，电子工业出版社 2018 年版，第 248—250 页。

际战略》，增设网络事务协调员办公室，并任命在业界具有很大影响力的克里斯托弗·佩恩特担任网络事务协调员，提出了覆盖国际安全、全球网络安全合作、网络犯罪、互联网治理、网络自由等五大职能。[1]特朗普上台后，这一运转机制被叫停，该办公室被并入经济暨商务局（Bureau of Economic and Business Affairs），协调员职位在佩恩特退休后也不再设立。此外，其他部门的网络战略都进行了更新，唯独国务院负责的国际战略迟迟难以发布，这不仅反映出美国在国际战略上的裹足不前，也在一定程度上体现了特朗普政府对国际合作的态度发生了明确而重大的变化。特朗普此举引发了美国国内很大不满，众议院通过了《2019 网络外交法案》，要求恢复国务院在网络外交方面的职能。[2]

（二）国会积极配合形成全政府的网络安全战略

特朗普政府网络安全战略调整与国会对网络安全的重视不谋而合，行政部门和立法部门在网络安全领域取得的共识，有助于形成一个全政府参与的网络安全战略。国会是美国政府生活中重要的组成部分，也是美国政府三权分立中对政府实施监督的力量，制约行政部门的权力扩张。但在网络安全领域，由于网络安全威胁的存在，国会与行政部门的关系更多体现在合作方面。特朗普政府上台后，美国国会以及各州议会对于网络安全的重视程度也大大增加，体现为网络安全相关提案的数量、质量和覆盖的范围得到了大幅增加。[3]国会参众两院共收到网络安全相关的法律提案 93

---

[1] Christopher Painter，"Statement Before the Senate Foreign Relations Subcommittee on East Asia，the Pacific，and International Cybersecurity Policy"，May 25，2016，https://2017-2021. state. gov/statement-before-the-senate-foreign-relations-committee-subcommittee-on-east-asia-the-pacific-and-international-cybersecurity-policy/index.html.

[2] Jeff Stone，"Congress Again Wants the State Department to Pay More Attention to the Internet"，*Cyber Scoop*，25 Jan，2019.

[3] 参见"Cybersecurity Legislation 2019"，National Conference of State Legislatures，详见：http://www.ncsl.org/research/telecommunications-and-information-technology/cybersecurity-legislation-2019. aspx；http://www.ncsl.org/research/telecommunications-and-information-technology/cybersecurity-legislation-2018. aspx；http://www. ncsl. org/research/telecommunications-and-information-technology/cybersecurity-legislation-2017. aspx。

项，截至 2019 年 2 月，其中已被两院通过成为法律的有 4 项，比奥巴马政府大幅提高，已经通过参院或众院投票的有 12 项，还有 77 项正分别在两院审议中。这 93 项网络安全法案覆盖了广泛的网络安全问题，包括基础设施保护立法、网络安全人员立法、供应链网络安全立法等五个领域，[1]体现了国会通过立法来影响和配合美国政府网络安全战略的意图。

美国国会网络安全相关立法的动机主要有四类：第一类是为了监督联邦政府履行网络安全的职能，如《医疗行业的网络安全法案》《网络航空法案》《机构间网络安全合作法案》，国会认为政府对于这些领域的网络安全问题的重视程度不够，要求建立相应的制度来应对。第二类是通过法律授权，赋予行政机构相应的权力，这类法案往往是由行政部门发起，国会开展立法，如《网络安全漏洞法案》《打击网络犯罪法案》。由于行政部门承担了新的职责，需要相应增加政府的权限，要求私营部门和公众在特定情况下配合政府命令。此外，除了专门针对网络安全的立法，还有一类是在综合性法案中增加网络安全的内容，如《国防授权法案》《联邦财政法案》中大幅增加了关于网络安全的内容。特别是一些有争议的内容，往往通过"搭便车"的方式打包通过。如《2019 国防授权法案》中就增加了专门条款，要求政府不得采购来自华为、中兴和海康威视等中国企业的产品。[2]在当时看来，在没有任何证据的情况下作出如此规定，有悖于市场公平的原则，存在很大的法律争议。

值得一提的是，立法也成为美国国会加强在网络对外事务中影响力的重要手段。美国政府为应对伊朗和俄罗斯在网络安全领域的挑战，专门加强了与以色列和乌克兰的合作。以《2017 年美国—以色列网络安全提升法案》（United States-Israel Cybersecurity Cooperation Enhancement Act of 2017）为例，在展开与以色列的国际合作中，负责人有权与国务院协调同

---

[1] Cynthia Brumfield, "The Cybersecurity Legislation Agenda: 5 Areas to Watch", *CSO*, Feb 21, 2019. see at: https://www.csoonline.com/article/3341383/the-cybersecurity-legislation-agenda-5-areas-to-watch.html.

[2] H.R. 5515: "National Defense Authorization Act for Fiscal Year 2019", pp.163—164.

以色列就强化网络安全功能、防备网络威胁进行合作研究。[1]再比如，《2017年乌克兰网络安全合作法案》(Ukraine Cybersecurity Cooperation Act of 2017)中要求美国和乌克兰情报执法机构之间应加强网络安全政策方面的合作，并改进美国对网络罪犯的引渡程序。[2]该法案内容包括启动美乌双边网络安全威胁方面的会谈，以及加强同其他执法伙伴，比如欧洲刑警组织和国际刑警组织的多边会谈；与乌克兰和其他盟友合作，遏制和打击网络犯罪分子；与乌克兰合作制订能力建设计划，包含情报共享、美国执法人员前往乌克兰协助调查，建立美国和乌克兰的通信网络和热线；针对乌克兰向美国情报或执法机构的援助请求进行量化评估。美国国会虽然关注国际事务，但是类似以色列、乌克兰这样专门立法，并且对行政部门提出了具体要求的法律也并不多见。[3]由此可见，美国国会高度重视网络安全问题，甚至很多情况下走在了行政部门之前，主动赋予行政部门更多权力，要求行政部门采取更多行动。这显然有别于国会制约行政部门的传统作用。

特朗普政府上台后，国会批准的网络安全预算资源投入也实现了大幅增加。网络安全作为重点工作领域，人才和资源的投入必不可少，其中预算投入是最重要指标之一。在国会的大力支持下，网络安全也因此成为特朗普政府预算增长最快的领域之一。2019财年预算中，150多亿美元用于网络安全相关活动，比2018财年预算高出5.83亿美元（4.1%），增长幅度在所有领域中处于领先位置。值得注意的是，由于网络安全活动的敏感性和高度机密性，还有大量情报机构的网络安全预算并未包括在内。在网络安全预算分配过程中，国防部、国土安全部、司法部等网络安全部

---

[1] House Passes Bipartisan Bill to Enhance U.S.-Israel Cybersecurity Cooperation，*AIPAC*，February 1，2017，https：//www.haaretz.com/us-news/jewish-insider-s-daily-kickoff-february-1-2017-1.5493332.

[2] Adrian Karmazyn，"US Ukraine Cybersecurity Cooperation Ukraine Viewed As Having Important Capabilities"，*US-Ukraine Foundation*，Feb 9，2018.

[3] H.R.1997："Ukraine Cybersecurity Cooperation Act of 2017"，Congress，Feb 8，2018. https：//www.congress.gov/bill/115th-congress/house-bill/1997/text.

门得到了大量的预算支持。国土安全部获得 17 亿美元的网络预算，用于联邦政府的网络安全保护；司法部和财政部的网络安全预算也进一步分别提高到 7 亿美元和 5 亿美元。特别需要注意的是，国防部在 2019 财年网络安全预算为 85 亿美元，增加了 3.4 亿美元，整体上占据了特朗普政府网络安全预算一半以上的份额。[1]预算资金是国会对行政部门发挥影响力的重要方面，批准大幅增加网络安全预算表明国会对网络安全能力建设的重视。

（三）加强跨部门协调打造网络空间"全政府"模式

"全政府"模式原是一种节约成本的公共政策理念，即鼓励不同部门整合资源，实现最大化利用。由于网络空间具有议题复杂、相互融合度高等特征，涉网职能部门存在职能交叉和效率低下的特点，为协调各部门形成合力，拜登政府全力推进"全政府"模式，集中体现在网络安全防护和对外协调行动方面。

在网络安全防护方面，2018 年成立的网络安全与关键基础设施安全局（CISA）在联合各部门加强网络态势感知、威胁情报共享等方面的总体协调作用进一步强化，成为拜登政府打造网络安全"全政府"防护的支点。CISA 目前已成为国土安全部行使网络安全职能的主要机构，在《改善国家网络安全行政令》中也承担了绝大部分的保障任务，包括在新设立的网络安全审查委员会中担任总协调的角色，联合国防部、司法部、国家安全局、联邦调查局以及私营部门评估重大网络事件，审查各机构的安全响应计划。美国政府也给予 CISA 预算和机制上的保障，在 2021 年 3 月通过的 1.9 万亿美元的新型冠状病毒救援计划中，6.5 亿美元用于 CISA。

在机制建设方面，CISA 参照"网络空间日光浴委员会"建议，仿照众议院和参议院的国土安全委员会，在 2021 年 8 月初宣布成立"联合网络防

---

[1] Phil Goldstein, "Cybersecurity Funding Would Jump in Trump's 2019 Budget", *FedTech*, Feb 15, 2018.

御协作"机制（Joint Cyber Defense Collaborative, JCDC），致力于加强政府与私营部门之间的防御行动和信息共享。该机制目前已囊括包括联邦调查局、国防部、司法部、国家安全局等政府部门，以及亚马逊云服务（AWS）、AT&T、谷歌云（Google Cloud）、微软、威瑞森和火眼等私营企业。

三、 对外政策的保守化

在保守的网络安全意识形态、地缘政治博弈和国际秩序思想影响下，特朗普政府的网络安全战略体现为三个基本特点：强调意识形态斗争、关注地缘政治博弈，以及不信任国际制度。具体而言，特朗普政府网络安全政策的一项重大调整在于从奥巴马政府的寻求攻守平衡转向了更具进攻性的网络安全政策。特朗普政府不仅从政策和法律角度投入了前所未有的资源支持国防部网络军事力量建设，将网络司令部升格为战略司令部，还废除了奥巴马政府时期为避免网络行动引发不可预测后果所制定的一系列限制措施。与此同时，网络外交部门被重组，国务院的传统作用受到限制，而执法机构和情报机构在网络对外事务中占据了主导地位，与国防部一道推动网络对外事务向武力化转型。此外，国土安全防御也一改过去虚大于实的地位，实现了从保护联邦政府网络安全向统筹联邦政府、关键信息基础设施和私营部门网络安全保护的权力扩张。

（一）网络军事的实战化

在特朗普政府信奉强大军事力量思想的指引下，网络军事力量成为展现美军实力新的增长点，美国网络军事发展从防御性的能力建设进一步转向实战化，实现了从积极防御向主动进攻的转变。在网络力量建设方针上，国防部近年来的机构改革也更加突出了网络力量在全军中的配置。将网络司令部升格为独立作战军种之后，各军种的网络作战力量与网络司令部之间形成了自下而上的统分结构，网络军事力量基本完成与空军、陆军等一样的全军种覆盖。[1]自此，网军实战化发展的组织条件已经基本具备。从美国网络军事力量转型的过程来看，网络军事发展的实战化倾向由以下三个重大转变开始。

首先，网络行动的指导思想从主动防御转向探索开展进攻性网络行动策略，并提出"前置防御"和"先发制人"的战术概念。拜登政府时期，美国将发展进攻性网络能力作为网络威慑的重要组成部分，其网络司令部自 2018 年以来已经在 14 个国家开展至少 24 次"前出狩猎"行动，这类进攻性行动为拜登政府奠定持续前出的基础，新任国防部长劳埃德·奥斯汀在上任后即表示对特朗普任期内推行的前置防御网络战略的认可，并承诺在未来三年内增加 14 个网络任务部队执行进攻和防御行动。在美国推动下，北约在新发布的《网络防御政策》中明确出台积极防御举措，且不排除就网络攻击采取军事行动。

其次，网络能力建设突破了"军地有别"的藩篱而向民用领域发展。从《国防部网络战略》（以下简称《网络战略》）中可以发现，美国国防部网络力量建设的指导思想已经从"防御"和"保护"转向了攻防兼备，并且突破了以往与私营部门合作的边界，将网络军事防御进一步扩大到民用领域，包括民用关键基础设施。新版《网络战略》明确提出，鉴于一些民用资产对美军确保在网络空间中绝对优势的重要意义，国防部还必须保护好国防关键信息基础设施（DCI）和国防工业基地（DIB）的网络系统与设备。[2]此外，国防部还改变了与私营部门合作的模式，从过去仅提供网络技术支持和技术的商业化指导，升级为与私营部门建立"可信赖的合作伙伴关系"，从而将私营部门纳入其网络行动部署的考虑范围，使国防部得以通过私营部门来获取更多的网络资源和更为广泛的态势情报。[3]值得注意的是，美国历来的规范和法律传统都限制军队在国内事务中的作用，然而，当前国防部网络力量的投射已经超越这些限制。将国防部的网络活动范围

［1］ 陈婷：《跨域融合：美国"网军"建设发展新动向》，《信息安全与通信保密》2018 年第 6 期，第 36—40 页。
［2］［3］ DOD, Summary of Department of Defense Cyber Strategy, September 18, 2018.

延伸至民用领域，极有可能打破传统的"军民平衡"体系。国防部与私营部门的合作不仅突破了美军不涉足美国国内事务的传统，并且与现存的美国法律体系相违背，需要国会进行授权。此外，国防部的职责是保护美国的网络安全，以及支持国土安全部和司法部履行其国内网络安全防御职能，国防部网络活动的向内拓展将在某种程度上与国土安全部和联邦调查局的国内网络安全职能重叠交织，这有可能造成国防部对国内其他部门在职能上的压制和过度军事化的问题。

最后，网络行动的范围实现了从虚拟的网络空间向物理世界扩张。网络司令部成立的初衷主要是保护美军的网络和系统的安全，但是 2018 年特朗普政府将网络司令部升格为独立军种后，其核心任务中增加了支持其他作战司令部在世界各地的行动，以及加强美国抵御和应对网络攻击的能力等内容。具体而言，网络司令部将不再限于网络空间内的作战行动，而同时要配合其他军种的作战部队在现实世界中进行军事活动。据美国媒体报道，2018 年美国陆军已经开始与艾斯卡尔高级技术研究所（The Escal Institute of Advanced Technologies，亦称"SANS 研究所"）合作开展实战演习，以现实世界中的城市和港口、电力系统等基础设施作为训练场景，通过地面部队和网络部队的协同作战来应对网络攻击所带来的物理损害。[1] 此类演习的重要目的之一就是将网络行动的范围从网络空间延伸至现实世界，以实现网络军事力量的运用与战场实况的有效衔接。

（二）网络对外事务的武力化

特朗普政府网络安全政策在对外事务上的特点可以被归纳为轻视网络外交、武力化网络对外事务。

网络外交在奥巴马政府时期是美国网络空间国际战略的基石，也是网络空间安全战略的核心支柱之一，旨在加强美国在网络空间的国际合作和

---

[1]　SANS, "SANS Joins Forces with the US Army to Train our Nation's Cyber Soldiers", August 7, 2018，https://www.sans.org/press/announcement/2018/08/07/1.

推动国际治理机制构建。奥巴马政府设立网络事务办公室，任命了网络事务协调员，并且积极与各国开展网络外交对话，认为无论网络关系处于何种情况下，网络外交对于维护稳定、促进互信、危机管控都具有不可或缺的作用。[1]特朗普政府始终不太重视国务院的工作，直至今日，国务院的很多职位还处于空缺状态。与传统外交相比，网络虚拟性（测量难）和抵赖性（核查难）客观上增加了对网络协议遵约监督的难度。[2]这进一步促使特朗普政府认为，对手不会认真对待签订的网络协议，只有加上威慑惩罚手段，才能确保对手履行合作协议。与此同时，美国与其他国家的对话交流明显减少。中美网络空间国际规则高级别专家组和执法与网络安全对话仅开展一次就陷入暂停状态。美俄网络安全工作组因"棱镜门"事件被终止，至今未能恢复。不仅如此，美国与盟友国家之间的网络对话也基本没有继续。总体而言，特朗普政府的网络外交对话基本陷入了中断状态。

在特朗普推行"美国优先"政策损害盟友利益后，拜登上台后即将网络议题作为拉拢盟友的抓手，分阶段、分批次推动网络空间同盟复苏，构建"小核心大外围"的网络同盟圈。

一方面，拜登仍将主要精力放在修复与核心盟友的合作上，以小多边形式在联合溯源、共同制定国际网络规则上加强协同，包括将与日本在网络空间的防务合作纳入《新时代美日全球伙伴关系联合声明》，加强与韩国的网络威胁信息共享，联合澳大利亚网络安全中心（ACSC）和英国国家网络安全中心（NCSC）发布网络漏洞预警等。另一方面，拜登政府陆续"返群"，返回多边国际网络论坛，强化"群主"地位，包括推动七国集团发表公报，在打击勒索软件、供应链安全、互联网开放等方面体现美国政府意志，重新引领二十国集团、亚太经合组织等多边机制中的网络议题，推动

---

[1] The Whitehouse, "International Strategy For Cyberspace: Prosperity, Security And Openness In A Networked World, Washington", May, 2011.

[2] Thomas Rid and Ben Buchanan, "Attributing Cyber Attacks", *Journal of Strategic Studies*, Vol.38, No.1—2 2015, pp.4—37.

北约发布《布鲁塞尔宣言》，更新网络防御政策，动员北约各成员国承认美国所提倡的网络行动规则。

与此同时，为向外界清晰传达美国将采取实际举措应对恶意网络行动的决心，美国近年来增加了对于网络攻击者的"点名和羞辱"（Naming and Shaming）以及司法和财政制裁举措。拜登政府上台后更加积极联合盟友进行集体归因，以提高所谓指控的可信度。2021 年 4 月，拜登政府以干预 2020 年美国大选、发动"太阳风"网络攻击事件等为由，宣布对俄罗斯实施制裁，并因此驱逐 10 名俄罗斯外交官。

（三）国土网络安全防御的实权化

如果说实战化的网络军事和武力化的网络对外事务体现的更多的是主动进攻，加强国土网络安全的建设则体现了一种积极防御的理念，即旨在通过提升网络安全的态势感知、威胁分析以及韧性能力来加大对攻击者的威慑。奥巴马政府时期，作为国土网络安全保护的主要部门，国土安全部原则上负责联邦政府和美国关键信息基础设施保卫工作，并建立了"爱因斯坦系统"负责国家网络安全态势感知。然而其一直被认为有名无实，缺乏相应的技术能力和人才资源，其职能也受到国家安全局、联邦调查局等情报机构的挤压。[1]制约国土安全部发挥作用的主要因素是网络安全的重要性和敏感性，由于许多事务涉及内部隐私，其他联邦政府部门不愿自身在网络安全事务上的管辖权旁落。同样，美国的关键信息基础设施主要掌握在私营部门手中，这些企业也不愿意与国土安全部分享相关的信息。实际上，被寄予厚望的"爱因斯坦系统"也遭到技术不过关的质疑。这些因素使得国土安全部在网络安全领域未能发挥真正作用。

特朗普政府上台后，一方面着力解决国家安全委员会和白宫对国土网络安全防御多头管理的问题，保守主义的代表人物约翰·博尔顿担任美国

---

[1] 左晓栋主编：《美国网络安全战略与政策二十年》，电子工业出版社 2018 年版，第 248—250 页。

国家安全助理后，撤除了负责国土、反恐、网络事务的国家安全助理和白宫网络安全特别助理两大重要岗位，实现国家安全委员会对网络安全的直接领导，以更加强硬的姿态来推动国家安全和网络安全的融合。[1]另一方面，显著提升国土安全部在网络安全领域的地位，不仅投入大量的政策和资源支持，还赋予国土安全部更大的权力和行动空间，要求掌握大量关键信息基础设施的私营部门更加主动地配合国土安全部的领导。奥巴马政府时期更强调通过私营部门和非政府组织在网络安全领域的重要作用，通过公私合作的方式来维护美国网络安全，但问题在于私营部门缺乏配合的动力。特朗普政府则赋予国土安全部在态势感知、威胁情报共享等方面的能力，运营关键信息基础设施的企业只有加强与国土安全部的合作，才能获得政府提供的有关网络安全信息以及相应的业务指导。国土安全部通过这种垄断并有选择地提供公共服务的方式来迫使企业就范，将权力延伸到私营部门领域。

正如"9·11"事件成就了美国国土安全部，"太阳风"事件使得CISA正式成为美国网络安全的核心部门。CISA从其诞生起就具有相当高的关注度，"网络空间日光浴委员会"明确要将其打造为支持和整合联邦政府、州和地方政府以及私营部门网络安全措施的中央协调机构。再加上国会两党的青睐，CISA权力不断扩大，在2021年的国防授权法案中直接获得了行政传票的权力，可以要求互联网服务提供威胁信息，以及要求在联邦网络中搜寻威胁的授权。CISA前局长克里斯托弗·克雷布斯因违背特朗普意志说出"2021年的总统选举是史上最安全的"而被辞退后，"敢于对抗强权"的光辉使得CISA再次声名大噪，各类要求加强CISA预算的国会提案持续出现。"太阳风"事件后，CISA也适时地表示"缺乏处理重大问题的资金"的困难，使其在拜登的疫情救助计划中直接获得6.9亿美元资助，充足的资金与授权使得CISA在拜登政府时期大放异彩，致力于实现美国历届政府希

---

[1] Brain Barrett, "The White House Loses Its Cybersecurity Brain Trust", *Wired*, 16 April, 2018.

望整合的各部门网络能力，其积极筹建的联合网络防御协作中心（JCDC）成为实现集体防御的重要抓手。

（四）信息通信技术的国家化

特朗普政府在网络安全领域调整的重要趋势之一就是推动信息通信技术的国家化，包括信息通信技术国有化、民用网络技术的军事化、国家对"零日漏洞"的囤积等。[1]这不仅影响到美国企业的独立性，也对全球信息通信技术市场以及供应链安全带来严重挑战。

一是试图直接干预信息通信行业的发展，特别是提出要对5G行业的发展实现国有化。特朗普最初曾提出进行5G国有化以维护美国国家安全的设想，但因多方抵制而未能成功。[2]随后，特朗普政府调整策略，设立一个由联邦通信委员会（FCC）负责的200亿美元的基金，用于加强美国政府在5G领域的投资建设。[3]特朗普政府还废除了奥巴马政府制定的"网络中立"政策，赋予通信企业更大的定价自主权，此举引发了巨大争议。特朗普政府从国家安全的角度来干预信息通信行业的发展趋势愈发明显，这对信息通信市场发展的生态产生了严重影响。

二是对漏洞的国有化。漏洞对于网络安全而言具有重要的意义，是指在计算机硬件、软件、协议中存在的缺陷，这些缺陷可以被攻击者利用对系统进行控制、攻击、渗透、破坏，以及窃取网络中的数据。大多数情况下，网络安全的进攻与防御都是围绕对漏洞的挖掘与打补丁展开的。美国网络军事力量和情报机构的重要任务就是发现漏洞，并利用漏洞来开发各种攻击武器。[4]

---

[1] Erin Winick, "The Trump Administration Says It Wants to Nationalize the 5G Network", *MIT Technology Review*, Jan 29, 2018.

[2] David Shepardson, "Trump Says He Opposes Nationalizing U.S. 5G Network", *REUTERS*, April 12, 2019.

[3] Edward Baig, "U.S. Establishes ＄20.4 Billion Fund to Bring 5G to Rural America: What 5G Means for You", *USA Today*, April 14, 2019.

[4] GAO Report, "DOD Just Beginning to Grapple with Scale of Vulnerabilities", Oct 2018, https://www.gao.gov/assets/700/694913.pdf.

由于网络市场的高度垄断性，产品和服务属于军用还是民用难以区分，因此，军事和情报机构进行网络漏洞挖掘的主要目标是面向全球提供服务的美国互联网企业，如英特尔、微软、甲骨文、思科等。给全球造成巨大损失的"想哭"病毒就是源自黑客利用美国国家安全局针对微软办公自动化系统发掘的"永恒之蓝"漏洞。出于渗透他国系统的目的，国家安全局发掘了这一漏洞。但由于国家安全局的网络受到影子经纪人（shadow broker）黑客组织的攻击，该漏洞被窃取并于暗网兜售，从而流入其他黑客组织手中被用来制作勒索软件。各国政府本应加强合作，发现漏洞并告知企业及时打上补丁，以共同维护系统安全，但特朗普政府更多把漏洞作为一项战略资源进行使用。如在《瓦森纳协定》的新出口限制禁令中，美国就将未公开的软件漏洞视为潜在的武器进行限制和监管。[1]在其2017年颁布的《漏洞公平裁决政策和程序》中提出漏洞公平裁决程序，通过决策选择保留部分漏洞信息，以便在今后实施黑客入侵或者是进行军事方面的利用。

三是以国家安全为名加强对私营部门的干预。网络安全机构的权力在特朗普政府手中进一步得到扩张，不仅体现在联邦政府内部，也愈发表现在向美国社会的扩张上。特朗普政府将基于自愿协作的公私合营模式，转变成政府主导、私营部门参与配合的合作模式。美国90%的关键信息基础设施由私营部门运营，企业出于维护自身独立性等考虑，并不愿意过多地与政府共享信息，成为政府战略的一部分。特别是"棱镜门"事件后，将用户信息共享给美国国家安全局的互联网企业如微软、脸书、谷歌等，都遭遇了巨大的国际、国内批评声音。尽管如此，政府还是采取了多种手段来逼迫企业就范。首先，通过制造强大舆论向企业施加压力，指责其不以美国国家利益为优先。其次，通过合作来拉拢企业。美国政府将大量网络安全预算投向网络安全和互联网企业，获得大量政府订单的企业自然心甘情愿为美国政府效力。最后是以公共服务为工具，通过信息共享机制来施

---

[1] Garrett Hinck, "Wassenaar Export Controls on Surveillance Tools: New Exemptions for Vulnerability Research", *Lawfare*, Jan 5, 2018.

加压力，对于不加入政府计划的企业，则不与之分享相关有害信息。对企业来说，网络威胁情报对于做好网络安全的防范工作具有重要意义。[1]在美国政府掌握大量有价值的有害网络信息的情况下，企业只有与政府合作才能获得后者提供的信息，而加入分享计划的企业则需要积极配合政府调查，并向政府提供相关信息。

四是将更多的民用网络技术应用到国家安全领域。传统的军民两用技术往往是先应用在军事领域，随后再扩展到民用领域。在网络领域，这一趋势恰恰相反，很多核心技术是由互联网企业所掌握，例如特朗普政府与谷歌合作建立人工智能作战系统，采购亚马逊物流系统服务于军事目的。[2]作为面向全球提供产品和服务的互联网企业，用同样的技术同时服务美国军方和国际市场会带来很大的道德问题和安全隐患，使得美国企业在国际市场上的拓展面临更加复杂的环境。在这种情形之下，美国企业普遍不愿意与政府，特别是与安全机构有过多的合作，以免引起外界的质疑。而这些企业一旦与美国国家安全机构合作来危害其他国家的利益，则必然会面临对象国乃至全球消费者的抵制。苹果公司与联邦调查局之间围绕着提供苹果手机的解密程序开展了多轮的司法斗争，就是反映了互联网企业的这种担心。可以预见，美国政府将更多地利用行政资源，以国家安全为名来干预市场。由此将导致严重的后果，包括对全球创新链的破坏、全球技术生态体系的分裂。

五是定点打击其他国家信息通信技术、网络安全领域的领先企业，综合运用政治、执法、市场等多种手段来实现目标。特朗普政府认为，网络科技实力是国家安全战略的基础，中国之所以能对美国构成威胁就是因为其获取了大量美国的网络科技。因此，阻断核心技术、产业和人才领域的

---

[1] "6 Reasons Why Cyber Threat Intelligence Matters", *EC-Council*, Feb 12, 2019, https://blog.eccouncil.org/6-reasons-why-cyber-threat-intelligence-matters-and-how-ctia-helps/#:~:text=Here%20are%20six%20reasons%20why%20cyber%20threat%20intelligence，help%20others%20prevent%20such%20attacks%20from%20occurring.%20.

[2] David E. Sanger, "Microsoft Says It Will Sell Pentagon Artificial Intelligence and Other Advanced Technology", *The New York Times*, Oct.26, 2018.

交流，将中国踢出全球网络创新体系和供应链体系将会对中国釜底抽薪，从根本上削弱中国对美国的技术和安全威胁。但是，中国科技实力的崛起已经成为现实，在5G、人工智能和量子通信等技术领域甚至已经开始展现出领先态势，特朗普政府的遏制或者脱钩做法只会在经济和科技层面分裂现有的信息通信技术全球创新生态体系，促使中国建立自己主导的全球创新体系和供应链体系。

拜登政府时期则高度重视发挥标准和技术防护在提高各组织网络安全风险管理实践上的作用。拜登上台后在网络空间颁布的纲领性文件，如《改善国家网络安全行政命令》《改善关键基础设施控制系统网络安全备忘录》《关于保护美国人的敏感数据不受外国敌对势力侵害的行政令》均将标准建设放在非常重要的位置，美国国家标准与技术研究院（NIST）的作用得到凸显，承担了制定关键基础设施保护标准的重要职能。为此，美国政府开始筹划提高NIST授权，如众议院科学、空间和技术委员会提出两党立法《NIST未来法案》（NIST for the Future Act），要求为NIST重新授权，更新NIST在制定网络安全标准和最佳实践方面的权力和责任，包括在供应链管理、软件开发、云计算和隐私保护等方面的职责。

第六章

网络空间不稳定及其影响

随着网络空间与物理空间的深度融合，人类社会从工业化时代进入信息化时代。信息化时代，人类的生活、生产、思考方式都面临着网络结构的重塑。对国家而言，在安全、经济和政治领域都面临着网络带来的新挑战。信息通信技术在时间和空间上实现了信息的实时、全球传输，改变了传统基于时间和地理空间而形成的地缘空间概念，基于物理世界地缘政治演进而形成的全球秩序正面临着越来越大的冲击。另一方面，网络空间自身的秩序构建也面临着网络安全、大国政治博弈等方面的阻碍。稳定成为分析网络空间及其影响的重要因素。

通过前文所述，战略稳定涉及的主要领域包括核武器、大国关系和国际政治、安全、经济体系。本章的第一节从战略稳定的基础出发，分析了网络安全对核武器指挥控制系统带来的风险，探讨了这些现象如何为核战略稳定态势带来挑战；第二节主要分析了网络空间对大国关系的影响，认为网络充分加剧了大国博弈的进程；随后，第三节分析了网络对国际政治、安全和经济所带来的颠覆性影响。

第一节

————

网络与核领域的不稳定

网络安全加剧了核指挥控制系统的不稳定。

随着核武器的指挥、控制与通信系统的发展，信息化、网络化程度的不断提升，其发展在强化了核战略力量的同时，也面临着日益严峻的网络安全威胁。因此，核武器的指挥与控制系统和卫星通信系统存在巨大的网络安全风险，对核安全造成冲击，从而影响核领域的长期稳定。由于核武器所具有的特殊性，任何针对核武器的网络安全事故都会导致国家的警惕、焦虑、困惑，削弱国家对于核威慑力量的可靠性和完整性的信心，从而导致重大的危机升级和破坏性后果。相对于传统核大国之间在核威慑、危机管控、冲突升级/降级等方面具有的成熟经验，国家对于网络对核武器所造成的威胁缺乏全面、准确的认知，对于危机管控和冲突降级的举措缺乏共识。因此，网络安全已经成为影响核稳定的重大挑战，需要尽快建立相应的稳定机制。

近几年，有关网络对核系统的威胁的关注持续增多。一方面，众多前军事和国防官员表达了对网络威胁对核指挥、控制和通信系统（NC3）的影响的担忧；另一方面，众多学者也对网络核风险进行了全面分析。在前一方面，美国战略司令部前指挥官詹姆斯·卡特赖特（James Cartwright）认为核指挥和控制系统容易受到网络入侵，从而导致核武器的错误使用。[1]英国前国防大臣德斯·布朗（Des Browne）则要求英国政府对三叉戟系统进行评估，以确保网络攻击不会影响其威慑力。[2]

---

[1] Robert Burns, "Ex-commander: Nukes on High Alert are Vulnerable to Error", *AP NEWS*, April 30, 2015, https://apnews.com/e970363945364db79dff94240956c2c4.

[2] Nicholas Watt, "Trident Could be Vulnerable to Cyberattack, Former Defense Secretary Says," *The Guardian*, Nov. 23, 2015. https://www.theguardian.com/uk-news/2015/nov/24/trident-could-be-vulnerable-to-cyber-attack-former-defence-secretary-says.

俄罗斯军方和国防官员同样非常担心旨在削弱俄罗斯指挥和控制能力的网络攻击。[1]

在后一方面，查塔姆研究所的报告和"核威胁倡议"（Nuclear Threat Initiative）描述了一系列可能发生的网络核风险的情况。[2]安德鲁·富特指出，网络威胁可能破坏"相互确保摧毁"（MAD），并最终引发核武器的使用。[3]大卫·贡佩尔和马丁·利比奇认为，尽管数字技术不一定会危害核和平，但对核大国 NC3 的网络行动可能引发核战争。[4]乔恩·林赛研究了针对 NC3 的攻击性网络行动可能导致的组织崩溃、决策混乱以及核危机中的理性误判。[5]还有学者分析了网络行动的模糊性可能破坏网络—核互动的稳定性。[6]一些国内学者则探讨了网络攻击与核稳定之间

[1] M.V. Ramana and Mariia Kurando, "Cyberattacks on Russia—The Nation with the Most Nuclear Weapons—Pose a Global Threat", *Bulletin of the Atomic Scientists*, Vol.75, No.1, 2019, p.44—50.

[2] Page O. Stoutland and Samantha Pitts-Kiefer, "Nuclear Weapons in the New Cyber Age", *Nuclear Threat Initiative*, September 2018, https://media.nti.org/documents/Cyber_report_finalsmall.pdf; Beyza Unal and Patricia Lewis, "Cybersecurity of Nuclear Weapon Systems: Threats, Vulnerabilities and Consequences", Chatham House, January 2018, https://www.chathamhouse.org/sites/default/files/publications/research/2018-01-11-cybersecurity-nuclear-weapons-unal-lewis-final.pdf.

[3] Andrew Futter, *Hacking the Bomb: Cyber Threats and Nuclear Weapons*, Washington, D.C: Georgetown University Press, 2018. p.124.

[4] David C. Gompert & Martin Libicki, "Cyber War and Nuclear Peace", *Survival*, Vol.61, No.4, 2019, p.45—62.

[5] Jon Lindsay, "Cyber Operations and Nuclear Weapons", *NAPSNet Special Reports*, June 20, 2019, https://nautilus.org/napsnet/napsnet-special-reports/cyber-operations-and-nuclear-weapons/.

[6] 参见，例如，James Acton, "Escalation through Entanglement: How the Vulnerability of Command-and-Control Systems Raises the Risks of Inadvertent Nuclear War", *International Security*, Vol.43, No.1, Summer 2018; Erik Gartzke and Jon R. Lindsay, "The Cyber Commitment Problem and the Destabilization of Nuclear Deterrence", in Herbert Lin and Amy Zegart, *Bytes, Bombs, and Spies: The Strategic Dimensions of Offensive Cyber Operations*, Washington, D.C: Brookings Institution Press, 2018; Lawrence J. Cavaiola, David C. Gompert and Martin Libicki, "Cyber House Rules: On War, Retaliation and Escalation", *Survival*, Vol.57, No.1, 2015, 81—104; Paul Bracken, "The Cyber Threat to Nuclear Stability", *Orbis*, Vol.60, No.2, 2016; Stephen J. Cimbala and Roger N. McDermott, "A New Cold War? Missile Defenses, Nuclear Arms Reductions, and Cyber War", *Comparative Strategy*, Vol.34, No.1, 2015, pp.95—111。

的动态关系。[1]

根据网络安全的情况来看，核武器面临的网络安全风险主要包括指挥与控制系统面临网络入侵的风险，从而导致对核武器进行系统性控制的能力下降。虽然各国都将保护核武器指挥与控制系统作为网络安全的重中之重，但并不一定能确保系统一定会免于网络攻击。"震网"病毒对伊朗制造核原料的离心机的破坏已经表明，核设施已经是网络攻击的重点目标。由于核设施具有高度的敏感性，对于核武器信息化和网络安全的维护也是极度保密的领域，仅限于极少数的人员参与。这种情况下，如何在确保核指挥与控制系统在性能不降级的情况下依旧能够保证其安全性是一项艰巨的挑战。另一种情况是，核武器的预警系统面临的网络攻击的风险是通信被切断，导致态势感知出现故障。用于预警、决策和响应以及用于操作控制的数据的完整性受到破坏和操纵（可能出现在所有级别），从而有可能破坏态势意识并扭曲预警和响应流程。此外，与其他的关键信息基础设施面临的网络风险一样，核指挥与控制系统还面临着供应链方面的风险、系统自身网络安全风险等多方面风险来源。

网络安全复杂的环境使得国家对网络与核的稳定性高度敏感和谨慎。核指挥与控制系统面临的网络安全威胁，网络间谍活动与攻击之间的界线模糊，攻击的潜在传染性和连锁效应（除了最初针对/受损的攻击之外），加上对犯罪者身份及其意图的持续不确定性，使网络行动容易在不经意间造成高度破坏性的影响。目前，有四种类型的场景使网络安全可能会对核NC3造成威胁。

第一种类型是在敌人的NC3系统核心内部收集数据的网络间谍活动。

---

[1] 参见，例如，Xu Longdi, "Cyberattack，Nuclear Safety and Strategic Stability"，*Information Security and Communications Privacy*，No.9，2018；Xu Weidi，"Strategic Stability and its Relations with Nuclear，Outer Space and Cyberspace"，*Information Security and Communications Privacy*，No.9，2018；Cui Jianshu，"Modernization of Nuclear Power of the US and Strategic Stability in Cyberspace"，*China's Information Security*，No.8，2019；Jiang Tianjiao，"Cross Domain Deterrence and Strategic Stability in Cyberspace"，*China's Information Security*，No.8，2019。

当间谍活动被发现时，目标国可能将其 NC3 的立足点以及对情报的侦察和渗漏解释为即将升级为武装冲突的序幕，而武装冲突可能会升级，尤其是对其核力量的攻击。第二种类型涉及网络间谍活动，但是在这种情况下，它是在双重用途系统中发生的，或者发生了支持或与 NC3 连接的其他元素，也许没有充分了解它们的核联系。潜在目标包括：两用 NC3 系统——尤其是预警资产、电力供应或其他支持 NC3 的辅助系统。尽管不如第一类敏感，但这些行动可以类似地解释为通常的攻击，尤其是对核力量的攻击的指示和准备。第三种类型涉及针对双重用途的 NC3 系统或与 NC3 连接的辅助系统的网络攻击，但无意影响其核功能。潜在目标可能包括：两用 NC3 系统——尤其是其预警资产、电力供应或其他辅助元件。不管犯罪者的意图如何，这种行动都可能影响目标国家的核功能，或者至少被目标国理解为具有这种目标。第四种类型涉及以下情况：对对方意图的严重怀疑与对己方的 NC3 容易受到对手网络攻击的脆弱性的担忧，两者共同导致过度反应和危机升级。对事故、技术故障或人为错误的误诊可能会（至少暂时）归因于网络攻击，或触发导弹袭击的错误警告。随着将人工智能算法整合到 NC3 架构中，这些场景的前景会越来越大。各国会通过采取可能带来更大的危机不稳定风险的政策来应对对其核力量脆弱性的忧虑，例如"警告启动"或下放预授权给当地部队。

长期的不稳定影响很可能包括军备竞赛和随之而来的危机不稳定性。其他可能包括通过预先授权发射将人工智能纳入分析和决策来补偿对 NC3 失去信心的压力，但是最大的不利影响将来自对核威慑可靠性的信心丧失。此外，各个级别的运行者和决策者可能未完全理解或预期其自身的网络行动可能如何溢出并影响其他领域。官员们可能不理解为什么他们自己的能力或行为似乎会威胁到他人，以及如何威胁他人。他们可能无法评估其他人对其行动作出反应时可能发生的连锁反应。在如此复杂的技术和政治官僚环境中，每个人都容易夸大其他人构成的威胁。

综上所述，网络安全给核 NC3 带来了多方位的风险挑战，这种挑战已经对战略稳定造成了重要影响。因此，从战略高度来看待网络对核领域所带来的风险，并加强相应的机制构建，维护核战略稳定已经成为网络稳定的重要内容。

第二节

———

网络空间大国关系的不稳定

一、 网络空间大国关系

互联网的诞生、发展深受国际格局变化的影响。20 世纪 60 年代，为了应对"核战争"的威胁，美国政府资助了"去中心化"的通信基础设施"阿帕网"，寻求在"通信中心"遭受打击后，依然能够保持通信和指挥的畅通，由此建立了互联网的雏形。20 世纪 90 年代初"柏林墙"的倒塌标志着冷战结束，互联网成为穿透"铁幕"的先锋力量。在克林顿政府大力推动"信息高速公路"战略的引领下，各国政府纷纷开始"接入"互联网，互联网才由此成为真正的全球互联网。互联网发展的第二个阶段是网络空间的崛起，它极大地促进了全球商业活动、科技合作和人文交流，加大了主要大国之间的相互依赖程度，为人类社会发展与繁荣带来了新的动力。"棱镜门"事件后，网络安全的重要性开始凸显，成为各国国家安全领域面临的重大风险，并极易引发大国之间的新冲突，危及网络空间和国际体系的和平与发展。

由此可见，国家不仅是当前国际体系中最重要的行为体，也是网络空间中最重要的力量，其身影一直伴随着互联网的诞生、发展，也影响着网络空间的冲突与和平、分裂与统一。大国关系不仅成为网络空间全球治理的新议题，也是构建网络空间秩序的关键因素。网络空间大国关系是物理世界大国关系在网络空间的同态映射，不仅受到物理世界大国关系的影响，也被网络空间自身的属性所改变。网络空间崛起不仅给传统大国关系带来了新的变量，同时也诞生了新的力量格局、行为模式和治理理念，加剧了大国在网络安全、发展和治理领域的冲突与对抗。

网络空间大国关系晚于物理空间大国关系的出现，其发展和成熟程度也远远落后。当国际体系已经从"霍布斯文化"演进到"洛克文化""康德文化"，仅仅拥有 50 年历史的网络空间还处于建章立制的初期。尽管关于网络战争、网络空间军事化、网络武器扩散的担忧在不断上升，但各方对于网络安全的理解还存在较大的差异，各国对维护网络空间和平的路径也有不同的方案。秩序缺失加剧了安全困境，信任赤字增加了国际合作的难度，各国政府不得不通过"自助"的方式维护自身的安全，这使得网络空间更多地呈现出经典现实主义对国际体系所描述的状态：围绕着权力的争夺成为大国关系的主线；对国际制度采取不信任的态度，更倾向于以"自助"的方式来维护自身安全；对安全的重视高于其他领域，甚至不惜牺牲经济的效率和社会的活力。

二、 网络空间大国关系加剧了不稳定

随着网络空间战略地位的提升，空间中的大国关系总体上的战略博弈加剧。全球网络安全逐步陷入困境，大国在政治上相互不信任，并且在信息通信技术相关的商业领域博弈加剧，这进一步导致了网络空间秩序的缺失。这种竞争性的大国关系，加剧了网络空间大国关系不稳定，主要表现在网络空间的总体安全环境、国家在网络空间中爆发冲突的可能性增加。[1]

首先，大国之间的网络冲突越来越严重，单边主义和先发制人的思想盛行，网络空间安全秩序陷入集体行动困境。网络空间的集体行动困境主要表现为现有的国际安全架构无法适用于网络空间，大国在建立新的国际

---

[1] Gary Hart，et al.，Report on A Framework for International Cyber Stability，Washington，DC：International Security Advisory Board，US Department of State，July 2，2014.

安全机制上缺乏共识。在"震网"病毒、"棱镜门"事件、"索尼影业"和黑客干预大选等全球重大的网络安全冲突上，国际安全架构基本失灵，加剧了各国网络战略向自助和进攻性网络战略方向调整。美国国防部制定了前置防御和持续交手政策，主张将网络安全的防线扩展到他国主权范围内，并且通过网络行动对其网络对手进行反击。美国先后宣布对伊朗、朝鲜和俄罗斯的关键信息基础设施开展网络攻击行动，作为对它们危害美国网络安全行为的报复。[1]美国认为自己的行为是出于防御的目的，但是国际社会以及伊朗、朝鲜和俄罗斯对此有完全不同的解读，各方之间的网络冲突将会进一步加剧和升级。

其次，大国之间在网络空间领域建立信任措施举步维艰，中美、美俄之间的对话渠道集体陷入困境。建立信任措施是国际安全领域预防冲突升级的重要举措，在网络空间，大国之间也试图将建立信任措施（CBMs）作为维护网络空间稳定的重要机制。美俄、中美之间都曾试图在网络空间建立 CBMs。"棱镜门"事件之前，美俄之间建立了网络安全工作组，并就 CBMs 达成共识，后因俄罗斯接纳了斯诺登的政治避难而被取消。[2]再后来，在黑客干预大选问题上双方冲突不断升级，从美国对俄开展跨域威慑到直接入侵俄罗斯电网作为报复，美俄冲突不断加剧。中美之间也曾在2013 年建立中美网络安全工作组，并尝试推动 CBMs，后因故无限期中断。虽然后来中美之间建立了打击网络犯罪高级别对话机制和执法与网络安全对话机制，但由于缺乏两军的直接参与，在建立 CBMs 上效果并不明显，特别是在贸易摩擦的干扰下，执法与网络安全对话也陷入停滞状态，中美网络关系总体上也处于一种脆弱稳定状态。

最后，大国关系的不稳定加剧了网络空间的不稳定。网络大国之间开展网络军备竞赛导致的网络空间军事化，为网络空间的和平与发展带来严重威胁。其后果可能包括互联网分裂，国际、国内关键信息基础设施遭受

---

[1] "U.S. Escalates Online Attacks on Russia's Power Grid", *The New York Times*, June 15, 2019.

[2] "U.S. and Russia Sign Pact to Create Communication Link on Cyber Security", *The Washington Post*, June 17, 2013.

攻击引发的政治、社会、经济动乱。

　　大国在网络空间的战略竞争，使得原本在全球网络安全领域扮演重要角色的网络安全技术协调机构相互之间的合作面临困境，使网络空间的整体安全环境进一步恶化。计算机应急响应机构（CERT）和国际网络安全应急论坛（FIRST）是网络安全领域最重要的技术合作组织。CERT以国家为单位开展合作，如中国计算机应急响应机构（CN-CERT）、美国计算机应急响应机构（US-CERT）等。"棱镜门"事件之前，各国计算机应急响应机构之间有大量的技术合作，对于维护全球网络安全具有重要作用。受网络空间大国关系的影响，目前各国计算机应急响应机构之间的合作在越来越大的政治压力下大幅减少。国际网络安全应急论坛在网络安全有害信息共享和打击黑客领域具有举足轻重的作用，也面临与计算机应急响应机构同样的困境。由于受到美国政府的压力，国际网络安全应急论坛宣布暂停华为的会员资格，要求华为不得再参加国际网络安全应急论坛的相关活动。类似政治干预技术安全的情况愈发严重，造成网络空间安全环境的恶化。

　　网络空间的不稳定是指连接性、稳定性、完整性和流动性中的任何一种属性遭到巨大破坏所导致的网络空间分裂、消亡，并且这种不稳定状态一旦出现，将很难逆转。在当前脆弱稳定的状态下，网络空间极有可能转向不稳定，由此而造成无可挽回的伤害，这需要各国政府在制定相应的战略时，优先考虑外界对网络空间稳定可能带来的挑战。例如，对于全球网络运营至关重要的互联网关键基础资源一旦出现问题，就会产生严重后果。此外，国家应当尽量增强网络的韧性，不能因为一处的安全威胁，影响整体网络空间安全；不能因为某一具体目标，而损害整体利益。此外，国家在制定政策时要综合考虑其后果。一方面，国家具有维护网络安全的重要职责，但另一方面，采取过度的安全化或者军事化的措施都会对网络空间产生全局性影响。如出于保护个人隐私和国家安全目的，国家会采取一定的数据本地化措施，但是过度的本地化会对网络空间数据自由流动产生负面影响，影响网络空间的发展。

在这一背景下，网络空间中关键信息基础设施的稳定性也面临越来越大的风险，网络空间的军事化、网络武器扩散都在客观上加剧了各国关键信息基础设施面临的安全威胁。一方面，关键信息基础设施的数量越来越多，国家和社会对其依赖程度不断增加，另一方面，网络攻击的风险越来越大，导致各国在对其保护上面临重大的压力。信息通信技术供应链的完整性正在承受巨大的压力，美国政府对华为的制裁某种意义上是以破坏全球信息通信技术的供应链来实现打压华为的目的。全球供应链体系目前面临着安全、政治和商业因素的干扰，有可能会导致全球信息通信技术供应链的分裂，进而影响网络空间稳定。数据的流通性是网络空间价值实现的关键，缺乏数据的流通，如同身体中的血液不流通一样，会导致网络空间的分裂和消亡。出于国家安全和个人隐私的目的，越来越多的国家开始关注数据主权，加紧制定数据本地化的政策。长此以往，过于严苛的数据安全政策将会影响数据的流通，从而导致网络空间价值的消亡。

第三节

————

网络空间加速国际体系的不稳定

随着网络空间与全球的政治、社会、经济和文化生活的关系越来越紧密，网络空间对国际政治体系的影响也越来越大。作为全球治理的核心平台，联合国在国际政治体系中的地位不言而喻。但在网络空间中，由于网络空间自身的特殊属性以及各行为体就网络空间的定义、治理模式等尚未达成一致，联合国的权威性和合法性遭受严重削弱，以至于现实世界中的国际制度安排无法影响网络空间行为体的政策和活动。现有的国际体系总体上也越来越难以适应网络空间的挑战，特别是联合国作为国际体系的中枢核心，如何在网络空间秩序构建上发挥领导作用，还需要国际社会进一步加强共识。

一、 国际政治体系面临挑战

（一）联合国作为网络空间国际政治体系的核心面临的挑战

第二次世界大战结束后，联合国成为全球最大、最具代表性的国际政治机制。然而，现有的国际政治体系越来越难以适应网络空间所带来的挑战，联合国作为国际政治体系的中枢核心也受到了部分西方国家的政府和社会的质疑和抵制。[1]究其原因，大致有以下三点。

首先，联合国的合法性来自主权国家让渡的部分权力，而网络空间作为全新的人造空间，不同行为体、不同国家对于网络空间的基本属性存在极大的分歧，联合国在网络空间治理中的合法性受到挑战。其次，联合国是主权国家组成的政府间国际组织，非国家行为体并不认可国家可以代表其加入联合国，并且由于联合国特殊的官僚体制，非国家行为体很难参与到决策体系中，加剧了其对联合国代表性的质疑。[2]最后，联合国的有效性在于是否能够在重大网络空间治理问题上促使各国达成共识并加以落实。以联合国信息安全政府专家组为例，在过去已经结束的五届专家组中，只有三次达成共识，并且共识不仅范围有限，而且其中一些关键共识未得到落实，从而加剧了国际社会对于联合国政治地位的质疑。[3]

（二）联合国成为网络安全领域国际政治中心的必要性

作为当前全球治理的重要机制，联合国平台已经构筑了相对全面的网

---

[1] 鲁传颖：《网络空间大国关系演进与战略稳定机制构建》，《国外社会科学》2020 年第 2 期，第 96—105 页。

[2] Mueller Milton，*Networks and States*，Cambridge，MA：MIT Press，2010.

[3] UN. Secretary-General，UN. Group of Governmental Experts on Developments in the Field of Information and Telecommunications in the Context of International Security，"Group of Governmental Experts on Developments in the Field of Information and Telecommunications in the Context of International Security：note/by the Secretary-General"，July 22，2015，https://digitallibrary.un.org/record/799853.

络空间治理框架。其中涉及网络空间治理及规则制定等领域的相关组织或机构包括信息安全政府专家组、打击网络犯罪政府专家组、互联网治理论坛、多利益相关方顾问专家组、信息社会世界峰会等，涉及的议题包括人权领域、可持续发展问题、数字贸易规则体系和人工智能等新兴科技领域的治理规则等。[1]在相对完善的治理机制基础上，联合国是当前全球最全面的网络空间治理平台。

此外，就网络空间安全问题的特点来看，联合国是目前最为公平和非排他性的制度安排。因为网络空间内各国的能力差距较大，而网络大国出于治理理念的差异和各自在经济、政治和文化上的不同，形成了大相径庭的治理路径和规则体系。而在联合国框架内，从技术领域的国际电信联盟、治理领域的互联网治理论坛，到安全领域的打击犯罪政府专家组等，对于小国、弱国来说都可以相对公平地参与网络空间安全治理问题的讨论和规则制定。

尽管网络空间的稳定已成为国际社会广泛讨论和普遍关心的问题，但与军控议题不同的是，网络空间内还未构筑起高层次的对话与合作机制以管控各方的分歧，共同治理网络武器扩散、网络冲突、网络政治等问题。而且，当前国际社会对网络空间的安全性和规则建立的政治基础明显缺乏信任和信心。此外，网络大国在安全领域的博弈日趋激烈，且网络安全的治理也日渐走向"自助模式"，这对构筑高层次的多边安全机制来说更为不利。

网络空间是人类历史上最新的活动领域，与海、陆、空等传统空间相比，其治理理念、各方行为准则、冲突解决机制等都有待统一和建构。然而，由于当前网络空间全球治理仍无法向高层次的政治合作方向发展，因此网络空间全球治理也处于徘徊之中。具体来说，高层次政治合作的缺位对网络空间全球治理发展的影响有以下三点。

---

[1] 王天禅、鲁传颖：《联合国在全球网络空间的治理作用及面临的挑战》，《网络空间安全蓝皮书：中国网络空间安全发展报告》，社科文献出版社 2019 年版，第 298—324 页。

第一，网络空间全球治理陷入困境。高层次政治合作缺位导致的首要问题在于网络空间全球治理的徘徊甚至停滞。网络空间本身的去中心化特点已经使得政治合作难以达成，这一点也无法随着主权概念在当前网络空间治理中被普遍认可而有所改变。加之各国在治理理念上仍旧存在较大分歧，从联合国信息安全政府专家组的成果中不难发现，各国在网络安全问题、网络冲突的国际法适用性，以及联合国应当发挥的作用方面仍无法达成一致。因此，网络空间急需各国从更高的政治领域着手，促成各方就网络空间全球治理达成理念上的共识，推动其向前发展。

第二，小国、弱国无法平等参与。在当前由网络大国主导的网络空间国际政治环境下，小国与弱国的参与度仍然十分有限。在网络安全能力、网络经济规模、数字化普及率、信息通信技术水平等方面存在的巨大差距，导致大部分小国与弱国在网络空间治理中处于被支配的地位，无法就自身的安全与发展利益发出声音。联合国尽管是当前全球治理机制中最具代表性和合法性的平台，但联合国大会与安全理事会仍未就网络空间问题形成固定交流与合作机制。而联合国机制下也还未设置与军控议题一样级别的政治对话机制。这些机制缺位一方面是由于部分网络强国缺乏提供国际规范和制度等公共产品的意愿[1]，但其结果是小国与弱国在网络空间全球治理中被严重边缘化。

第三，能力差距、数字鸿沟不断扩大。与联合国其他可持续发展议题不同的是，网络空间中各国能力差距的弥合面临的挑战更为复杂，而且在缺乏国际层面的政治合作与机制保障的情况下，各国在网络空间内的发展权利也受到不同程度的制约甚至掣肘。尽管联合国已经关注到网络基础设施对于缩小数字鸿沟的巨大作用，并且在《2030可持续发展议程》中提出普及互联网接入目标，然而网络发达国家与网络发展中国家在互联网普及率、网络安全能力、信息产业发展水平等方面的差距仍然存在，甚至有所

---

[1]　王高阳、戴梦迪：《网络空间全球治理的现状及其面临的挑战》，《云南社会主义学院学报》2012年第4期，第334—335页。

扩大。尤其是在云计算、人工智能、5G通信、大数据等新兴技术和应用领域，领先国家与发展中国家的差距则更为明显。而由先发国家制定的技术标准、行为规范等，中小国家只有被动接受，从而进一步丧失其话语权和主动权。

因此，联合国需要建立自身在网络空间治理中的合法性、代表性和有效性，来维护网络空间政治体制的运转。首先，各方要大力支持联合国在网络空间全球治理中的合法性地位。联合国在传统国际政治领域的合法性不仅源自第二次世界大战后的制度安排，也源自成员国的授权。网络是一个新的空间，不同行为体、不同国家对于网络空间的基本属性存在极大的分歧，但是联合国的作用依旧无法替代。其次，尽管联合国是主权国家组成的政府间国际组织，但也在不断鼓励非国家行为体参与决策体系的机制建设，进一步扩大其代表性。[1]最后，大国带头落实联合国决议。大国的行为将会决定联合国在网络空间秩序构建中的有效性。[2]

二、 国际安全架构面临网络安全挑战

自1945年成立以来，联合国的核心任务就是维护国际和平与安全，而联合国也成为当今国际安全架构的主体与中心。其中，联合国安理会对维护国际和平与安全负有主要责任，联合国大会、秘书处及其他联合国办事处和机构互为补充，为促进和平与安全发挥着重要的作用。[3]于是，在联合国机制下形成了以安理会为首的国际安全治理结构，其下还包括联合国裁军事务厅、国际原子能机构等国际安全机制。其中，安理会不仅是国际安全治理的主要平台，也是全球最重要的多边安全机制。在2019年安理会

---

[1] Mueller Milton，*Networks and States*，Cambridge，MA：MIT Press，2010.

[2] *Group of Governmental Experts on Developments in the Field of Information and Telecommunications in the Context of International Security*，UN General Assembly Document A/70/174，July 22，2015.

[3]《维护国际和平与安全》，联合国官网，https://www.un.org/zh/our-work/maintain-international-peace-and-security/index.html，浏览时间：2020年8月29日。

通过的 8 项决议和 3 项主席声明中，都涉及其维护国际和平与安全的首要责任。[1]在应对传统安全问题时，安理会可依据《联合国宪章》第七章的规定采取强制执行措施以维护或恢复国际和平与安全；安理会还可以采取经济制裁、国际军事行动等多种措施来确保国际和平与安全；此外，安理会还开展了联合国维持和平行动及特别政治任务。

在安理会之下，联合国还设置了裁军事务厅负责推动以下三个方面的议题：核裁军及核不扩散；其他大规模杀伤性武器、化学武器与生物武器裁军制度的加强；常规武器领域的裁军行动，特别是目前冲突中使用的地雷与小型武器的裁军。联合国裁军事务厅是联合国机制下维护国际战略稳定的重要机制，也是防止大规模杀伤性武器扩散的首要国际机制。

在联合国机制之外，国际原子能机构（IAEA）是维护国际战略稳定的另一重要机制。国际原子能机构是国际上核领域科技合作的核心机制，致力于推广和确保安全、有保障地和平利用核科学技术，为国际和平与安全以及联合国的可持续发展目标做出贡献。此外，美国政府于 2010 年主持召开的核安全峰会也是维护战略稳定的重要补充。奥巴马政府时期开启的核安全峰会，体现了国际社会寻求在多边领域解决核安全问题的期望，同时也表明国际社会在核恐怖主义问题上达成了共识。

自网络空间诞生以来，其每一步发展都影响甚至塑造着国家行为体的行为模式。随着网络空间与越来越多的社会和政治活动日益相关，网络空间的发展已开始对全球政治进程产生影响[2]，并因此改变了当前国际政治的面貌。而且，网络空间的广泛性、流动性和匿名性已经开始挑战传统上

---

［1］　United Nations，"Repertoire of the Practice of the Security Council"，United Nations，2019，https://www.un.org/securitycouncil/sites/www.un.org.securitycouncil/files/22nd_supp_part_v_advance_version.pdf#page＝5.

［2］　Robert Reardon，NazliChoucri，"The Role of Cyberspace in International Relations：A View of the Literature"，Department of Political Science，MIT. Paper Prepared for the 2012 ISA Annual Convention San Diego，CA，April 1，2012，https://nchoucri.mit.edu/sites/default/files/documents/%5BReardon%2C%20Choucri%5D%202012%20The%20Role%20of%20Cyberspace%20in%20International%20Relations.pdf.

以国家为中心的国际关系领域的概念，例如"影响力""国家安全和外交"以及"边界"等。[1]就国际安全体系来说，网络空间的特殊属性以及网络空间军事化的趋势已造成巨大冲击，主要表现为以下几方面。

网络空间的匿名性和不安全性对国际安全架构的冲击。在现实世界中，匿名性可以简单地被定义为"没有名字或无法获知名字"。在网络空间中，匿名性主要是指互联网用户的身份保持匿名，并且可以通过加密和代理等手段规避溯源[2]，使得网络事件溯源成为国际社会共同关注的焦点之一。此外，从危机管理的角度来说，网络空间，包括网络武器的匿名性，也增加了各国对网络安全事件过度反应的可能性，从而导致冲突升级的可能性大为提高，甚至将严重破坏战略稳定态势。[3]加之网络空间是人造空间，从逻辑层到物理层都难以避免地存在漏洞和隐患，对网络安全防御和网络基础设施保护都带来了更多的挑战。

上述网络空间的特殊属性导致了网络安全问题溯源难和防御难的问题，并在逻辑上形成有利于进攻方的网络安全态势，因而理性的决策者会更倾向于采取加强自身攻防能力建设来保卫自身安全和获取战略竞争优势[4]，从而加剧网络空间大国之间的竞争乃至敌对态势。以美国的网络空间战略为例，在特朗普政府颁布的战略文件中不断强调所谓"竞争对手"国家的网络安全威胁，并以此为由，大力加强自身网络进攻能力建设，从而诱发网络空间的军备竞赛，加剧网络空间的不稳定性。[5]根据上述逻辑和现实情况来看，网络空间的匿名性和不安全性为国际安全体系带来了更大的挑战和冲击。

---

［1］ Nazli Choucri, *Cyberpolitics in International Relations*，Cambridge，MA：MIT Press，2012.

［2］ 鲁传颖：《网络空间安全困境及治理机制构建》，《现代国际关系》2018 年第 11 期，第 49—55 页。

［3］ 周宏仁：《网络空间的崛起与战略稳定》，《国际展望》2019 年第 11 卷第 3 期，第 21—34 页。

［4］ 鲁传颖：《网络空间安全困境及治理机制构建》，《现代国际关系》2018 年第 11 期，第 49—55 页。

［5］ 蔡翠红、王天禅：《特朗普政府的网络空间战略》，《当代世界》2020 年第 8 期，第 26—34 页。

网络空间低烈度冲突对国际安全的影响。随着各国不断加强在网络空间的军事投入与攻防能力建设，网络空间各行为体之间的冲突呈现出愈演愈烈之势。纵观国际网络冲突动态后不难发现，国家间的网络冲突并没有升级为公开、激烈和持续的网络战，而是维持着一种长期低烈度的态势，而且这种损失有限且低烈度的网络冲突并不能对国际网络空间的战略稳定造成颠覆性影响。[1]然而，一些西方国家一直在营造和扩大"网络战"的威胁，并借此强调诉诸武力权和战时法规，同时有意无意地对尊重其他国家主权、不干涉内政、不使用武力等基本原则加以回避或淡化，而使自卫权等例外规则喧宾夺主，这在客观上推动了网络空间军事化和网络军备竞赛的加剧，并且放大了网络空间的不安全性。[2]

因此，在网络空间低烈度冲突本身不一定会引起态势升级和构成国际安全挑战的前提下，一些网络空间大国在国际法适用性上过度强调战争权和自卫权而导致的网络行动或将引起冲突升级或造成大规模的物质和人员损失，由此威胁网络空间的稳定状态以及国际和平与安全。

网络空间军事化趋势对国际安全的冲击。目前，全球已有100多个国家成立了200多支网络战部队，很多国家还拥有不对外公开的"网军"，这些作战部队共同构成了国家级的网络战力量。[3]同时，这一惊人的数据也显示出网络空间内国家间的对抗正日趋激烈，各国纷纷在国防领域加速构建应对措施。加之，美国作为网络空间内的唯一超级大国，近年来积极践行"网络威慑"战略，在网络空间军事力量建设上的投入不断加大，并通过将网络作战力量融入其他军种的联合作战行动之中来推进网络力量的实战化，使得网络空间的和平稳定面临更多挑战。[4]

---

[1] 张耀、许开轶：《攻防制衡与国际网络冲突》，《国际政治科学》2019年第4卷第3期，第90—124页。

[2] 黄志雄：《国际法在网络空间的适用：秩序构建中的规则博弈》，《环球法律评论》2016年第38卷第3期，第5—18页。

[3] 韩春阳、李汶蔓、吴思远：《网络战形态及发展趋势探析》，《军事文摘》2020年第11期，第7—10页。

[4] 蔡翠红、王天禅：《特朗普政府的网络空间战略》，《当代世界》2020年第8期，第26—34页。

网络科技改变了传统军事形态和作战方式，给国际安全带来了新风险和威胁。随着网络安全、人工智能在军事领域的实战化，战争的形态将被彻底改变。军人、战场和战争模式会发生颠覆性的变化。程序员将成为军人中的重要组成部分，他们手中的武器将会与动能武器有着截然不同的区别，攻击的目标也会发生巨大变化。一方面，网络技术会使得武器杀伤的精确性大幅提高，降低战争的暴力性；另一方面，也会使得很多民用关键信息基础设施成为被攻击的对象，从而造成更大范围的影响。[1]如何适用现有的包括《联合国宪章》、国际人道法在内的国际法，在这一领域大国之间存在很大的分歧。[2]现有的国际安全架构，包括军控与裁军机制，也无法解决这一新问题。网络武器扩散、致命性自主武器的滥用，有可能带来重大的危机和人道主义灾难，危及国际安全体系的稳定。

由网络空间军事化和网络力量实战化带来的是网络空间大国之间的不信任增加，网络空间爆发冲突的可能性以及影响范围与深度都大为提高，同时网络空间规范的建立也因为各国采取的现实主义立场而面临更大的掣肘，最终网络空间大国关系也走向动荡，导致国际安全体系受到冲击。

三、 数字经济颠覆国际经济体系

从全球经济体制的角度来看，数字经济的快速崛起带来的是对原有国际经济体系的冲击。而随着各国在数字经济领域的竞争加剧，全球经济竞争态势的变化又推动各国在网络空间的关系走向不稳定。

以世界贸易组织（WTO）为代表的国际经济体系难以适应数字经济发展的需求。数字经济是指以使用数字化的知识和信息作为关键生产要素、

---

[1] UNIDIR, "The Weaponization of Increasingly Autonomous Technologies: Concerns, Characteristics and Definitional Approaches", Geneva: United Nations Institute for Disarmament Research, 2017.
[2] Michael N. Schmitt, et al., *Tallinn Manual 2.0 on the International Law Applicable to Cyber Operations*, Cambridge: Cambridge University Press, February, 2017.

以现代信息网络作为重要载体、以信息通信技术的有效使用作为效率提升和经济结构优化的重要推动力的一系列经济活动。[1]随着信息通信技术和数字应用领域的不断发展，数字经济与各个国家的几乎所有经济部门都紧密地融合在一起。在数字经济时代，各国的"比较优势"被重新定义，数字技术不仅使沟通和交易的成本大幅度降低，而且还激化了企业在国际市场中的竞争态势，从而影响各国的竞争力重新分配。[2]因此，各国在数字经济领域的竞争也逐渐加剧，尤其是美国、欧盟和中国等经济体，对数字经济的发展规模、发展层次和发展前景，包括数字经济发展对现有社会形态和政治生态的影响等方面都越来越重视。

正因为如此，数字经济带来的颠覆性影响，以及其背后的国家安全、隐私保护、科技竞争力等因素加剧了国际经济治理体系面临的挑战，由此给全球经济的未来带来了极大的不确定性。具体来说，数字经济对当前国际经济体系的影响有以下四点。

第一，数字经济规则缺失，数据的本地化和数据流动之间的矛盾正加速撕裂国际经济体系，越来越多的国家出于安全需要开始要求数据本地化存储。"流动的数据才有价值"，若数据在全球的流动受到限制，无疑将对经济全球化造成新的冲击。而且，即便是美欧等走在数字经济立法先进行列的行为体，也面临最为基础的共性问题，即如何在全球化的数字经济中有效达成数据流动与监管目标之间的平衡。[3]而目前，随着各国数据立法的出台，国际经济遭受撕裂的风险越来越大。

第二，大国博弈导致的供应链碎片化的趋势，将会进一步加剧全球地缘经济的博弈。[4]网络发达国家与网络新兴国家之间如果不能维护供应链

---

[1]《二十国集团数字经济发展与合作倡议》，中国网信网，2016 年 9 月 29 日，http://www.cac.gov.cn/2016-09/29/c_1119648520.htm，浏览时间：2020 年 8 月 29 日。

[2] 潘晓明：《国际数字经济竞争新态势与中国的应对》，《国际问题研究》2020 年第 2 期，第 93—106 页。

[3] 王融：《数据跨境流动政策认知与建议——从美欧政策比较及反思视角》，《信息安全与通信保密》2018 年第 3 期，第 41—53 页。

[4] 李巍、赵莉：《美国外资审查制度的变迁及其对中国的影响》，《国际展望》2019 年第 11 卷第 1 期，第 44—71、159 页。

体系完整和全球信息通信技术生态体系的完整，将有可能在网络空间出现不同的地缘经济集团。当前，中美之间围绕 5G 通信展开的竞争已进入白热化阶段，并且这一态势还蔓延到了数字经济领域，包括其对 TikTok 和微信的制裁等。

第三，一些颠覆性的创新会挑战现有的国际经济治理机制，如区块链技术应用产生的虚拟货币成为洗钱、勒索、诈骗等网络犯罪的首选工具，现有的国际经济治理体系在应对虚拟、去中心化所带来的挑战时，还需要更多的制度创新。

第四，以世界贸易组织为代表的国际经济体系尚未就数字经济带来的变化开启实质性的规则制定进程。由数字经济催生的电子商务已经成为当前国际经济体系的重要组成，WTO 在 1998 年通过《关于全球电子商务的宣言》后，仍未能产生专门规范电子商务的多边协定，当前主要依靠 WTO 的《服务贸易总协定》《信息技术协定》《与贸易有关的知识产权协定》来加以协调，留下了大量监管真空。[1]

数字经济领域的博弈加剧了逆全球化浪潮。数字经济经历了数十年的发展之后，其经济红利得到了极大的释放，不仅创建了超越传统经济增长模式的全新增长模式，而且还成为国家转型发展的重要动力。然而，一直处于全球经济和技术最顶端的美国，近年来相对于中国，其在数字经济领域的优势在不断缩小。随着中国在 5G 通信技术上的优势显露，美国对中国信息技术产业和数字经济的打压也走向完全的公开化，不仅从供应链上对中国信息通信产业进行制裁，还以国家安全为由打压和封杀中国信息通信企业。这是典型的逆全球化表现，而且这种博弈态势还有蔓延到全球的趋势，这毫无疑问将造成全球市场和技术领域的板块分裂，而数字经济也会首当其冲地成为逆全球化的重点领域。

---

[1] 柯静：《WTO 电子商务谈判与全球数字贸易规则走向》，《国际展望》2020 年第 12 卷第 3 期，第 3—62、154—155 页。

四、 人工智能加剧国际体系不稳定

人工智能作为新兴技术的代表，其快速发展和应用对网络空间稳定造成了冲击，如何从制度构建上降低其颠覆性影响，对维护网络空间稳定具有重要价值。人工智能已经体现出在推动经济范式转变、生产方式改变和社会结构变革方面具有的强大动能，并将会逐步对当前的国际体系产生深层次影响。在国际体系层面，人工智能的全球治理更多涉及国家行为体，更适用于以主权国家为主体的多边治理机制，强调各国平等和有区分的责任，联合国等国际政府间组织是制定规则的主要场所。治理的目标是通过各种形式的国际机制、国际法来应对人工智能对国际经济、安全和政治领域造成的冲击，规范国家的行为，推动各国政府积极参与人工智能的全球治理事务。人工智能全球治理的主要议题包括人工智能是否会进一步扩大数字鸿沟、加剧全球经济社会发展的不平衡，并由此导致技术落后国家被排除在全球经济体系之外；人工智能在军事领域的应用，特别是致命性自主武器的使用是否会对国际安全体系造成冲击；大国主导的国际规则博弈是否会对当前主权国家平等参与治理的国际政治体系造成冲击等。

第一，人工智能对全球经济体系的冲击。人工智能对技术、人才和资源的极高要求决定了其发展将会在不同国家之间产生新的数字鸿沟，进一步扩大国家之间在经济竞争力领域的差距，从而影响当前国际经济体系的稳定。人工智能对传统产业的替代会在全球范围内导致大量的失业问题，先发国家和技术大国可以通过发展人工智能的收益来弥补传统产业的损失，通过将部分收益用于转移支付和社会保障系统来维护社会的基本稳定，并推动社会进步。对于一些未能跟上这一波人工智能发展浪潮的国家而言，大量的就业会转移到国外，国内的产业也会被更先进和有竞争力的外资所接管，最后导致政府缺乏足够的资源来应对经济和社会所面临的冲击，形成潜在的动荡根源。

上述趋势会进一步推动当前世界经济体系的变革。沃勒斯坦认为，当前的世界经济体系是一种"中心—半边缘—边缘"的结构，发达国家居于中心地位，发展中国家和不发达国家依靠廉价的土地、资源和人力要素居于半边缘和边缘地位，并且形成了一种对中心国家的依附关系。[1]人工智能可能会加剧这种不平等的地位。从工业化、信息化到智能化整个发展路径来看，技术和人才的集中度越来越高，发展中国家面临的形势越来越不利。发达国家通过人工智能在经济领域的应用减少对发展中国家劳动密集型产业以及自然资源的需求，从而将发展中国家排除在全球产业链与供应链之外，促使发展中国家在世界经济中的地位更加边缘化，并有可能滑落到体系之外。极端的情况下，人工智能的发展将会改变全球产业分工的格局，世界经济只有中心国家，不再有边缘国家。经济体系变革的后果有可能是人工智能推动的全球经济体系变革导致产生一批新的失败国家，类似于索马里这样被全球化遗弃的国家，逐步沦落为战争、疾病、暴恐、宗教极端势力的温床，形成对国际体系的极大挑战。

多边治理模式强调国际社会和各国政府的责任，加强人工智能全球治理工作，应当关注人工智能领域新型数字鸿沟问题，解决不平衡的发展问题；另一方面还要积极利用人工智能来实现联合国可持续发展目标，解决当前国际社会面临的各种发展问题；最后从产业和公共政策领域角度另辟蹊径，探索有效的国际合作机制。通过多方面的努力来避免人工智能对国际经济体系的冲击。[2]

第二，人工智能在军事领域的应用及治理。人工智能在军事领域的使用带来了三个层次的问题，包括致命性自主武器系统（LAWS）的发展本身的安全与责任问题；致命性自主武器的使用对战争形态的改变所引起的战争门槛下降、成本下降、伤亡减小的情况下，人工智能的大规模使用带来的国际法问题以及对国际安全体系的冲击；人工智能军备竞赛问题等。国际社会应当就这些议题尽快达成相应的国际规范和国际法，避免过度发展

---

［1］沃勒斯特：《现代世界体系》（第1卷），郭方等译，社会科学文献出版社2013年第1版。

［2］Nicolas Miailhe, Cyrus Hodes, "Making the AI revolution work for everyone", March 2017, https://thefuturesociety.org/wp-content/uploads/2019/08/Making-the-AI-Revolution-work-for-everyone.-Report-to-OECD.-MARCH-2017.pdf.

人工智能武器，控制人工智能武器的安全和扩散，提高使用的门槛，避免人工智能武器的滥用对国际安全体系的挑战。[1]

致命性自主武器系统是一种以自我导向的方式运行，基于对世界的主动感知进行决策并直接或间接地对人类造成伤害或死亡的系统。完全自主的致命性自主武器系统还需要能够识别和选择目标，确定拟对目标施加的武力级别，并在特定时间和空间范围内对目标实施规定的武力。半自主、全自主系统包括杀伤人员地雷、反舰雷达、各种精确制导导弹、鱼雷、巡航导弹、反卫星武器、空中和海上无人机、无人机群以及网络蠕虫等。致命性自主武器的开发、使用面临着一系列的安全挑战。以致命性自主武器为代表的人工智能在军事领域的应用还使战场的形态发生了巨大的改变。随着机器取代人走向战场，军人面临的战场条件会变得更安全，伤亡会随着自主武器的使用而降低，武器精确性的提高也会导致战争成本降低和杀伤效果提高。某种意义上，战争的内涵将会发生变化。如何定义携带武器的无人驾驶飞机入侵他国领空的行为，是侵略还是侦察？致命性自主武器的使用降低了使用武力的门槛，某种意义上也会鼓励更多国家开发和使用致命性自主武器，造成军备竞赛和武器扩散的问题。

人工智能引发的军备竞赛问题是专家组的一大重要分歧，技术强国与弱国之间存在截然不同的观点。技术弱国认为应当完全禁止致命性自主武器的开发使用，技术大国则持相反意见，认为开发致命性自主武器可以降低人员损伤，有利于打击恐怖主义和维护国家安全，并且很多系统已经在战场上进入实战。军事是推动技术进步的重要因素，人工智能的技术发展背后也有军事因素的强力推动。[2]因此，要完全禁止致命性自主武器的开发并不现实，但是人工智能的军备竞赛也非技术之福，特别是致命性自主

---

[1] Heather Roff：“Meaningful Human Control or Appropriate Human Judgment? The Necessary Limits on Autonomous Weapons”. Report. Global Security Initiative，Arizona State University. Geneva，2016.

[2] US DOD，Office of Net Assessment. Summer Study-“（Artificial）Intelligence：What Questions Should DoD be Asking?” Chair and Editor Matthew Daniels. 2016.

武器的扩散会造成更为严重的后果。因此，从联合国层面制定相应的规范，并且促成大国之间在发展致命性自主武器上达成一定的军控条约是当务之急。[1]

联合国经过 2014 年和 2015 年的两次非正式会议后，在 2016 年 12 月 16 日关于特定常规武器公约的会议上成立了致命性自主武器系统政府专家组（GGE），并指派印度担任主席国。该小组的任务是研究致命性自主武器领域的新兴技术，评估其对国际和平与安全的影响，并为其国际治理提出建议。[2]联合国政府专家组应制定致命性自主武器系统和人工智能军事应用的目标，以应对包括降低使用武力门槛、意外导致不应有的伤害、造成意外的升级螺旋式增长在内的问题。致命性自主武器系统治理应该清晰明确，并且在快速的技术变革中保持相关性。即使致命性自主武器系统的操作是合法的，联合国政府专家组也应考虑对国际法此前未曾预见的情况追加法律限制，并以道德或伦理为由，尽量减少对平民的伤害。

第三，人工智能对国际政治体系的影响。以主权平等为基础、《联合国宪章》为法理以及联合国在处理国际事务中的权威为代表的国际政治秩序，是在国际经济体系和安全体系不均衡、不平等的状态下维护整个国际体系稳定的基石。在人工智能时代，国际政治体系面临三重挑战：其一，作为国际政治体系基础的国际经济体系和国际安全体系的不平衡将会进一步加剧，变革速度加快，导致现有的政治体系不适应新的经济与安全需要，产生新的变革动力，国际政治体系的稳定性受到挑战；其二，以人工智能、网络安全为代表的新兴治理议题对于联合国机构的专业性与资源提出了新的要求。需要联合国发挥更加主动积极的作用，展现在人工智能领域的领导力，避免治理议题陷入困境；其三，发达国家以各种理由抵制、阻碍联

---

[1] Miles Brundage, Shahar Avin, et al., "*The Malicious Use of Artificial Intelligence：Forecasting，Prevention，and Mitigation*", *arXiv preprint arXiv*, Cornell University Library, February 20, 2018.

[2] UNIDIR, "The Weaponization of Increasingly Autonomous Technologies：Concerns, Characteristics and Definitional Approaches", Geneva：United Nations Institute for Disarmament Research，2017.

合国的合法性和权威性，拉小圈子联盟，使得国际社会在治理问题上陷入分裂状态。[1]

人工智能全球治理应当从网络安全治理领域的挫折中吸取教训，避免陷入不同阵营的分裂对抗中。网络安全治理中，发达国家动辄以各种理由抛开联合国，通过所谓的"理念一致国家联盟"（Like Minded Countries）来制定国际规则，不仅会造成国际社会的分裂，阻碍治理进程，最终也会影响到联合国的合法性和权威性，从而对国际政治体系造成挑战。如第五届信息安全政府专家组就是由于大多数国家不支持美国等西方国家提出的一些关于网络空间军事化的内容，而受到美国政府的抵制未能达成共识。随后，美国以盟友体系为基础，组织了"观念一致国家联盟"来继续推动在小圈子中制定规则。长此以往，现有的国际政治体系将会被逐步弱化，使得发达国家和发展中国家分化为两大不同立场的阵营，并且会进一步加剧各国在经济和安全上的不平等、不平衡状况，造成国际政治体系的不稳定。

---

[1] 鲁传颖：《新形势下如何进一步在联合国框架下加强国际网络安全治理》，《中国信息安全》2018 年第 2 期，第 35—36 页。

第七章

理解网络空间稳定

　　主权国家在网络空间的互动，总体上反映了物理空间与网络空间同态映射（homomorphism）的进程：一方面，物理空间的行为体不断将活动迁徙到网络空间，逐步地改变网络空间的属性；另一方面，网络空间依据自身的特点对行为体进行反馈，反馈的过程也是在不断地改变行为体的认知和行为模式。同态映射的关系奠定了分析网络空间稳定的层次，一是网络空间大国关系的稳定；二是网络空间自身的稳定。网络空间稳定的二分性决定了其与传统的战略稳定之间存在显著区别。核领域的战略不稳定主要指行为体之间的不稳定甚至是冲突状态，核武器自身的稳定问题则很少被列入国际议程。[1]维护核战略稳定的重点是建立一套机制来规范核大国的行为，促进核大国之间的互信。[2]

---

[1] 波尔特：《战略稳定概念对美国安全战略的影响及启示》，《国际论坛》2016 年第 5 期，第 44—49 页。
[2] 夏立平：《论构建新世纪大国战略稳定框架》，《当代亚太》2003 年第 2 期，第 48—55 页。

第一节
————

网络空间稳定的定义与内涵

"网络空间稳定"是一个新概念，相关的研究还处于起步阶段，即使涉及这一领域的成果，也是作为描述性研究来解释网络空间与战略稳定之间的关系。"网络军事稳定""网络与核战略稳定"等概念，并不能反映出网络空间对于多元主体的国际体系的影响，全球战略稳定主要是关注全球政治与安全层面，经济体系则更多是通过政治和安全间接发挥影响。网络空间不仅对国际政治与安全体系产生冲击，同时在颠覆和重塑国际经济秩序。有鉴于此，网络空间稳定即在数字时代对全球战略稳定的一种丰富和完善，同时也是维护网络空间自身和平与发展的基础。网络空间发展到现阶段，给人类带来的福祉以及威胁必须上升到战略稳定的高度才符合对网络空间已展现出的重要性应有的认知。网络空间的秩序、规则体系缺失会影响到网络空间稳定，进而影响与其相连接的数千亿终端设备和数十亿人员的安全与活动。面向未来，物理空间与虚拟空间融合形成新的智能物理空间[1]，需要构建新的秩序与规则体系，网络空间稳定研究的价值将会更加凸显。

网络空间稳定作为本书的核心概念，仅仅将其作为一个广泛的现象进行研究无法达到所要研究的目的，需要首先对"网络空间稳定"作出精确的定义，并全面地解释其内涵，为后续的研究开展奠定理论基础。基于抽象、普遍、简洁的原则，本书将网络空间稳定界定为："国家在网络空间的行为不会从根本上破坏网络空间的连接性、稳定性、完整性和流动性，并且不会引发网络空间大国关系的不稳定。"

网络空间稳定的定义反映出了对稳定的双重理解。稳定是人类社会中一个重要的概念，它可以应用于物理、化学和数学等基础领域，其定义有

---

[1]　周宏仁：《网络空间的崛起与战略稳定》，《国际展望》2019 年第 3 期，第 21—34 页。

所不同。网络空间稳定是大国网络关系稳定和网络空间稳定的双层稳定模式，分别对应了不同学科关于稳定的定义。

《韦氏词典》对"稳定"（stabilization）的解释是，物体不会发生化学反应和物理形态上的变化。[1]这一定义强调物体自身状态的稳定性，而非物体所处的结构。而网络空间作为具有稳定性的物体时，它的稳定体现在网络空间的连接性、稳定性、完整性和流动性不会被破坏。如果因为这四个领域被破坏导致网络空间受到分裂、降级，甚至是消失，国家在网络空间中的利益、行为，以及相应的战略和政策都将发生重大变化，并且导致全球战略不稳定。连接性、稳定性、完整性和流动性是网络空间稳定的基础，网络空间作为一个空间整体，必须保证核心功能的正常运行。[2]任何一个领域遭受重大的冲击，都会引起网络空间的不稳定。互联网基础架构、关键信息基础设施、信息通信技术供应链以及数据是组成网络空间核心功能的基础领域。网络空间稳定的内涵包括以下四点。

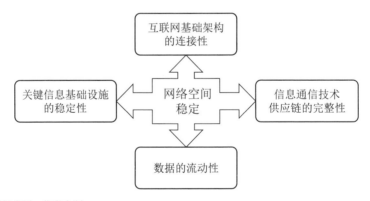

资料来源：作者自制。

图 7.1　网络空间稳定的内涵

互联网基础架构的连接性。保持互联网基础架构的连接性是网络空间

---

［1］　参见：https://www.merriam-webster.com/dictionary/stabilization。

［2］　杨小牛、王巍、许小丰、庞国荣、张春磊：《构建新型网络空间安全生态体系　实现从网络大国走向网络强国》，《Engineering.》2018 年第 1 期，第 105—116 页。

正常运行的基础。互联网的基础架构建立在 TCP/IP 协议、IP 地址分配、域名解析等一系列的标准协议基础之上，它们之间的统一性是连接性的基础。[1]

关键信息基础设施的稳定性。关键信息基础设施是网络空间重要的资产[2]，"关键信息基础设施是经济社会运行的神经中枢，是网络安全的重中之重，也是可能遭到重点攻击的目标"[3]。关键信息基础设施如果出现安全问题，意味着网络空间重要功能的缺失，这会导致政府和社会对于网络空间的信心丧失，从而造成"去信息化"的趋势。

信息通信技术供应链的完整性。供应链的分裂会导致网络空间的降级、不安全，甚至是分裂。供应链是信息通信技术产品与服务的基础，它是人类建立的最具有效率的基于全球化分工的供应链体系。这种供应链体系正面临着安全、政治和商业因素的干扰，有可能导致全球信息通信技术供应链的分裂。[4]

数据的流动性。数据流通是网络空间价值实现的关键[5]，实现数据安全、有序地流动是维护网络空间稳定的重要方面。出于安全目的阻止数据流通会影响到网络空间的稳定，从而导致网络空间功能的丧失和价值的消亡。

《韦氏词典》关于"稳定"的另一层含义是自然地理学（physical geology）意义上的稳定，是指在受到外力冲击的情况下，物体也能依据结构的稳定性而恢复原状。[6]借助图 7.2 可以看出，物体如果是处于 A 和 B 的区间内，可以经受住一定的外力冲击，保持在底部的状态。如果说物体处于

［1］国林、杨武、王巍、张乐君：《数据通信基础》，清华大学出版社 2006 年版。

［2］彭勇、江常青、向憧、张淼、谢丰、戴忠华、陈冬青、高海辉：《关键基础设施信息物理攻击建模和影响评价》，《清华大学学报（自然科学版）》2013 年第 12 期，第 1653—1663 页。

［3］新华社：《共筑网络家园安全防线——党的十八大以来我国网络安全工作成就综述》，2019 年 9 月 15 日，https://news.china.com/zw/news/13000776/20190916/37045384.html。

［4］吕晶华：《ICT 供应链安全国际治理制度体系分析》，《信息安全与通信保密》2020 年第 4 期，第 25—30 页。

［5］王世伟：《大数据与云环境下国家信息安全管理研究》，上海社会科学院出版社 2016 年版。

［6］参见：https://www.merriam-webster.com/dictionary/stabilization。

C 所在区域，将很难保持稳定并复原。因此，稳定性从物理学的角度取决于两个因素：一是具有稳定的结构，二是外部冲击力的强度不超出结构能够承受的范围。

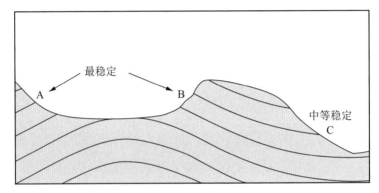

资料来源：Earle，S.（2019），*Physical Geology*（2nd Edition），Victoria，B.C.

图 7.2　自然地理学稳定

从自然地理学对于稳定的定义延伸出去，可以从以下三个方面来寻求大国网络关系的稳定。

一是规范大国在网络空间中的行为，使其不会过度冲击网络空间的结构。[1]可以将大国关系与网络空间战略稳定的关系拓展为，大国在网络空间的冲突不导致全球互联网运行的中断，政策不导致互联网的分裂，军事行动不导致大规模的关键信息基础设施瘫痪，以及不将核武器的指挥与控制系统作为网络军事目标等。

二是建立信任措施，发挥其预防网络冲突、应对危机、调停、冲突降级等作用。建立网络空间危机稳定需要防止大国的网络互动触发冲突升级，使冲突扩大化，外溢到物理空间。[2]维护危机稳定需要有效的危机沟通，管理触发因素，避免决策失误。

---

[1]　徐培喜：《网络空间全球治理：国际规则的起源.分歧及走向》，社科文献出版社 2018 年版。
[2]　鲁传颖：《网络空间大国关系演进与战略稳定机制构建》，《国外社会科学》2020 年第 2 期，第 96—105 页。

三是建立网络空间的国际安全架构，加强网络空间自身的复原能力。通过加强对全球关键信息基础设施的保护，开展集体溯源合作，为网络冲突的争端解决建立国际性的平台[1]，推动国际漏洞公平裁决机制（IVEP），加强供应链安全治理等方面的努力来建立国际安全架构。[2]

第二节

网络空间稳定状态转变

基于当前全球网络空间中主体的多元性、环境的复杂性，以及规范缺失的特点[3]，网络空间稳定难以避免地面临外生冲击的扰动，由此造成网络空间稳定状态的改变。而在网络空间中，网络大国政策行为的外溢效应最为明显，对网络空间稳定状态的冲击也最为严重。

表 7.1　网络空间稳定状态转变

网络空间	稳定	转变条件	脆弱稳定	转变条件	不稳定
互联网基础架构	独立、统一、由技术社群统管	缺乏信任没有共识	测试准备国家、区域性互联网架构	利用基础架构实现政治和国家安全目标	两套体系
关键基础设施	安全、可靠、稳定	限制技术、软件升级	由于无法得到最高等级的产品而容易出现漏洞	被网络军事力量或者国家代理人网络攻击	陷入瘫痪造成重大国家安全、社会稳定问题
供应链完整	私营部门主导，体现商业逻辑	大国博弈加剧，技术的国家化	针对特定的企业和国家实施供应链封锁	全面断供	全球供应链体系的分裂
全球数据安全	数据自由、安全、有序流动	出台限制措施	数据本地化	全面数据流动限制举措不断升级	数字空间"巴尔干化"

---

[1] 鲁传颖：《网络空间急需国际安全架构》，《环球时报》2019 年 10 月 10 日，第 15 版。

[2] 吕晶华：《ICT 供应链安全国际治理制度体系分析》，《信息安全与通信保密》2020 年第 4 期，第 25—30 页。

[3] 那朝英：《网络空间全球治理的六个困境》，《中国社会科学报》2018 年 8 月 29 日。

　　基于物理空间与网络空间的同态映射关系，大国关系的脆弱稳定会传导到网络空间当中，互联网基础架构、供应链、关键信息基础设施、数据都成为了国家开展博弈和竞争的目标。首先，美国在互联网基础架构中的垄断地位增加了网络空间中各行为体对网络空间稳定状态的忧虑。从美国近年来推出的一些政策，包括 2017 年联邦通信委员会（FCC）废除网络中立原则等行为，各国开始怀疑美国在这一领域是否仍具有中立性。[1]此外，美国对互联网基础设施和服务的巨大影响缺乏国际规范的约束。例如，根服务器与域名解析等互联网公共产品仍在美国的掌控之下，美国政府是否会从技术上对目标国家实行"断网"也缺乏国际法层面的规定和约束。这种情况下，有一些国家开始提议在现有的互联网之外，建立一套新网络架构，重新设计网络的技术标准。[2]也有国家开始测试在断开互联网的情况下，如何保障国内互联网的运行。

　　其次，大国竞争的状态下，一些国家将信息通信技术地缘政治化和意识形态化。例如，一些国家通过各种措施阻止对手获取类似于"芯片""设计软件""数据库"等核心软硬件，以此达到降低对手网络能力的目的。[3]这样将信息通信技术供应链作为地缘政治博弈和大国竞争工具的做法，将破坏基于全球化的、高效协同分工的全球信息通信技术的供应链体系和创新生态体系。长期来看，会在一定程度上导致信息通信技术全球供应链体系和创新生态的分裂[4]，从而引起网络空间从稳定转向脆弱稳定。

　　再次，关键信息基础设施的安全稳定将会对国家安全、经济社会稳定产生重要影响。[5]如前文所述，一些国家为了建立威慑和反击能力，倾向

---

［1］谢永江、杨慕青：《美国网络中立原则的兴废》，《重庆邮电大学学报（社会科学版）》2019 年第 5 期，第 31—42 页。

［2］Richard Li, "Network 2030 and New IP", Third Annual ITU IMT-2020/5G Workshop and Demo Day Geneva, Switzerland, July 18, 2018.

［3］《政治、网络安全、贸易和 ICT 供应链的未来》，《经济学人（The Economist）——华为技术有限公司定制研究报告》，2014 年 2 月。https://www-file.huawei.com/-/media/corporate/pdf/press-center/ict.pdf.

［4］鲁传颖：《5G 之争折射出中美大国博弈》，《中国信息安全》2019 年第 6 期，第 29—30 页。

［5］中央网信办：《加强关键信息基础设施安全防护　维护国家网络安全》，2016 年 9 月 26 日。http://www.cac.gov.cn/2016-09/26/c_1119625560.htm。

于在对手的关键基础设施中植入"后门"，以备在冲突爆发时可以占据主动地位。从技术层面来看，这种植入"后门"的做法极易引发争端。[1]因为，一旦留有"后门"就意味着其他的行为体也有可能利用这一"后门"从事破坏性活动，从而导致冲突的升级。关于国家围绕关键信息基础设施的网络行动远远不止留"后门"这一方式，挖掘漏洞、扩散病毒等行为都会引发关键信息基础设施的不稳定。

最后，全球数据安全无法得到保障的情况下，数据本地化趋势愈发明显。数据本地化存储对全球数字贸易、数字经济发展有不利影响。随着贸易日益数字化，跨境数据流动对国际交易越来越重要，而且受数字化影响的活动不仅限于在线贸易和供应链协调，还包括利用信息和通信技术（信通技术）将更广泛的活动纳入单一系统，从而使价值链日益由数据驱动。[2]

上述一系列围绕互联网基础架构、信息通信技术供应链、信息基础设施和数据流动的行为，使得网络空间大国关系从稳定状态转向不稳定的状态，从而扰动网络空间稳定状态。

（一）互联网基础架构

互联网基础架构连接性的一个重要支柱是互联网关键资源治理的唯一性和统一性[3]，即各国接受互联网名称和数字地址分配机构在域名解析、IP地址分配等领域唯一运营者的地位。这种地位正面临着挑战，俄罗斯已经公开宣称美国对俄罗斯的网络主权构成威胁，俄罗斯为维护自己的网络主权，将会建立另一套关键资源治理体系，以作为备用，甚至是在关键时

---

[1] 刘晴：《"五眼联盟"力推"后门"合法化原因与影响》，《中国信息安全》2019 年第 11 期，第 86—90 页。

[2] 《数据在电子商务和数字经济中的价值和作用及其对包容性贸易和发展的影响》，联合国贸易和发展会议，2019 年 4 月 3—5 日。https://unctad.org/system/files/official-document/tdb_edc3d2_ch.pdf.

[3] 徐培喜：《全球传播政策——从传统媒介到互联网》，清华大学出版社 2018 年版。

候取而代之。[1]互联网基础架构的连接性以统一性为基础，通过相同的协议、介质、编码而连接成一个整体。[2]如果按照俄罗斯的方案，建立新的基础架构，将会从基础上造成网络空间的分裂。

1. 网络基础设施。

互联网是网络空间的起点，也是理解全球网络基础设施稳定的主要切入点，它主要涉及通信基础设施和逻辑基础设施的稳定。[3]通信基础设施是指互联网依赖电信基础设施作为传输媒介，例如以铜线和光纤为代表的缆线，或卫星、无线链路，以及以移动网络为代表的电磁波。[4]逻辑基础设施主要包括 TCP/IP、域名系统和根区服务器等方面。[5]简而言之，网络基础设施是将全球的网络从物理上链接到一起，而逻辑基础设施是通过统一的协议和标准保证这些位于不同国家和区域的设备可以相互操作，以实现信息交换或数据传输。

稳定之所以重要，是因为互联网是一个链接了百万级关键信息的基础设施、十亿级个人用户和千亿级物联网设备的网络。互联网上每一刻都在发生各种网络安全事件，但这并没有影响到绝大多数用户的正常使用，这其中的关键在于维护通信基础设施和逻辑基础设施的稳定。一旦这两个关键领域发生了重大事件，将会产生巨大的负面影响。

而在通信基础设施中，连接各大洲与国家之间的通信光缆是关键组成，并且最易受到攻击和入侵，因而是网络基础设施不稳定的来源之一。与普通的光纤宽带线类似，海底光缆是通过细如发丝的光纤高速、稳定地传输数据，一端的激光以极快的速度通过薄玻璃纤维发射到光缆另一端的接收

［1］ 赵宏瑞、王宏伟、张春雷、王合永：《俄罗斯最新〈主权互联网法〉的内容、特点、对策》，北大法宝，2019 年。http://lawyeredu.pkulaw.cn/index.php? m = content&c = index&a = show&catid = 11&id = 1138。

［2］ 工业互联网产业联盟：《工业互联网网络连接白皮书》，2018 年 9 月。http://www.miit.gov.cn/n973401/n5993937/n5993968/c6488070/part/6488075.pdf。

［3］ 鲁品越：《中国未来之路——信息化进程在中国》，南京大学出版社 1998 年版。

［4］ 冯亮、朱林：《中国信息化军民融合发展》，社会科学文献出版社 2014 年版。

［5］ 工业互联网产业联盟：《工业互联网标识解析——安全风险分析模型研究报告》，2020 年 4 月。https://www.miit.gov.cn/n973401/n5993937/n5993968/c7886727/part/7886732.pdf。

器，从而完成信息的传输。[1]除了光纤以外，海底光缆外围包裹着层层保护结构。据 TeleGeography 报告显示，全球 95% 的国际数据通过海底光缆传输。[2]海底光缆所具备的强大通信传输能力使其成为连接全球互联网通信的重要基础设施之一，海底光缆的稳定与否将对全球互联网基础设施的运行，以及网络空间稳定产生直接影响。在这样的背景下，作为重要通信基础设施的海底光缆的重要性不言自明。目前全球大约有 406 条海底光缆，总长度超过 140 万千米，这一数字随着新光缆的使用和旧光缆的退役而有所变化。[3]据统计，美国拥有 74 条海底光缆，中国拥有 10 条。海底光缆的建设主体在 2000 年以前以电信运营商为主，最近 10 年，谷歌、脸书等互联网公司由于流量需求巨大，逐渐成为主要的建设主体。

海底光缆是连接全球互联网最主要的物理设施[4]，而互联网得以正常运行，同样离不开不同层级的运营商。[5]一般可以从互联网服务提供商（ISP），以及第一层和第二层的互联网宽带提供商（IBP）三个层面来理解网络的运营。[6]第一层的 IBP 通常是很多海底光缆的运营者，一般包括像威瑞森（Verizon）、美国电报电话公司（AT&T）等。第一层 IBP 之间采取的是对等互联（peering）的方式，即在数据交换的过程中不论流量的大小，只向自己的用户收费；第二层 IBP 需要向第一层 IBP 支付传输费用；第三

［1］《海底光缆铺设：这些细如发丝的光纤高速稳定的传输数据》，科讯网，2020 年 10 月 19 日。http://m.tech-ex.com/zxpd/qukuailian/2020/1019/100013081.html。

［2］中国信息通信研究院：《中国国际光缆互联互通白皮书（2018 年）》，2018 年 8 月。http://pdf.dfcfw.com/pdf/H3_AP201809031186813405_1.pdf。

［3］范凌志：《美排挤中国海底光缆，专家：美遏制的不是中国通信产业发展，而是全球通信产业发展》，环球网，2020 年 9 月 9 日。https://world.huanqiu.com/article/3zoA0YidESi。

［4］《海底光缆行业报告：全球数据流量需求提升驱动需求》，http://ipoipo.cn/download/8762.html，浏览时间：2020 年 5 月 2 日。

［5］《电信运营商面临的机遇与挑战》，德勤科技、传媒、电信行业卓越中心•德勤视角系列报告，2013 年 第 1 期。https://www2. deloitte. com/content/dam/Deloitte/cn/Documents/technology-media-telecommunications/deloitte-cn-tmt-telecom-industry-challenges-opportunities-zh-271212.pdf.

［6］中国信息通信研究院：《互联网网络架构发展白皮书》，2017 年 12 月。http://www.caict.ac.cn/kxyj/qwfb/bps/201804/P020171213443441234758.pdf。

层是连接终端用户的互联网服务提供商。

在当今世界，海底电缆已成为经济生活与社会架构的基本要素，是连接互联网的国际通道，而作为核心通信基础设施，海底电缆承载着98%以上的国际互联网服务、数据、视频和电话业务。[1]可以想象互联网骨干线缆一旦遭受破坏，其带来的影响将会多么广泛。2008年初，靠近埃及附近地中海海域内一条主要互联网光缆被切断，造成了中东地区大规模的互联网连接中断。[2]由于出事的光缆承担了大量的中东与欧美之间的数据传输，这起事件不仅使得埃及、科威特和阿联酋等国的互联网服务受到很大影响，甚至包括印度在内的更广泛区域的全球互联网接入都受到了影响。

2. 逻辑基础设施。

逻辑基础设施主要是为了解决不同的设备、软件和不同运营商之间互联互通的问题。[3]作为主要的互联网技术标准，传输控制协议/互联网协议建立了互联网领域的三个重要原则：分组交换、端到端联网和健壮性。[4]为了实现联网，域名系统必须给每一台设备分配唯一的IP地址，明确规定了如何基于互联网路由系统来到达一个网络位置。IP地址分配系统是分层级组织的，其最主要的机构是IANA，是ICANN的核心机构之一。[5]此外，全球范围存在着五个区域性互联网络信息中心（RIR），RIR将IP地址分配给本地互联网网络信息中心和国家互联网网络信息中心，这些机构再将IP地址逐级向下分配给更小的互联网服务提供商。[6]

逻辑基础设施另外一个重要的领域是域名系统和根服务器。由于IP地

［1］国际电联电信发展部门（ITU-D）研究组：《发展中国家的宽带接入技术［包括国际移动通信（IMT）］》，2017年。https://www.itu.int/dms_pub/itu-d/opb/stg/D-STG-SG01.02.1-2017-PDF-C.pdf.
［2］《中东及印度部分互联网服务因海底光缆受损中断》，中国新闻网，2008年1月30日。http://www.chinanews.com/gj/kong/news/2008/01-30/1151427.shtml.
［3］唐守廉：《互联网及其治理》，北京邮电大学出版社2008年版。
［4］马建峰、郭渊博：《计算机系统安全》，西安电子科技大学出版社2005年版。
［5］《域名分配折射大国博弈 变革之路值得审视和关心》，《光明日报》，2017年1月4日。
［6］《中国的IP地址》，亚太互联网络信息中心，https://www.apnic.net/community/ecosystem/igf/articles/ip-addressing-in-china-2004-translation/。

址是由一连串的数字组成，用户很难记忆。为了方便用户使用，域名系统可以将更加容易记忆的互联网域名转换为 IP 地址。从基础设施角度来看，域名服务器包括根服务器、顶级域服务器和位于世界各地的大量 DNS 服务器。[1]域名系统的详细工作流程参见图 7.3。

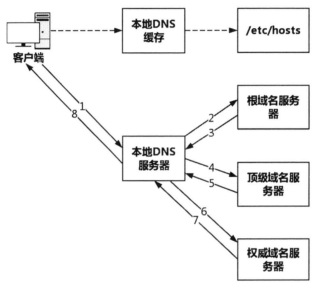

图 7.3　域名系统的详细工作流程

由图 7.3 可知，DNS 的解析由根服务器提供服务，它存有根区文件的公开副本。全球有 13 个根服务器以及数以千计的镜像根服务器[2]，共包括 6 家学术/公共机构、3 家商业公司和 3 个政府机构在管理根服务器。从理论上来说，如果 13 个根服务器中的 1 个发生崩溃，剩下的 12 个服务器将继续发挥作用。但是在实践中，也多次出现由于域名系统遭受网络攻击而导致的大规模断网事件。[3]

---

［1］《从"国家网络主权"谈基于国家联盟的自治根域名解析体系》，http://www.xinhuanet.
com/politics/2014-11/27/c_127255092.htm，浏览时间：2014 年 11 月 27 日。

［2］《中国信通院在华南地区设立域名根镜像服务器》，http://www.xinhuanet.com/info/2019-
12/09/c_138617341.htm，浏览时间：2019 年 12 月 9 日。

［3］张建川、王伟：《美大面积断网突显建立域名解析高水平联动协调机制的重要性》，《信息
安全与通信保密》2016 年第 12 期，第 50—57 页。

2016年10月，美国主要的互联网域名服务商 DYN 公司的服务器遭受大规模的分布式拒绝服务攻击（DDoS），导致了美国整个东海岸长时间"断网"[1]，网站无法访问，流量时断时续，并且持续了很长时间。由于推特、脸书等很多网站无法访问，给经济和社会带来巨大的损失。[2]历经一年多的调查，美国联邦调查局公布了这起案件的始末，是三个高校的学生出于攻击一个游戏服务器的目的而引发了这次域名解析系统的崩溃。[3]这也揭示了互联网逻辑基础设施的脆弱性和重要性，引发了关于网络稳定的讨论。

（二）关键信息基础设施

关键信息基础设施通常是指国家至关重要的资产、系统和网络，如果其无法正常工作或遭到破坏，将对国家安全、经济发展以及社会稳定等产生破坏性影响。[4]目前，各国对于关键信息基础设施的定义分为以下两类。

一种是描述性定义。例如，2019年南非专门推出了《关键基础设施保护法案》。法案规定如下基础设施被视为关键基础设施：（1）这种基础设施的运作对经济、国家安全、公共安全和持续提供基本公共服务至关重要；（2）这些基础设施的损失、损坏、破坏、中断或停止使用可能会严重损害共和国的运作或稳定、安全方面的公共利益以及维护法律和秩序及国家安全。[5]2000年印度通过的《信息技术法》将"关键信息基础设施"称为

[1] 《美国遭遇"史上最严重 DDoS 攻击"——企业断网有多疼?》，《青年参考》，2016年11月2日，第14版。

[2] 任妍《夏学平：互联网发展进入变革期　全球互联网发展呈五大特点》，http://finance. people.com.cn/n1/2020/1123/c1004-31941438.html，浏览时间：2020年11月23日。

[3] 《针对物联网设备的蠕虫病毒 Mirai 开发者已经被捕》，https://www.landiannews.com/ar-chives/43482.html，浏览时间：2017年12月15日。

[4] 张跃冬：《网络安全立法中的关键信息基础设施保护问题》，《中国信息安全》2015年第8期，第83—86页。

[5] "Critical Infrastructure Protection Act 8 of 2019", South African Government，November 28, 2019. https://www. gov. za/documents/critical-infrastructure-protection-act-8-2019-english-isixhosa-28-nov-2019-0000?gclid = EAIaIQobChMIyfPxiZDu7QIVw3wrCh3DwA29EAAYAS AAEgJGnfD_BwE.

"受保护系统"，其定义是如果遭到破坏会对国家安全、经济、公众健康或者安全产生影响的计算机资源。[1]

另一种是规定性定义，即明确关键信息基础设施的行业类别。例如，俄罗斯 2009 年发布的信息安全政策文件中，描述的关键部门主要指科技、国防、通信、司法、应急响应部门等。[2]2013 年出台的《俄联邦关键网络基础设施安全》规定，对入侵交通、市政等国家关键部门信息系统的黑客最高可处以 10 年监禁。这事实上是将交通、政府等纳入国家关键网络基础设施。[3]因此，俄罗斯的关键信息基础设施总共有七类：（1）科技；（2）国防；（3）通信；（4）司法；（5）应急响应部门；（6）交通运输；（7）政府部门。[4]各国根据自身发展情况的不同，其关键基础设施行业范围也不尽相同。马来西亚《国家网络安全政策》中明确了 10 个关键信息基础设施部门：（1）国家防卫与安全；（2）银行和金融；（3）信息通信；（4）能源；（5）交通；（6）水利；（7）医疗健康；（8）政府；（9）应急服务；（10）食品行业。[5]希腊《Law4577/2018》明确其关键服务运营主要集中在以下 7 个部门：（1）能源；（2）交通；（3）信贷机构；（4）金融；（5）健康；（6）水利；（7）数字基础设施。[6]泰国的关键基础设施由以下六部分组成：（1）关键政府部门；（2）金融；（3）信息通信；（4）交通运输；（5）能源；（6）医疗健康。[7]

[1] "Information Technology Act 2000", Ministry of Electronics & Information Technology of Government of India. https://www.meity.gov.in/content/information-technology-act-2000.
[2] 李宇：《美德英日俄，国外的关键信息基础设施保护都怎么搞?》，https://bbs.huaweicloud.com/blogs/160600，浏览时间：2020 年 4 月 20 日。
[3] 张莉：《美国保护关键基础设施安全政策分析》，《信息安全与技术》2013 年第 7 期，第 3—6 页。
[4] Christer Pursiainen, "Russia's Critical Infrastructure Policy: What do we Know About it?", European Journal for Security Research (2020), October 29, 2020.
[5] Mohd Shamir B. Hashim, "Malaysia's National Cyber Security Policy: The Country's Cyber Defence Initiatives", IEEE. https://ieeexplore.ieee.org/document/5978782.
[6] "Data Law Navigator: Greece", CMS, March 23, 2020. https://cms.law/en/int/publication/data-law-navigator/greece.
[7] Alita Sharon, "Thailand Pushing for Six EEC Infrastructure Projects in 2020", Open Gov Asia, January 7, 2020. https://opengovasia.com/thailand-pushing-for-six-eec-infrastructure-projects-in-2020/.

目前，关键信息基础设施面临的风险日益复杂，并呈现出受攻击面广、攻击方多、频度和烈度增大等特征，对国家安全、经济发展以及社会稳定造成不利影响和严重损失。[1]按照目的不同可分为三类：第一类是利用勒索软件来影响关键基础设施部分功能的使用，以获取直接的经济利益；第二类是通过漏洞等手段窃取机构或者国家的数据资产，甚至采用更隐蔽的方式实施针对性的窃密行动，获取机密情报，危害国家安全；第三类是直接对一个国家或者机构的关键基础设施发起高烈度攻击，破坏其架构，使其不能正常工作，甚至陷入瘫痪，直接对国家安全和社会稳定造成巨大伤害。[2]按照路径不同也可分为三类：第一类是通过供应链中的安全漏洞实施窃密行为；第二类是通过互联网企业间接实施数据或者情报窃取；第三类是直接对目标关键基础设施发起攻击。

关键信息基础设施是网络空间中的重要资产，关系到国家的安全与发展利益，甚至直接影响国家在全球网络空间中的战略地位。如果一个国家的关键信息基础设施过于依赖他国的产品与技术，首先是无法确保系统的安全可信，供应链安全存在隐患；其次是信息通信技术自主控制权缺失，一旦遭遇产品断供或者技术封锁，国内替代产品和技术无法满足基础设施运营的需求，短期内对网络空间稳定造成巨大冲击；再次，新兴技术的创新和培育如果过度依赖他国，将导致体系性、全局性的发展受限，信息基础设施的更新迭代受到极大掣肘，难以建立健全和强大的网络安全防御体系，在全球网络空间战略态势中长期处于不利地位。[3]而网络技术能力强的国家，一是可以对他国网络安全建设形成牵制；二是可以通过网络威慑保持其战略优势；三是可以主动发起网络攻击，降级、瓦解、摧毁对方的系统，实现自身战略意图。[4]

---

［1］［2］　赛博研究院：《〈全球数据安全倡议〉重磅发出！业界专家联合权威解读》，2020 年 9 月 10 日。http://www.sicsi.net/Home/index/look/id/528/type/% E4% BA% A7% E4% B8%9A%E7%A0%94%E7%A9%B6.

［3］　刘志超、赵林：《管窥主要国家和地区的网络空间安全战略》，《军事文摘》2020 年第 11 期，第 11—14 页。

［4］　高望来：《信息时代中美网络与太空关系探析》，《美国研究》2011 年第 4 期，第 4、62—76 页。

维护关键信息基础设施的稳定需要多措并举，多方合力。一是积极探索关键信息基础设施保障体系及框架，从标准指南、检测认证、边界识别、风险评估、应急响应等多维度建立系统安全防御体系；[1]二是通过法律法规、政策指令等方式，为关键信息基础设施提供顶层设计和战略指导，明确关键基础设施保护的相关责任部门、信息共享能力建设、可信供应商评估以及推动公有部门、私营部门通力合作，综合施策，系统性提升关键信息基础设施的安全保障能力；[2]三是在国际层面上，应达成"避免攻击国家关键信息基础设施"的共识，对肆意应用网络力量对他国关键信息基础设施造成巨大伤害的国家予以制裁，限制网络武力滥用，加强网络危机管理，维护网络空间国际秩序，促进网络空间战略稳定。[3]

（三）供应链完整

信息通信技术供应链作为所有其他供应链的基础，被称为"供应链的供应链"。[4]信息通信技术供应链具有三个显著特征：一是全生命周期覆盖。信息通信技术供应链涵盖了设计、研发、采购、生产、仓储、物流、销售、分发、部署、使用、维护、召回等全部环节；[5]二是产品服务的复杂性。信息通信技术供应链中不仅有计算机、通信设施、网络设备等硬件，还有操作系统、应用软件及服务、数据库等软件。[6]三是供应商的多样性。

---

[1] 网信防务：《关键信息基础设施安全态势感知技术发展研究报告》，https://www.secrss.com/articles/7440，浏览时间：2018 年 12 月 28 日。

[2] 毕婷、陈雪鸿、杨帅锋：《关键信息基础设施保护工作思考》，《中国信息安全》2019 年第 6 期，第 92—94 页。

[3] "How to Avoid Hacking to Critical Infrastructure", Panda Security, November 30, 2016. https://www.pandasecurity.com/en/mediacenter/pandalabs/whitepaper-critical-infrastructure/.

[4] 吕晶华：《ICT 供应链安全国际治理制度体系分析》，《信息安全与通信保密》2020 年第 4 期，第 25—30 页。

[5] 陈晓桦：《我国该如何管理 ICT 供应链安全?》，http://www.sicsi.org.cn/Home/index/look/id/105/type/%E4%BA%A7%E4%B8%9A%E7%A0%94%E7%A9%B6，浏览时间：2019 年 8 月 21 日。

[6] 《信息安全技术　ICT 供应链安全风险管理指南》，http://openstd.samr.gov.cn/bzgk/gb/newGbInfo?hcno = 8C81D84FB9FF253645FEE8AE17EC0F53，浏览时间：2018 年 10 月 10 日。

信息通信技术供应链涉及制造商、供应商、分销商、系统集成商、服务提供商等多类实体。[1]

信息通信技术供应链具有高度全球化的特质，其面临的安全风险可以分为"先天性风险"和"后天性风险"两大类。"先天性风险"是指信息通信技术供应链面临的安全威胁和安全脆弱性。其中，安全威胁既包括非对抗性的产品/服务质量差，开发及管理能力不足、违规操作等，也包括对抗性的恶意篡改、假冒伪劣、信息泄露、恶意软件植入等。[2]安全脆弱性主要包括供应链生命周期的脆弱性和供应链基础设施的脆弱性。[3]供应链生命周期的脆弱性涉及开发、供应、维护三个阶段，供应链基础设施的脆弱性则涉及供应链管理脆弱性、信息通信技术上下游脆弱性、供应链管理信息系统脆弱性以及供应链物理安全脆弱性四个方面。[4]

"后天性风险"是指随着大国博弈的加剧，供应链安全关系到网络空间安全、数字经济发展、全球贸易开放以及主要国家关系的稳定等，国家或者机构为保持可持续的竞争优势或者达成某种预设目的，有意干预供应链或者实施危害供应链的行为。其中包括但不限于：一是通过供应链对他国或者组织实施监听、监控、窃密、渗透等行为，维持并施加自身对他国或者组织的影响力、控制力，严重破坏人们对信息通信技术供应链产品及服务的信任。[5]二是以"对国家安全构成威胁"为理由，限制他国技术在本国的推广应用，阻碍企业全球化发展，破坏供应链的完整性。三是通过停

[1] 《信息安全技术 ICT 供应链安全风险管理指南》，http://openstd.samr.gov.cn/bzgk/gb/newGbInfo?hcno = 8C81D84FB9FF253645FEE8AE17EC0F53，浏览时间：2018 年 10 月 10 日。

[2] 陈晓桦：《我国该如何管理 ICT 供应链安全?》，http://www.sicsi.org.cn/Home/index/look/id/105/type/%E4%BA%A7%E4%B8%9A%E7%A0%94%E7%A9%B6，浏览时间：2019 年 8 月 21 日。

[3] 汪丽：《ICT 供应链安全标准化体系及实践应用》，《信息安全与通信保密》2020 年第 4 期，第 5—13 页。

[4] 冯耕中、卢继周、吴勇：《IT 供应链安全管理与对策建议》，《中国信息安全》2013 年第 6 期，第 74—77 页。

[5] 阿里尔·列维特、贺佳瀛：《ICT 供应链完整性：政府和企业政策的原则》，《信息安全与通信保密》2019 年第 11 期，第 92—101 页。

止产品及服务供应，以中断供给的方式抑制他国技术突破创新，加剧供应链的脆弱性，甚至形成供应链的断裂。[1]四是通过限制关键及新兴技术出口维护技术霸权，阻滞信息通信技术供应链的创新发展。[2]五是传播"威胁论"，向盟友国家兜售恐惧，强化自己在网络空间的战略影响力，加强对盟友国的控制，加剧全球供应链的区域化、碎片化趋势。[3]

信息通信技术供应链安全问题在全球范围内得到高度重视。首先，信息通信技术供应链安全的"武器化"将严重破坏国际体系的和平、稳定和安全。如果一国利用自身的优势资源，例如在关键设施、核心技术、信息通信技术产品和服务、信息通信网络等领域削弱他国对信息通信技术产品和服务的自主控制权，甚至对该国政治稳定、经济发展和社会安全造成重大威胁。[4]其次，将信息通信技术供应链作为产业壁垒对竞争对手施压，将导致全球技术和贸易环境的恶化。全球信任合作是全球数字贸易自由化和数字经济发展的基石[5]，人为地将信息通信技术供应链安全用于制造贸易壁垒，滥用"国家安全"理由限制正常信息通信技术交流与合作，限制信息通信技术产品的市场准入及高新技术产品出口，将无法打造公平、公正、非歧视的营商环境，阻碍全球数字经济的发展和进步。最后，技术领域的互异性发展趋势破坏信息通信技术生态的完整性，削弱其对全球经济发展的推动效应。[6]如果从技术标准和应用领域人为制造互相排斥的系统，

---

［1］ 李巍、赵莉：《美国外资审查制度的变迁及其对中国的影响》，《国际展望》2019 年第 1 期，第 44—71 页。

［2］ 王天禅：《美国新兴技术出口管制及其影响分析》，《信息安全与通信保密》2020 年第 4 期，第 14—19 页。

［3］ 孙海泳：《进攻性技术民族主义与美国对华科技战》，《国际展望》2020 年第 5 期，第 46—63 页。

［4］ 陈晓桦：《我国该如何管理 ICT 供应链安全？》，http://www.sicsi.org.cn/Home/index/look/id/105/type/%E4%BA%A7%E4%B8%9A%E7%A0%94%E7%A9%B6，浏览时间：2019 年 8 月 21 日。

［5］《发展数字贸易　实现合作共赢——2020 年数字贸易发展趋势和前沿高峰论坛发言摘编》，《人民日报》2020 年 9 月 6 日，第 5 版。

［6］ 孙海泳：《美国对华科技施压与中外数字基础设施合作》，《现代国际关系》2020 年第 1 期，第 41—49 页。

最后必将形成"双中心""多中心"的平台和方案，这将迫使采购或者使用信息通信技术产品和服务的国家选边站队，形成供应链分裂化、区域化、碎片化，甚至会导致全球数字市场的割裂。

控制信息通信技术供应链安全风险，加强信息通信技术供应链安全治理，已经成为维护网络空间战略稳定的重点。首先，各国还需不断完善供应链安全风险控制流程，加强识别、评估、实施风险管控，丰富系统保护框架，建立可信任体系，保障信息通信技术供应链的完整性、可用性、保密性、可控性。[1]

其次，呼吁建立国际行为规范，如各国不得利用自身优势，损害别国信息通信技术产品与服务供应链安全；各国要求信息技术产品与服务供应方不得利用提供产品的便利条件或在产品中设置"后门"，以非法获取用户数据、控制和操纵用户系统和设备；不得利用用户对产品的依赖性谋求不正当利益，强迫用户更新系统或者升级换代；供应商应承诺如果发现产品存在严重安全漏洞或者缺陷，及时通知合作伙伴与用户。[2]

最后，强化国际标准组织（International Standard Organization，ISO）等具有权威性的国际第三方的力量，防止技术问题政治化。促进国际社会通过标准、协议、规范等推进数字基础设施建设，着眼发展、消除分歧，促进全球互联互通。[3]同时，建立起有效的风险评估和责任判定机制，明确安全责任，强化责任追究，规范全球信息通信技术供应链安全生态的运营，为网络空间战略稳定奠定基础。[4]

---

[1] 汪丽：《ICT 供应链安全标准化体系及实践应用》，《信息通信与安全保密》2020 年第 4 期，第 5—13 页。

[2] "China's Submissions to the Open-ended Working Group on Developments in the Field of Information and Telecommunications in the Context of International Security", Unitied Nations Open Ended Working Group, September 2019. https://s3.amazonaws.com/unoda-web/wp-content/uploads/2019/09/china-submissions-oewg-cn.pdf.

[3] 《新型基建助力数字经济高质量发展》，http://www.xinhuanet.com/tech/2020-05/08/c_1125955172.htm，浏览时间：2020 年 5 月 8 日。

[4] 王秉政：《加强 ICT 供应链安全管理　保障信息通信产业健康发展》，https://news.gmw.cn/2018-04/19/content_28362702.htm，浏览时间：2018 年 4 月 19 日。

（四）全球数据安全

数据作为基础性资源和战略性资源，关系到国家的科技创新、产业发展、经济增长和战略稳定。数据安全的保障和数据价值的释放，已然成为全球范围内需要寻求利益最大公约数的共同关切。[1]首先，数据安全建立在数据的保密性、完整性和可用性之上，同时要兼顾其流动性和可靠性，构建起国内、双边及多边，乃至全球范围内安全、可信任的数据流通生态体系。其次，数据全生命周期包括数据收集、存储、使用、加工、传输、提供、公开、删除、销毁等多个环节，各环节中必须明确相关处理活动所应遵循的安全要求和规范。[2]最后，数据流通生态体系中，具有多个主体的存在，例如个人数据主体、网络运营者、具有监督管理职能的政府机构、第三方评估机构、区域范围内从事数据处理的组织等。[3]而随着数据战略性地位的提升，主权国家及国际组织在数据流动生态体系中扮演着愈发关键的角色。

目前，全球范围内数据价值的释放面临三大掣肘。

一是数据安全风险。数据是互联网时代最为宝贵的资源之一，由于技术的迅速发展，数据价值出现巨大的增量空间，数据安全问题也空前凸显。首先，数据泄露、越权访问、中间人攻击、软件安全性和数据灾备等来自外部威胁和内部脆弱性的风险，破坏了数据产业链的健康状态，使其不能为关键信息基础等产业链提供坚实的安全保障。其次，对个人信息的窃取、非法提供、贩卖等，对公民个人产生了严重伤害，进而损害了人们对于互联网的信心。最后，部分组织或者国家通过公开或者秘密的方式对数据的海量采集和深度分析，将产生战略性情报，并据此展开相关行动从中获益，

---

[1] 王融：《数据跨境流动政策认知与建议——从美欧政策比较及反思视角》，《信息安全与通信保密》2018 年第 3 期，第 41—53 页。
[2] 李树栋、贾焰、吴晓波、李爱平、杨小东、赵大伟：《从全生命周期管理角度看大数据安全技术研究》，《大数据》2017 年第 5 期，第 3—19 页。
[3] 《大数据安全标准化白皮书》，http://www.cac.gov.cn/wxb_pdf/5583944.pdf，浏览时间：2017 年 4 月 13 日。

对他国的经济发展、社会稳定、国家安全造成了难以估量的损失。

二是数据垄断风险。全球数字产业快速发展的过程，也是数字巨头累积数据财富的过程。[1]占据市场支配地位的数字企业具有雄厚的用户数据基础，其领先的技术优势和多元化的商业模式加剧了锁定效应[2]，引发多方对数据垄断的担忧：首先是用户的使用选择权受到限制，甚至被剥夺；其次是数字巨头的先发优势和强大的数据驱动力，使得后来进入市场的企业难以成长并与之竞争，破坏了市场的公平、公正，并阻碍国家的科技创新和产业培育；[3]最后是基于互联网先发优势，通过有意图、有导向性的互联网信息操控，实施对他国意识形态领域的渗透，干扰他国民心稳定、政治稳定，进而实现对他国的控制。

三是数据跨境风险。关于数据跨境流动的研究，最早起源于20世纪70年代因计算机和通信技术迅速进步而导致的信息密集型国际贸易的增长。[4]1980年，经济合作与发展组织（OECD）最早提出了"数据跨境流动"这一概念，将其定义为计算机化的数据或者信息在国际层面的流动。[5]在数据跨境流动过程中，首先是个人数据安全风险加大。基于各国技术能力的差异化和数据监管法律规范的割裂化，个人数据在跨境流动中的技术处理、安全传输、分析应用等方面都面临前所未有的挑战。其次是各国数据跨境法律规范必须得到遵从。为保障数据安全，各国根据自身情况，采取自由流动、本地化副本保留、有条件出境、本地化存储和处理等从完全开放到完全禁止的不同限制程度的跨境数据流动管理措施。[6]各国

---

［1］马述忠、房超：《弥合数字鸿沟、推动数字经济发展》，《光明日报》，2018年8月4日，第11版。

［2］聂永有、殷凤：《大国崛起的新政治经济学》，四川人民出版社2016年版。

［3］牛喜堃：《数据垄断的反垄断法规制》，《经济法论丛》2018年第2期，第370—394页。

［4］《数字贸易发展与影响白皮书（2019）》，http://www.caict.ac.cn/kxyj/qwfb/bps/201912/P020191226585408287738.pdf，浏览时间：2019年12月。

［5］高山行、刘伟奇：《数据跨境流动规制及其应对——对〈网络安全法〉第三十七条的讨论》，《西安交通大学学报（社会科学版）》2017年第2期，第85—91页。

［6］杨莜敏：《全球跨境数据流动国际规则及立法趋势观察和思考》，https://www.secrss.com/articles/13744，浏览时间：2019年9月17日。

应要求在他国开展相关业务的企业严格遵守所在国法律，不得肆意调用、非法获取他国数据。最后是基于跨境数据流动"充分性保护"考虑的区域性合作，使得数据在满足统一安全标准下，在一定区域内高效合作。[1]但与此同时，数字技术不发达、数据监管不完善的国家，一方面因短期内难以达到高要求水准，另一方面可能在霸权机制的威压下，被迫数据收割，或者为保护数据资产而高度限制数据跨境，进一步加剧了数字鸿沟。

维护数据安全，促进各国间的数字贸易发展与合作，是实现全球数字经济目标的必由之路。[2]因此，从各国国内政策来说，需要建立健全数据安全策略体系、管理体系、运营体系和技术体系，明确数据安全体系建设的总体方针，细化数据安全的具体要求，从数据识别、分级分类、风险防控、审计追溯等多个方面严格落实，同时，加强技术能力建设，打造安全的数据价值链和产业链。从各国国内经济领域看，要反对数据垄断，推动数据开放和共享，支持新兴数字产业的发展，扶持中小企业创新发展，规范市场竞争秩序，优化市场资源配置，提高国家的科技竞争力。

在国际层面，首先，要在遵从各国数据安全监管法律规范的前提下，求同尊异、积极协商，不断完善跨境数据流动规制，为全球数字经济发展和国际贸易提供配套规则；其次，国际组织应对信息技术不发达国家提供能力支持、经验参考等，帮助其完善数据安全保障体系，使其从全球数据流通中获得数字红利；[3]最后，数据安全已经成为国际社会所面临的共同责任，因此，必须摈弃霸权主义和单边主义，就数据安全的核心问题达成共识，坚守多边主义、加强国际合作，推动数据安全全球规则体系的建立。[4]

---

［1］付伟：《全球数据治理体系建设与中国的路径选择研究》，《中国信息化形势分析与预测（2018～2019）》2019 年 9 月。

［2］齐治平：《世界需要公正的数据安全全球规则》，《人民日报》2020 年 9 月 11 日，第 3 版。

［3］新华社：《第六届世界互联网大会开幕　黄坤明宣读习近平主席贺信并发表主旨演讲》，《网络传播》2019 年第 11 期，第 10—11 页。

［4］齐治平：《世界需要公正的数据安全全球规则》，《人民日报》2020 年 9 月 11 日，第 3 版。

第三节

———

维护网络空间稳定的核心要素

大国关系和网络自身的稳定，是决定网络空间的稳定、脆弱稳定和不稳定三种状态的外在和内在因素。在这种复杂的状态下，危机、冲突、升级、误判、博弈、困境频繁地发生在网络空间的各个领域，持续不断地冲击着网络空间稳定。从这一系列不稳定现象及其背后的因素中，可以抽象提炼出对网络空间稳定最核心的一对关系，即技术和治理机制之间的关系。如果网络空间自身的安全性和韧性能够达到足够的高度，将会极大地降低治理机制构建的门槛。同理，如果治理机制足够有效，也能够克服网络空间中的不稳定因素，维护网络空间稳定。在这两种理想状态中，认知和能力是两个有重要影响力的要素。对网络空间客观、全面的理解可以引导信息通信技术服务于良好的目的，促进和平与发展。而错误的认知会让国家间的政策出现矛盾，进而让网络空间陷入冲突、战争等不稳定状态。无论是在国内战略还是全球治理层面，能力建设都是各方关注的重点领域。[1]能力的高低将会决定行为体对风险和威胁的感知，从而决定行为体采取的行为。因此，从技术—认知—能力—制度之间的互动关系入手，可以构建一个更好理解网络空间稳定的框架。本节从网络空间稳定视角出发，对技术、认知、能力和制度的研究现状、内涵予以详细分析。

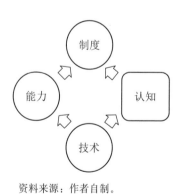

资料来源：作者自制。

图7.4　网络空间稳定要素

———

[1] 吴志成、王慧婷：《全球治理能力建设的中国实践》，《世界经济与政治》2019年第7期，第4—23页。

一、 网络空间的技术属性与逻辑

新兴技术是推动网络空间演变的核心动力，它越来越复杂和专业化。[1]不同技术之间的互相交叉应用越来越广泛，多种新兴技术的集成使用已成为一种大趋势；新兴技术的应用场景越来越广泛，并且其通用性极大地推动了传统技术的数字转型；此外，不同新兴技术的发展使得网络安全技术也需要更专业化，更有针对性地服务于不同的技术。[2]人类社会正在从工业时代转向更加复杂的信息时代，并拉开了智能时代的序幕。这背后是一系列重要的技术在发挥着作用。如何去理解网络空间背后的技术体系是一项重大的挑战。例如，早期人们用"信息技术"和"通信技术"来指代与通信和计算机相关的技术。[3]目前，这种分类方法已经难以体现技术的最新发展趋势。国际上普遍使用"新兴技术"（Emerging Technology）来形容这一类具有颠覆性、融合性和不确定性的技术。例如，人工智能、区块链、数据技术、5G、量子科技、云计算等技术的最新发展和应用。但是，新兴技术并不单单是指信息技术领域，它也包括生物、材料等其他一些具有不确定性、创新性、颠覆性、影响性的技术。此外，"数字科技"（Digital Technology）是对网络空间中与数字技术相关的较为宽泛的另一种提法，指通过利用现代计算机技术，把各种信息资源的传统形式转换成计算机能够识别的二进制编码数字的技术。[4]

概念和定义的模糊只是其中的一项挑战，更重要的挑战是技术自身的复杂性及其应用的广泛性。以 5G 技术为例，原本只是通信技术的一项升

---

[1]　"Future Series: Cybersecurity, Emerging Technology and Systemic Risk", World Economic Forum, November 16, 2020. http://www3.weforum.org/docs/WEF_Future_Series_Cybersecurity_emerging_technology_and_systemic_risk_2020.pdf.

[2]　罗文、乔标、何颖：《全球新一轮技术创新对中国的影响及对策研究》，《重庆大学学报（社会科学版）》2014 年第 6 期，第 46—52 页。

[3]　宋俊德：《从信息技术（IT）通信技术（CT）到信息通信技术（ICT）》，《当代通信》2005 年第 2 期，第 19—20 页。

[4]　柴艳妹、金鑫、曹怀虎、唐小毅：《大学计算机应用基础》，清华大学出版社 2013 年版。

级，其具有高速率、低延时、大连接等特点。这一方面要求信息通信技术
在芯片、算法、软件工程等方面有重大的突破，以实现这些功能。另一方
面，5G 的这些特点将会极大地促进物联网、无人驾驶、智慧城市等业态的
发展。[1]因此，尽管 5G 从技术层面上是对 4G 的一次升级，但其影响的深
度和范围是前所未有的。随着 5G 应用的不断推广，新的应用甚至是业态还
将会不断产生，由此所带来的颠覆性效果还会不断显现。

此外，人工智能也同样显现出前所未有的影响力。虽然已经有近 50 年
的发展历史了，但人工智能的发展一直不温不火。直到近年在大数据、算
法和算力方面的全方位突破，才催生了"人工智能 2.0 时代"的到来。[2]
人工智能应用的场景比 5G 更为广阔和深刻，已经在军事、安全、经济等层
面有了极为广泛的应用，由此给国家和社会带来的治理难题也是前所未有
的。[3]量子科技则是彻底实现对现有加密技术的颠覆，将从根本上改变现
有的通信安全模式，真正实现通信的安全。[4]量子计算的商业化将会极大
地提升计算能力，会使得现有的加密算法轻易被破解。

复杂的技术背后引发了对于国家安全的忧虑。作为新一代的信息通信
技术，5G 网络是国家安全与信号情报收集的重点关注对象，因为大多数网
络空间中的信息都在 5G 这一管道中流动。各国的国防部、情报界等强力部
门高度关注 5G 对于国家安全的重要影响，强调从国家安全的角度来应对
5G 所带来的风险挑战。美国国防部国防创新委员会发布了《5G 生态系统：
对国防部的风险与机遇》，系统梳理了 5G 供应链、设施和服务，以及设备
等方面对美国的军事力量所带来的风险。[5]5G 除了对于国家安全的影响之

［1］《5G 商用多领域"踩点" 万亿级产业群显山露水》，http://www.xinhuanet.com/
fortune/2019-05/30/c_1124560000.htm，浏览时间：2019 年 5 月 30 日。
［2］刘刚：《中国智能经济的涌现机制》，《重庆邮电大学学报（社会科学版）》2019 年第 8
期，第 99—109 页。
［3］Feng Shuai, "Advances in AI Technology and Evolution of the International System in the Fu-
ture", *Foreign Affairs Journal*, Vol.131, pp.57—76.
［4］《量子通信"绝对保密"该怎么理解？》，http://www.xinhuanet.com/science/2019-07/05/c_
138200808.html，浏览时间：2019 年 7 月 5 日。
［5］鲁传颖：《5G 之争折射出中美大国博弈》，《中国信息安全》2019 年第 6 期，第 29—30 页。

外，其背后庞大的产业竞争也引起了大国之间的冲突，对全球的经济秩序和科技创新体系带来了很大的冲击。[1]5G 在新兴技术产业生态中处于核心地位，带动着一批上下游的供应商不断升级。一国要是在 5G 领域占据全球领导者的地位，其在信息通信技术领域整体的产业竞争力也会得到极大提升。大国在 5G 领域激烈的博弈带来了一系列严重的后果，一是对基于规则的世界秩序的挑战，特别是全球知识产权保护体系、供应链体系和创新体系。伴随着大国竞争的日益激烈，各种"泛国家安全化"和意识形态化的做法首先破坏的是国际规则体系、全球供应链体系和创新生态体系，由此带来的后果将由全球共同承担。[2]国际体系的建立经历了漫长和痛苦的过程，而当大国为了一己之私抛弃规则和秩序，必将对其自身的国家利益构成长期伤害。

二、 网络空间行为体的认知

网络空间是由多元主体构成的新场域，各类主体在其中的认知及其所导致的不同行为是网络空间社会性的基础。[3]同时，网络空间各行为体的认知也面临一系列短板和挑战，难以避免地造成各方行为上的冲突，冲击网络空间稳定。

（一）认知挑战

新兴技术的复杂性增加了理解技术的难度，但新兴技术的应用所产生的深刻影响，以及行为体与新兴技术的互动过程才是更大的认知挑战。网络空间行为体之所以出现如此多的错误认知，主要原因在于技术本身的复

[1] 《2020 年中国硬科技创新白皮书》，2020 年 9 月，http://pdf.dfcfw.com/pdf/H3_AP202010131421136274_1.pdf。
[2] 钟声：《重振世界经济的绊脚石》，《人民日报》2020 年 8 月 5 日，第 3 版。
[3] 陈宗章：《网络空间：概念、特征及其空间归属》，《重庆邮电大学学报（社会科学版）》2019 年第 2 期，第 63—71 页。

杂性以及其所带来的深刻影响，使得传统的知识结构和认知模式都难以简单地应用到网络空间当中。对决策者而言，传统领域尽管也有复杂知识，但是这些知识往往更新迭代的速度较慢，处于传统的学科范式当中，对决策人员挑战不大。网络空间是一个跨领域的议题，其决策过程往往涉及不同领域与部门的协调，客观上极大增加了决策的难度。同时，网络空间又是一个高度技术性的领域，操作层面对于战略的落实起到了非常关键的作用。[1]这就使得传统官僚体系的自上而下的决策模式与网络空间自下而上的决策模式之间产生了认知差异。决策者需要构建跨学科、跨领域的认知模型，在决策时需要具有不同的学科背景，对技术在不同领域的影响作出全面的评估。[2]现有的教育体制很难培养出具有这种知识结构的复合型人才，同时，由于知识的更新速度很快，需要参与决策的人持续不断地学习，始终处于高度紧张的状态。

不仅如此，新兴技术的两用性也增加了对技术认知的难度。从以往的认知经验来看，军用技术往往领先于民用技术，国家通常在先进技术研发中处于垄断地位。新兴技术的发展轨迹改变了这一传统认知。私营部门掌握的新兴技术在很大程度上要高于传统的军事、情报等代表国家的相关部门。由于私营部门不断的扩张，并且掌握大量优秀的人才，私营部门在新兴技术领域领先于国家将会成为一种趋势。从这个角度来看，决策者与新兴技术之间的距离被拉开了，使得其对新兴技术的认知难度加大。由新兴技术的交叉性带来的颠覆性影响是难以预测的。[3]由于新兴技术高度的专业化，技术被分散在不同领域的不同企业当中，这在很大程度上进一步增加了对技术的认知的挑战。

由于网络空间的跨域性，很多政策之间存在着相互制约与冲突。网络

［1］谢文赟：《从社会治理视角加快网络空间军民融合》，《中国信息安全》2017 年第 4 期，第 33—36 页。

［2］《大数据时代政府决策机制的变革》，http://www.xinhuanet.com/politics/2016-03-29/c_128844565.htm，浏览时间：2016 年 3 月 29 日。

［3］《颠覆性技术的预测与展望》，http://www.xinhuanet.com/tech/2018-05-31/c_1122914990.htm，浏览时间：2018 年 5 月 31 日。

空间中还往往会出现意图之外的后果（unintended consequence）。最为常见的是，国家为维护网络安全所制定的政策，最后往往会影响到数字经济的发展。个别国家以破坏信息通信技术的全球供应链为代价，追求绝对的网络安全，这最终会破坏全球网络生态，给网络空间未来发展带来不确定性。正如德国内政部长泽霍费尔所说，"反对仅因存在某种可能就把某个产品排除出市场的行为"。泽霍费尔说，如果没有华为参与，德国可能无法在短期内建起5G网络，5G网络建设进程可能会因此推迟5年至10年。[1]

如果决策者无法依据新兴技术的特点构建新的认知框架，那么过时、僵化的思维和固化的观念就会导致错误认知，特别是国家在同时面临网络安全的焦虑、对伦理问题的担忧和身份认同的困惑时，还会进一步放大错误认知，导致片面和错误的政策。例如，国家在制定政策时会按照传统的安全观念，追求绝对的安全。从技术层面来看，建立在编码之上的网络空间中的风险无处不在，过度地追求安全往往会付出过高的成本，但又难以取得足够好的效果。[2]美国曾经在网关中部署名为"爱因斯坦"（EINSTEIN）的入侵检测系统，试图通过这种方法来发现所有来自境外的网络威胁，然而经过多年的发展和持续不断的投入，爱因斯坦系统并未能发挥应有的效果。[3]这种做法不仅浪费了大量的资源，也产生了错误的导向，即认为网络安全是可以一劳永逸地被解决的。

此外，行为体的错误认知还包括对自身网络行动的溢出效应认知不足，特别是自身网络行动引起对方反制并由此引起的连锁反应难以评估。同样的行为如果是自己采取的就是合理的，而如果是其他国家采取的就会被视为进攻性、破坏性的行为。这种"只许州官放火，不许百姓点灯"的认知模式，不仅会引起其他国家的普遍不满，更会加大各方效仿的力度。网络

---

[1]《欧洲多国积极拥抱中国5G技术》，《人民日报》2020年3月10日，第17版。

[2]《五种错误的网络安全观》，https://www.secrss.com/articles/9741，浏览时间：2019年4月7日。

[3]赵阳光、黄海波：《美国"爱因斯坦计划"研究》，《信息安全研究》2020年第11期，第1013—1016页。

空间安全领域的军备竞赛就是最典型的案例，一些国家为了追求自身的网络安全，大肆建立网络作战部队，引起其他国家纷纷效仿，引发了全球范围内网军建设的浪潮。[1]而当其他国家的网络军事能力大幅提升时，肇始国又觉得自身所处的环境进一步恶化，因此需要开展进攻性行动，通过先发制人的方式来维护自身的网络安全。这一举动同样会引发其他国家的不满，从而进一步加剧态势的恶化。

网络空间的错误认知还体现在，出于传统认知而夸大一些安全威胁，却忽视了真正的威胁。基于传统的认知模式，倾向于放大物理世界中关系不好的国家在网络空间中的威胁。[2]

（二）建立正确的认知

对技术的正确认知可以更好地理解技术，让技术更好地服务于人类社会。无论是网络安全与数字经济发展之间的辩证关系，还是国际社会在新冠肺炎疫情之后在发展数字经济上达成的共识，都需要决策者对网络空间中的技术建立全面、客观、包容的认知，让网络空间的发展服务于国际社会的和平与发展，让网络技术造福于人类。[3]

当新兴技术的影响力日益深刻和广泛时，我们需要对其进行相应的规制，以促进新兴技术的良性发展。在构建制度的过程中，新兴技术的复杂性，以及在应用过程中所产生的深刻而全面的影响，使得以往的认知模式逐渐失效。对于影响日益深刻的新兴技术而言，建立正确的认知需要从不同的学科和领域，对新兴技术与不同层次主体的关系进行分析，重点回答在网络空间当中，技术与人、技术与社会、技术与国家、技术与国际体系之间的关系。

---

［1］ 蔡翠红、王天禅：《特朗普政府网络空间战略》，《当代世界》2020 年第 8 期，第 26—34 页。

［2］ 郎平：《大变局下网络空间治理的大国博弈》，《全球传媒学刊》2020 年第 1 期，第 70—85 页。

［3］ 申涛林：《为数字经济平稳健康发展筑牢安全屏障》，《中国信息安全》2020 年第 5 期，第 74—77 页。

在回答这些议题之前，需要回答"技术是什么"。对技术最简单的理解是基于技术的功能性。如一把菜刀既可以用来切菜，也可以用来伤人，对这一类简单的技术普遍的认知是基于工具属性，社会的规制更多关注的是其使用者的行为，而不会过多地探讨菜刀的长短、大小、锋利程度。传统基于工具属性的认知模式显然已经不再适用于新兴技术领域，因为新兴技术在其功能属性之上还与经济、政治、安全，甚至是价值观直接相关。因为新兴技术本身的复杂性，以及其影响范围大、影响程度深，使得技术与人、社会、国家之间的联系更加密切，影响力随之而提升。[1]因此，需要从功能、责任和价值三个维度来对新兴技术进行理解和分析。

从功能角度来看，人工智能、区块链、云计算、大数据等新兴技术的应用场景越来越丰富，为个人、企业和政府提供越来越多的选择空间，对其功能的理解尽管复杂，但仍存在基本的共识。需要更多考虑的是技术的责任维度和价值观维度。从责任维度来看，即技术使用所导致的后果由谁来承担，这对于理解以及规制技术来说意义重大。如前文所述，菜刀可以用来伤人，但即使有菜刀被用来伤人，也不会有人去追究菜刀销售者的责任。新兴技术的责任认定则更加复杂，技术的开发者、拥有者、使用者和监管者之间的责任如何划分是一个很大的难题。[2]

新兴技术被普遍认为与价值观有很密切的关联，不仅涉及隐私、自由等人权问题，上升到国际层面后还会带来意识形态的问题。无论是克林顿政府将互联网视为与民主自由共生的工具，还是奥巴马政府时期任国务卿的希拉里两次关于"互联网自由"的讲话，都赋予了新兴技术很强的价值观。[3]

构建正确的模式还需要进一步理解技术与人、社会和国家之间的关系。

---

[1]《新数字时代的人与技术》，埃森哲，2020 年，https://www.accenture.com/_acnmedia/PDF-120/Accenture-TechVision-2020-Exec-Summary-Report-2.pdf。

[2] 张红斌、余达星、曾洁：《人工智能时代：治理模式重塑与法律规制及挑战》，http://www.junhe.com/legal-updates/1172，浏览时间：2020 年 4 月 22 日。

[3]《中国互联网是开放的，网络自由是美政治利益托辞》，http://www.scio.gov.cn/wlcb/llyj/Document/531043/531043.htm，浏览时间：2010 年 1 月 25 日。

网络空间中的人不仅仅是使用网络的用户，即使是没有接触互联网的人，实际上也感受到了网络的深刻影响。新兴技术对人类的影响是全方位的，一方面技术赋能让人的生活更加便捷，工作更有效率[1]，另一方面，技术也带来了很多的问题，如隐私保护、伦理问题等。[2]不仅如此，技术还催生了新一代的人类，被称为"Z世代"和"千禧一代"。这一类网络空间的"原住民"伴随着网络而生，其对新兴技术以及网络空间的理解是不一样的。[3]

新兴技术也在深刻改变着社会组织模式和生产方式。新兴技术所推动的数字转型是对人类社会全方位的变革。当数据成为新的生产要素，数字经济、数字生活、数字货币、数字企业、数字媒体、在线教育、在线医疗等一系列以新兴技术为代表的新业态开始蓬勃发展，不仅实现了对传统经济和社会生活的取代，更是创造了一系列新的行业。[4]这里，我想以"特斯拉"为例来证明新兴技术对经济和社会的影响。2020年7月，特斯拉的市值突破了2万亿人民币，超越丰田成为全球第一大车企。[5]尽管特斯拉在产销量和利润方面和传统车企完全不是一个量级，但是资本市场还是给予了特斯拉前所未有的认可。这背后反映了资本市场并没有按照传统制造业的思维来看待特斯拉。与传统的车企相比，特斯拉不仅在新能源领域有很大创新，更重要的是其在无人驾驶方面所具有的潜力。[6]特斯拉之所以被认为是一家科技企业，是因为其在无人驾驶的算法和数据方面的巨大投

---

[1] 《如何认识人工智能对未来经济社会的影响》，http://www.xinhuanet.com/tech/2020-09/03/c_1126446002.htm，浏览时间：2020年9月3日。

[2] 邱仁宗：《应对新兴科技带来的伦理挑战》，《人民日报》2019年5月27日，第9版。

[3] 例如，我曾在上海飞往莫斯科的飞机上，看到两个分别来自中国和俄罗斯的小朋友在平板电脑上玩着同样的"切水果"游戏。人类学研究把童年的游戏视为构建族群甚至是民族的重要基础。当不同国家、不同民族的儿童伴随着同样的游戏而成长，它们接受了同样的游戏界面、规则，这对于共同的成长记忆以及社会规则的理解将会带来深刻的影响。

[4] 杜庆昊：《以数字经济助力新阶段高质量发展》，《经济日报》2020年12月16日。

[5] 《特斯拉成全球市值最高车企》，http://www.xinhuanet.com/world/2020-07/03/c_1210686962.htm，浏览时间：2020年7月3日。

[6] 《从特斯拉被热捧　透视智能汽车核心价值》，http://www.autoinfo.org.cn/autoinfo_cn/content/news/20200817/3009387.html，浏览时间：2020年8月17日。

人和领先。无人驾驶被认为是对交通行业的彻底颠覆，不仅会改变人的出行方式，也会对人的生活带来极大的影响。

相较于新兴技术对人和社会所带来的影响，其对国家带来的挑战更加复杂。国家一方面要促进新兴技术的发展，另一方面要建立制度来规范技术发展，避免负面影响。[1]对个人和社会而言，尽管也面临着技术所带来的负面影响，但是国家需要对个人和社会负最终责任。因此，国家不仅自身面临着新兴技术所带来的挑战，而且需要统筹考虑新兴技术对政治、经济、安全，甚至是国际体系的影响。

三、　能力建设

网络安全能力是指对网络系统中硬件、软件以及数据资产提供保护的能力，使所保护对象不因被篡改、攻击、破坏或者数据泄露而不能正常健康运转、丧失部分运营功能甚至中断运营，降低或者避免网络资产拥有者因网络被破坏而遭受的信用上或者经济上的损失。[2]

对于网络空间中的国家行为体来说，网络安全能力主要包括如下基本要素。

一是顶层设计及配套实施能力。国家网络安全战略关系到一国的网络空间主权、安全及发展，因此，一个国家是否将网络安全纳入国家安全战略，是否拥有独立完整的网络安全战略，战略的推进落实是否与该国中长期数字化发展规划相结合，都是评价该国网络安全顶层设计的关键指标。同时，在关键信息基础设施保护、危机管理、个人信息保护、数据安全与跨境传输、青少年保护等关键细分领域内，法律制度的供给、与战略目标相匹配的科研投入，以及用于闭环效果检验的赋能工具等形成了战略落实

---

[1] 樊春良、张新庆：《论科学技术发展的伦理环境》，《科学学研究》2010 年第 11 期，第 1611—1618 页。

[2] 《中华人民共和国网络安全法》，http://www.cac.gov.cn/2016-11/07/c_1119867116_2. htm，浏览时间：2016 年 11 月 7 日。

保障体系。

二是组织实施能力。其中包括网络安全国家级主管部门的设立，该部门是否拥有足够管理权限；是否有计算机安全事件响应中心等承担重大专项事务能力的部门，该部门是否有针对紧急事件和危机事件的响应计划并发挥作用；政府主管部门、运营商、国家网络安全标准机构、认证机构、私营部门等是否建立起相关合作，从而有效防范网络风险，并能够解决跨领域的运营的连续性和灾难恢复机制。

三是技术研发及体系机制。首先是对网络产品软硬件质量的控制，密码技术的应用和控制，供应链安全风险管理，漏洞的发现与负责任的披露，对有组织的黑客攻击的综合防御能力，从技术维度检测、防御、处置网络安全风险和威胁，保护网络免受攻击、侵入、干扰和破坏。其次是对网络安全从保护、检测、响应、恢复整体框架的建立，结合隐私保护、数据跨境等因素改善系统开发及运营机制，以实现可持续的安全保障。再次，综合面向未来的新一代网络信息技术的安全，实现从被动防御到主动防御的积极转变。最后，政府对网络安全技术研发的资金投入和项目支持也是重要因素。

三是网络安全产业的实力。其中包括网络安全企业的产值规模、技术创新力、企业影响力、资本活跃度等。首先，网络安全产业服务于本国市场，其在本国的市场规模和该国整体经济发展水平之间应有合理比例；其次，网络安全产业是创新型产业，全球网络安全企业的综合实力比较非常重要；最后，随着网络安全威胁的复杂化，网络安全应用日益细分，例如端安全、应用安全、消息安全、Web安全、安全管理服务、工控/物联网安全、交易安全、风险控制、威胁智能感知及分析与防护、移动安全、数据安全、云安全等。[1]网络安全产品和服务日趋融合化、集成化，网络安全产业的边界持续扩张，结构日趋丰富。

---

[1]《网络安全产业态势、机遇、挑战》，https://www.sohu.com/a/243226515_100017648，浏览时间：2018年7月24日。

四是公民的网络安全素质和网络安全专业人员的能力。公民的网络安全素质包括公民整体受教育程度、数字鸿沟的弥合、网络安全意识的培养、网络应用技能的提升。在网络安全专业人员能力方面，随着全球经济的密切交织以及网络安全合规需求的提升，网络安全工程师、网络安全分析师、网络工程师、网络安全顾问、网络安全经理、系统工程师、漏洞分析师、软件开发、网络安全专家等专业人才存在巨大缺口。培养网络安全人才的路径多元化，其中包括：（1）优化高校教程，创建跨学科的教育体系，培养有素质有道德有能力的专业人才；（2）重视专业技能培训，通过资质认证提升行业整体水平；（3）开展模拟演练，通过对抗演习提高从业人员的实操水平；（4）积极开展国际交流与合作，寻求共同智慧；（5）对新技术安全的研判，以及技术、安全、工程和社会问题的复合型、前瞻性研究。[1]

网络安全能力在国内及国际两个层面都发挥着至关重要的作用。从国内层面来看，网络安全能力关系到国家安全、社会稳定和文化的传承和发展[2]，并形成对国家战略目标、经济增长和长远发展的有力支撑。一是推动国家网络基础设施的可用性，促进新一代信息技术的研发和应用，构建高安全性、高质量发展的基础环境，推动数字化转型，深化数字化治理，形成数字经济新的增长点；[3]二是能够加强对关键信息基础设施的保护，为国家重要战略资源提供安全保障，为健康、可持续的数字化发展奠定坚实的基础；三是安全的网络将增强民众对互联网的信心，对民众网络安全意识的培养、技能的培训和防护水平的提高，将有效弥合数字鸿沟，并与互联网创新发展相互促进；四是通过对互联网内容的治理，维护网络世界的精神健康，保护个人和公共利益，防止舆论伤害和精神腐蚀，推动本国文化繁荣兴盛；五是通过网络空间作战能力和传统军事力量的有机结合，

---

［1］谢正兰、万川梅：《中国网络空间安全人才分层次、多元化的培养机制探析》，《科学咨询（教育科研）》2019 年第 11 期，第 36—37 页。
［2］孟威：《网络安全：国家战略与国际治理》，《当代世界》2014 年第 2 期，第 46—49 页。
［3］《〈关于加快推进国有企业数字化转型工作的通知〉系列解读之一：总体篇》，http://www.sasac.gov.cn/n2588030/n2588934/c15661737/content.html，浏览时间：2020 年 10 月 14 日。

增强网络空间战略情报保障能力，提高网络军事力量，推进网络国防建设。

从国际层面来看，网络安全能力关系到网络空间高地的布局，成为网络安全战略稳定的巨大变量。一是相关战略、法律法规以及政策的出台，其作用已经不局限于对内的国家强制力，更体现为在国际网络空间的深度博弈；二是网络安全技术的研发突破，从推动本国网络安全产业的发展，演变为全球化供应链中的势力割据，甚至将技术优势转化成抑制他国发展的武器，通过技术对他国展开情报获取、恶意攻击，以及有预谋的针对性伤害；三是通过国际标准的制定，谋求全球范围的话语权，对产业的全球格局以及未来发展形成导向性影响；四是科技巨头业务范围遍及全球，在给多国用户提供便利的同时，对信息的不当获取、因为数据垄断扰乱市场公平竞争以及平台上文化理念博弈等状态堪忧；五是网络空间国际规则的制定关系到网络空间秩序的构建，更是体现出国家的长期战略利益，是国家安全观和国家影响力在网络空间的生动体现；六是网络空间安全态势感知、战略预警、体系对抗等密切关联，网络空间安全战略情报的获取和保障能力将在国家军事、外交等层面引发连锁性行动。

网络安全能力是国家综合实力的具体体现之一。它一方面服务于本国的政治稳定和经济社会发展[1]，另一方面与外交、经济、军事、文化因素相关联，聚合形成博弈力量，在网络空间反映出国家安全观、综合实力以及发展趋势，并体现出国家深层次的战略意图。

能力建设对于维护网络空间的战略稳定具有重要作用，主要是指提升行为体维护网络安全的能力。由于网络空间是一个新疆域，传统的安全手段无法应用于网络安全领域。这就需要行为体，特别是国家行为体构建一套新的网络安全能力体系。网络安全能力的高低会直接影响到行为体对网络安全的信心，以及各行为体之间的信任。[2]一般而言，网络安全能力会有助于国家在网络空间中行为的理性，而能力不足则会导致国家过度追求

---

[1] 新华社：《习近平关于互联网的重要论述》，《网络传播》2019年第11期，第2—5页。

[2] 《网络安全面临的最大挑战：信任、网络疲劳以及 AI 对抗》，https://www.sccrss.com/articles/1485，浏览时间：2018年3月3日。

安全或者忽视安全，不仅不利于国家在网络空间中的安全，也会危害网络空间战略稳定。

网络空间中能力建设的主体是国家，对私营部门而言，主要任务是在国家制定的法律框架下加强合规能力建设，个人则主要是提高自身的网络安全意识。对国家而言，能力建设是体系性的，需要进行全方位、长期性的投入和建设。目前，网络空间大国非常重视能力建设，纷纷出台了各种战略文件，全方位地加强能力建设。[1]在国际治理层面，国际电信联盟、英国牛津大学、美国波多马克学院纷纷推出了关于能力建设的框架，对于推动改善国家，特别是发展中国家的网络安全能力有很大的作用。

通过对不同的框架进行考察，能力建设总体上是围绕着网络安全政策和战略、网络社会文化和社会、网络安全教育、培训和技能，法律和监督框架，以及标准、组织和技术等方面开展，既包括健全国家层面的战略设计、法律法规，也包括加大企业和技术社群在技术标准领域的投入及提升公众的安全意识和知识。[2]当然，每一个大项之下还会有具体需要落实的领域。通过这种全方位网络安全能力建设，提升国家、私营部门和用户的网络安全保障能力。

随着网络安全形势的变化和发展，能力建设的框架也在不断发展。前白宫网络安全事务领导人梅丽莎·哈撒韦建立《网络就绪指数 2.0》框架，从国家战略、事件响应、电子犯罪与执法、信息共享、研发投资、外交与贸易、防御与危机应对等七大领域建立了网络安全能力建设的新框架。[3]

---

［1］李欲晓、谢永江：《世界各国网络安全战略分析与启示》，《网络与信息安全学报》2016 年第 1 期，第 1—5 页。

［2］Jacopo Bellasio, Richard Flint, Nathan Ryan, Susanne Sondergaard, Cristina Gonzalez Monsalve, Arya Sofia Meranto, Anna Knack, "Developing Cybersecurity Capacity: A Proof-of-Concept Implementation Guide", *RAND Corporation*, August 2, 2018, https://www.rand.org/content/dam/rand/pubs/research_reports/RR2000/RR2072/RAND_RR2072.pdf.

［3］Melissa Hathaway, Chris Demchak, Jason Kerben, Jennifer McArdle, Francesca Spidalieri, "Cyber Readiness Index 2.0—A Plan for Cyber Readiness: A Baseline and An Index", Potomac Institute for Policy Studies, November 2015. http://potomacinstitute.org/images/CRIndex 2.0.pdf.

她还借助网络就绪指数框架对美国、英国、意大利、沙特阿拉伯等 G20 国家的网络安全能力进行了深入分析，并在此基础之上提出了更有针对性的网络安全能力建设指标体系。

表 7.2 网络空间就绪指数模型

1. 国家战略	公布国家网络安全战略，涵盖与信息通信技术应用相关的经济机遇和风险
2. 事件响应	公布针对紧急事件和危机的事件响应计划；确认并对应跨领域的依赖关系，以解决运营的连续性和灾难恢复机制；有证据显示该计划定期实施并更新；公布并宣传针对政府、关键基础设施和重要服务网络的全国网络威胁评估
3. 电子犯罪与执法	建立成熟的机构能力来打击网络犯罪，包括法官、检察官、律师、执法官员、鉴定专家和其他调查人员的培训；建立一个协调机构，主要任务和职权就是确保国内和国际（即跨国合作）满足应对国际网络犯罪的全部要求
4. 信息共享	阐述并传播跨行业信息共享政策，实现政府和各行业间具体可行的情报/信息的交换交流
5. 研发投资	政府公开表示会举全国之力积极发展网络安全基础研究和应用研究；公开宣布鼓励机制（如研发税收减免），鼓励网络安全创新以及新发现、基本技术、技巧方法、流程和工具的传播；公开宣布政府鼓励机制（如助学金、奖学金），鼓励网络安全教育、知识拓展和技能培养
6. 外交与贸易	确认将网络安全视为外交政策和国家安全中的重要组成部分（例如双边和多边官方讨论一般会涉及高层政治和军事领导人）；确认将信息通信技术和网络安全视为国际经济政策、谈判、商业贸易的重要组成部分
7. 防御与危机应对	发布全国声明，指派一个组织负责全国网络防御，将该任务视为首要任务；设定网络防御组织的政策，应对网络威胁；阐述全国声明，引导网络防御组织培养应对主权领土内外威胁的能力

梅丽莎·哈撒韦认为，健全的国家网络安全战略不能只是纸上谈兵，还必须能够付诸行动。[1]大多数国家公布的网络安全战略反映的主要课题包括：罗列政府内部的组织权力和职能；树立公民的意识和教育；建立突发事件和危机管理的反应能力；拓展执法能力，应对网络犯罪；促进公私合作关系，发展可信的信息交换和分享；引导资源用于研发和创新。[2]许

---

[1][2] 梅丽莎·哈撒韦：《网络就绪指数 2.0》，鲁传颖译，信息安全与通信保密杂志社 2018年版。

多战略首先从统计学开始，量化事件数量和基础设施感染率、命名威胁种类。这些数据为组织责任以及对各类任务和组织的资金投入的增加提供了充分的理由。然而，该类战略很少优先考虑最具风险的服务和基础设施，亦未将降低信息泄露和经济损失所必需的安全措施和资源要求统一起来。[1]健全的全国网络安全战略必须说明经济领域的战略问题；确定并授权主管机关执行策略；在开展计划中囊括具体的、可评估的、可实现的、基于结果和时间的目标；意识到必须要在竞争激烈的环境中投入有限资源（例如政治意志、资金、时间和人力），以取得必要的安全和经济成果。[2]

全球至少有 67 个国家（其他国家尚在发展中）已经公布了网络安全战略，简要列出了旨在提升国家安全和应变能力的关键步骤，其他国家则具备国家战略（并非特定于网络安全），以指导并协调国家提升网络安全态势。[3]但是，很少有国家将经济和国家安全议题明确联系起来并且特别强调网络安全的经济重要性，制定可执行战略的国家更是少之又少。因而，所有国家都有机会修改或制定其现有战略来反映网络安全的经济重要性。

能力建设是每一个国家在维护网络安全时将面临的挑战，会对网络空间战略稳定产生重要影响。[4]国家的能力有大小，不均衡、不对等是常态，这并不意味着网络强国的技术能力就强大到能够绝对地保卫自身的安全，也不意味着实力较弱的国家就完全没有能力来维护自身的安全。在开展能力建设时，强国与弱国各有战略目标，也应以此来建立自己的能力体系。通过对各国在开展能力建设时经验的总结发现，能力建设是一项长期性的工作，需要动员全政府、全社会来统筹协调不同的部门、不同的资源。尽管如此，能力建设是网络空间战略稳定领域不可或缺的步骤。[5]

---

［1］［2］［3］［4］ 梅丽莎·哈撒韦：《网络就绪指数 2.0》，鲁传颖译，信息安全与通信保密杂志社 2018 年版。

［5］ "Advancing Cyberstability", Global Commission on the Stability of Cyberspace, November 2019，https://cyberstability.org/report/.

四、治理机制

治理机制是维护网络空间战略稳定的重要条件，既涉及网络空间全球治理的总体框架，也与每一项治理议题、每一项新兴技术密切相关。这毫无疑问增加了机制构建的挑战。从总体框架而言，要构建一个无所不包的制度体系不仅是一个几乎不可能完成的任务，而且不同制度之间存在着交叉、冲突、互补等多种关系，如何在现有的国际体系之下加强统筹协调也缺乏相应安排。不仅如此，具体到不同的新兴技术领域，制度的构建是一个小的制度体系，存在着几乎相似的复杂性和重叠性。这种情况既凸显了机制构建的重要性，也反映了制度的挑战性。本小节从宏观和微观两个层面对机制构建开展分析，试图更好地展现网络空间战略稳定所面临的挑战。

网络空间的战略稳定是建立在网络空间的治理机制的基础之上的，尽管网络空间治理不存在单一的机制，但的确有一套松散匹配的规范和机制，它们介乎一体化的机制和高度碎片化的实践之间，前者可以通过等级性规则施加监管，后者则没有可以识别的内核，也不存在相互间的联系。[1]约瑟夫·奈提出的网络空间机制复合体理论有两大重要创新。一是通过绘制网络空间治理的图谱，较为全面地反映了网络空间现存的治理机制以及不同治理机制之间的关系。[2]图7.5中关于网络治理活动的椭圆形概览图混合了规范、机制和程序，其中有的很大，有的则相对较小，有的相当正式，有的则非常不正式。这张图是对于探究网络治理时通常采用的"联合国—多利益攸关方"二分法的一种纠正，而且它将互联网治理放在了更大的网络治理的框架之中。[3]

---

[1][2] 查晓刚、鲁传颖：《评约瑟夫·奈的网络空间治理机制复合体理论——一种制度自由主义的分析框架》，《国外社会科学前沿》2016年第6期。

[3] 刘杨钺：《全球网络治理机制：演变、冲突与前景》，《国际论坛》2012年第1期，第14—19页。

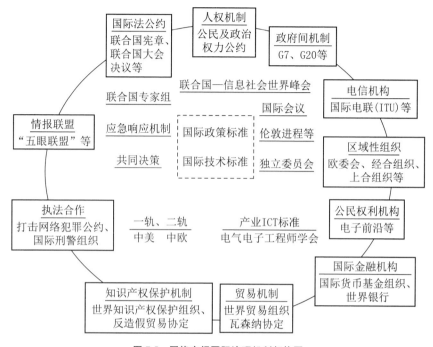

图 7.5　网络空间国际治理机制架构图

　　二是约瑟夫·奈指出了在网络空间中与治理相关的行为体和活动的广度及深度，并对发挥连通性的技术功能的问题和更加广义的议题进行了区分，前者诸如域名地址和技术标注，后者则组成了更大的机制复合体。[1]此外，他还对网络治理的层次和领域进行了更广泛的思考，而不仅仅局限于域名和 ICANN。域名和 ICANN 只发挥特定有限的功能，与例如安全、人权和发展等更大的议题几乎没有什么关系。如劳拉·迪娜迪斯所言："一个诸如'谁应该控制互联网，联合国或者什么其他的组织'的问题没多大意义，合适的问题应该触及在每个特定的背景下，什么是最有效的治理方式。"[2]约瑟夫·奈开始在网络空间治理的实践活动中对上述的假设进行检

［1］　查晓刚、鲁传颖：《评约瑟夫·奈的网络空间治理机制复合体理论——一种制度自由主义的分析框架》，《国外社会科学前沿》2016 年第 6 期。
［2］　Laura DeNardis, "Five Destabilizing Trends in Internet Governance", *A Journal of Law and Policy for the Information Society*, Vol.12, No.1, 2015, p.113—133.

验。他将网络空间治理细分为标准、犯罪、间谍等七个治理的子议题领域，并使用深度（Depth）、宽度（Breadth）、组合体（Fabric）、履约度（Compliance）四个变量作为分析框架。[1]

"深度"是指一套规则或规范的等级性或一致性程度，以及是否存在一套总体规则，可以相互兼容并相互加强，即使它们并不一定被所有行为体坚持或履行。[2]例如在域名和标准议题上，规范、规则以及程序就具有一致性和深度。然而在网络间谍议题上，就鲜有一致性和深度的规范、规则或程序。"宽度"是指接受一套规范的国家和非国家行为体（不论它们是完全履行或者不履行）数量的多少。例如，在网络犯罪议题上，已经有 42 个国家批准了《布达佩斯公约》（Budapest Convention），如果有更多国家批准这个公约，则说明网络犯罪议题领域的治理宽度得到拓展。"组合体"是指在一个议题领域中国家行为体和非国家行为体二者混合的松紧程度。网络领域的进入门槛很低，这意味着很多资源和大部分行动都由非政府行为体控制。[3]国家高度控制的议题往往是"紧实的组合体"（tight fabric）；而那些非国家行为体作用比较大的议题领域则相对比较松散。安全议题，例如网络中的战争法，就是受到主权控制的较紧实的组合体，而非国家行为体发挥主导作用的域名服务系统议题上则是较为松散的组合体。[4]如同上文所表明的，一个松散的组合体并不等于浅显或者缺乏连贯性。"履约度"是指行为体的行为在多大程度上能和整套规范保持一致。例如，在域名和标准子议题上，履约度是比较高的；在隐私保护子议题上，履约度则高低参半；在人权子议题上，履约度就较低。针对网络机制复合体中的一些主要子议题，本书按照上述四个维度进行了比较，参见表 7.3。

通过约瑟夫·奈对网络空间全球治理的整体分析和描述框架，我们可以看出网络空间制度构建的全局性和复杂性。即使如约瑟夫·奈这样的大家，其所构建的理论尽管有很强的参考价值，但是在具体的实践中，这一

---

[1][2][3][4] 查晓刚、鲁传颖：《评约瑟夫·奈的网络空间治理机制复合体理论——一种制度自由主义的分析框架》，《国外社会科学前沿》2016 年第 6 期。

表 7.3　网络机制复合体中的一些议题

	深度	宽度	组合体	履约度
域名/标准	高	高	松	高
犯罪	高	中	混合	混合
战争/破坏	中	低	紧	低
间谍	低	低	混合	低
隐私	中	低	混合	混合
内容控制	低	低	松	低
人权	中	中	松	低

资料来源：Joseph Nye，"The Regime Complex for Managing Global Cyber Activities"，*Global Commission on Internet Governance Paper Series*，No.1，2014，pp.5—13.

框架还存在着很多需要解决的问题。但毫无疑问的是，网络空间全球治理是各参与主体维护网络空间稳定的重要路径，而各项治理议题就是从功能上解决网络空间稳定面临的多重挑战的具体途径。不可忽视的是，当前网络空间大国之间的结构性矛盾仍然难以调和，网络空间稳定面临的问题必须从技术、能力、认知和制度四个方面进行全面应对。

第八章

构建网络空间稳定的治理体系

网络自身韧性的不足和应用过程中产生的颠覆性加剧了网络空间的不稳定，同时，作为外部环境维护稳定的治理机制又受制于国家在认知和能力方面的不足，无法发挥应有的作用。在这种情况下，内部不稳定和外部治理机制缺失构成了网络空间整体上的不稳定。从前述分析的影响网络空间和平与发展、安全与冲突等重大议题来看，国家作为网络空间中最重要的行为体，作出的决策最有影响力，需承担的责任最大，是维护网络空间战略稳定最重要的力量。网络空间的复杂性决定了国家需要适应在网络空间中新的角色。同时，私营部门、技术社群也是网络空间中的重要行为体，它们对技术具备较高的理解和应用能力，但对网络空间中的秩序、规则等方面的认知、能力则有所缺失。[1]因此，建立技术—认知—能力—制度的分析框架能够加强行为体之间的互动，让以新兴技术为代表的网络科技更好地实现和平与发展，减少其对现有国际制度体系的颠覆性影响，促进大国在网络空间全球治理领域的共识，加强维护战略稳定的制度建立。

---

[1] 鲁传颖：《网络空间大国关系面临的安全困境、错误知觉和路径选择——以中欧网络合作为例》，《欧洲研究》2019 年第 2 期，第 113—128 页。

第一节

———

网络空间稳定的制度框架

一、 技术—认知—能力—制度框架（TPCM）

TPCM 框架可以应对越来越复杂的技术及其应用对网络空间战略稳定所带来的挑战。通过技术—认知—能力—制度之间的互动可以更好地理解与评估技术的创新性与颠覆性之间，以及制度的规范性与约束性之间的辩证关系。要做到这一点，就必须同步提升认知水平和加强能力建设，这样才能形成技术与制度之间的良性互动，维护网络空间战略稳定。

从 TPCM 框架来看，在网络空间发展动力的新兴技术发展模式中，技术本身的复杂性导致了新兴技术之间存在着很高的门槛，并且新兴技术应用与网络安全维护之间也存在着一定的鸿沟。[1] 新兴技术在对自身的安全性、可靠性方面关注不够；在面对外部扰动时，所具有的韧性不足在很大程度上加剧了网络空间不稳定的风险。在理想状态中，技术存在的风险应当可以通过相应的技术标准、规范予以解决。但是，实际情况是，新兴技术背后的代码在理论上无法做到杜绝错误和漏洞的存在，安全只是相对的、动态的，风险是一直存在的。[2] 因此，技术层面的安全和韧性是需要不断去提升和完善的。建立更高的技术标准、安全标准、更加完善的开发规范将会有助于形成网络空间的战略稳定基石。

不仅如此，实践中技术、认知、能力和制度作为维护网络空间战略稳定的要素之间的关系也是相对独立的。这使得制度的构建未能正确地反映技术属性，要么由于忽视了安全的风险导致了不稳定的状态，要么追求绝

———

[1] 鲁传颖：《网络空间大国关系演进与战略稳定机制构建》，《国外社会科学》2020 年第 2 期，第 100 页。

[2] 鲁传颖：《网络空间安全困境及治理机制构建》，《现代国际关系》2018 年第 11 期，第 49—55 页。

对的安全而破坏了网络稳定性。导致这一结果的原因，主要是对于技术风险的认知不足或者缺乏足够的能力建设。在网络空间的政策制定中，常常会发现，所有参与治理的行为体都假定自己拥有足够的合法性与权威性，对技术有充分的理解，以及自己制定的政策是有效的。然而，实际情况是，认知的不全面和能力的不足使得出台的政策往往相互矛盾，或者难以落地。[1]在网络空间中，我们看到最常见的现象就是一些国家不断地出台各种战略、法律、政策，与此同时，网络安全形势却在不断恶化。这种现象背后的主要原因就是各种要素之间相互割裂，缺乏从整体上在 TPCM 框架下制定政策，导致了政策无法有效地应对安全威胁。

TPCM 之间缺乏有效互动和融合，深刻体现为国内层面类似于"九龙治水"的无效治理，国际层面体现在全球治理机制的碎片化。我们看到越来越多的国际组织开始从事网络空间全球治理工作，如联合国、G20、经合组织、东盟地区论坛、世界经济论坛等传统国际组织纷纷加大了在网络空间全球治理领域的工作，围绕网络安全、数字经济等议题建立了大量的治理机制。[2]另一些以"伦敦进程"、《塔林手册》为代表的新设立的国际机制也在网络空间全球治理领域开展了很多工作。[3]

二、 制度框架与行为体的关系

网络空间全球治理主体包括技术社群、私营部门、国家等，它们也是网络空间中的主要行为体。[4]从网络空间战略稳定的角度来看，这三个主要行为体都具有不可或缺的作用。与此同时，这些行为体在网络空间的行

[1] 鲁传颖：《网络空间大国关系面临的安全困境、错误知觉和路径选择——以中欧网络合作为例》，《欧洲研究》2019 年第 2 期，第 113—128 页。
[2] 郎平：《网络空间国际治理机制的比较与应对》，《战略决策研究》2018 年第 2 期，第 90—100 页。
[3] 方兴东、钟祥铭：《欧洲在全球网络治理制度建设的角色、作用和意义》，《全球传媒学刊》2020 年第 7 期，第 128 页。
[4] 鲁传颖：《网络空间治理与多利益攸关方理论》，时事出版社 2016 年版。

为，以及它们相互之间的互动导致了网络空间脆弱稳定或者不稳定的状态。TPCM 框架将有助于行为体理解自身与其他行为体的互动过程和影响，从而有利于不同的行为体共同维护网络空间战略稳定。

（一）技术社群

技术社群是技术的开发者，承担了技术创新，以及一定程度上技术的治理工作，特别是技术标准的制定。在过去，技术社群强调技术中立，关注的重点往往是技术本身的安全性问题。[1]当前，对具有强大颠覆性效应的新兴技术而言，技术社群应当对技术的使用、影响和治理给予更多的关注，这样不仅可以更好地维护技术的安全性，也有助于网络空间稳定。技术社群是目前较为活跃的行为体，已经构建了多个治理机制，例如人工智能的全球治理工作已经在不同领域展开。人工智能的开发者和公民组织以2017 年 1 月初举行的"向善的人工智能"（Beneficial AI）会议为基础建立起"阿西洛马人工智能原则"。此外，微软、美国信息技术产业理事会、经合组织、斯坦福大学、英国标准研究院等企业和机构也发布了各种有关人工智能治理的报告。

（二）私营部门

私营部门是技术应用的主要推广力量，同时也是被制度约束的对象，因此对于参与治理有很大的积极性。以微软、谷歌、百度为代表的私营部门不仅具有大量的人才，并且是新兴技术和应用创新的主要推动力量。私营部门往往将关注点聚焦于商业层面，注重技术的研发和应用，其行为往往是纯粹的商业逻辑。[2]从网络空间稳定的角度来看，私营部门具有重要的影响力，其作用往往被低估。通过 TPCM 框架，私营部门一方面与技术研发和技术应

［1］郎平：《网络空间国际治理机制的比较与应对》，《战略决策研究》2018 年第 2 期，第103 页。
［2］鲁传颖：《试析当前网络空间全球治理困境》，《现代国际关系》2013 年第 11 期，第55—56 页。

用有较强的联系，另一方面，私营部门产业侧也能参与制度建设，加强与政府之间的互动，进一步提升对新兴技术及其应用的认知。因此，私营部门在与政府、技术社群共同维护网络空间稳定的过程中具有重要价值。[1]它既通过对技术研发的投入和应用的规范，让技术变得更有韧性，也可以在技术与制度之间架设桥梁，让制度更贴近应用场景，更有约束力和效力。

私营部门要改变以往在全球治理中处于从属角色的境况[2]，可以通过提升对网络空间稳定的认知，提升制度建设等方面的能力建设，更加积极地参与到网络空间稳定制度体系中。私营部门参与网络空间稳定具有一定的必要性，一是基于多利益攸关方的治理模式，私营部门是重要的行为体，具有参与网络空间全球治理的正当性；二是私营部门的地位愈发突出，技术的两用性使得国家不得不依赖私营部门来实现战略性目标，而以微软、亚马逊、谷歌为代表的互联网企业所拥有的人才和技术也在很大程度上超越了很多国家政府的技术能力；三是私营部门运营着大量国家和社会所依赖的关键信息基础设施，掌握了大量用户数据，这使得私营部门极易成为网络攻击的目标，容易造成网络空间的不稳定。

目前，国际社会对于私营部门参与网络空间全球治理已有共识[3]，但是各方就如何参与、如何发挥作用还存在着较大的分歧。保守派观点认为，私营部门不应当过多地参与网络空间的制度构建，即使是参与，也只需要在国家的指导下做好制度的落实工作。随着网络空间稳定的影响越来越深刻，越来越多的私营部门开始意识到主动、积极参与网络空间稳定的重要性。2017年，美国微软公司呼吁国际社会制定一项《数字日内瓦公约》，西门子、空中客车公司等欧洲企业提出了《网络空间的信任宪章》。[4]此外，

［1］ Mathiason J., *Internet Governance: The New Frontier of Global Institutions*, Routledge, 2008.

［2］ Karsten Ronit Volker Schneider, "Global Governance through Private Organizations", *Governance* 2002, Dec, Vol.12, Issue 3. https://onlinelibrary.wiley.com/doi/abs/10.1111/0952-1895.00102.

［3］ Carr M., "Power Plays in Global Internet Governance", *Millennium*, 2015, 43 (2):640—659.

［4］ Hinck G., "Private-Sector Initiatives for Cyber Norms: A Summary", *Lawfare*, June, 2018, 25.

在包括联合国信息安全开放式工作组、互联网治理论坛等机制中，私营部门的参与程度也越来越高，这有助于提升私营部门对于网络空间的认知和能力，在构建和维护网络空间战略稳定中发挥更好的作用。

（三）国家

国家是维护网络空间稳定最重要的行为体[1]，传统的组织架构和决策模式使得国家难以直接应对网络空间所带来的全方位挑战，应该从技术、认知、能力和制度方面来更进一步分析国家与网络空间稳定的关系。

首先是国家应提升对技术的理解。新兴技术已经突破了人类传统以学科划分知识的边界，需要对人工智能、区块链、云计算、大数据、量子科技等新兴技术的原理有所了解，在此基础之上加强对技术标准，以及技术在应用过程中所带来的各方面影响的评估和理解。[2]需要解决的重点问题包括技术本身的复杂性、技术在不同领域的应用带来的跨领域问题、不同领域政策之间的矛盾所带来的协调问题、国内治理机制与国际治理机制之间不同目标下的机制构建问题。

其次，从认知层面来看，国家应在更好地理解技术的基础之上就技术与人、技术与企业、技术与社会、技术与国家、技术与国际体系之间建立全面的关系。新兴技术的广泛应用使得人们的生活方式、社会的生产方式发生了极大的变化，也在逐步改变国家的竞争力，颠覆着传统的国际体系。[3]因此可以说，技术已经重新回归到了人类社会的中心位置，人、社会、国家、国际体系在很大程度上需要依据技术的发展来重新建构彼此之间的关系。[4]但

---

［1］ Mueller M. L., *Networks and States*：*The Global Politics of Internet Governance*，MIT press，2010.

［2］ *The Governance of Cyberspace*：*Politics*，*Technology and Global Restructuring*. Psychology Press，1997.

［3］ Liaropoulos A. N., *Cyberspace Governance and State Sovereignty*，*Democracy and an Open-Economy World Order*. Springer，Cham，2017：25—35.

［4］ Jason S., da Silva Curiel A., Liddle D., et al.，"Capacity Building in Emerging Space Nations：Experiences，Challenges and Benefits"，*Advances in Space Research*，2010，46（5）：571—581.

是由于新兴技术突破的速度太快，其广泛的渗透性和深刻的影响力使得这种关系的建构难以以一种较为平稳的方式来建立。[1]因此，国家作为人类社会的主要组织，需要建立全方位的认知体系，更加妥善地处置技术突破所带来的颠覆性影响，维护网络空间的稳定。

再次，国家需要加强能力建设来应对新兴技术所带来的挑战。[2]能力建设的关键是人才，而国家与互联网企业相比，并没有太多吸引人才的优势。由于新兴技术发展的速度太快，现有的教育体制难以在短期内向社会提供足够的合适人才，而有限的人才又大多流向了能够提供足够报酬的互联网企业，使得国家面临人才缺失困境。另一方面，现有科层式的政府组织模式已经难以应对网络空间所带来的跨部门、跨领域议题。建立全政府，甚至是全社会的应对模式是政府加强能力建设的关键。这将需要政府逐步借助新兴技术来改变现有的组织模式，实现有效的跨部门协调和政府与私营部门之间的互动模式。[3]然而，要做到组织模式的变革并非易事，需要对现有政府的组织结构作较大规模的调整。

最后，机制构建在维护网络空间稳定中的重要作用，有助于克服安全困境，保障网络空间的持续发展。网络空间治理机制的构建不是简单地将已有的国际机制移植到网络空间当中，而是建立在对技术的认知和能力建设之上。[4]国家参与网络空间机制构建时面临着不同部门、不同领域之间政策冲突的情况，政策缺乏协调，导致网络空间制度构建出现制度滞后于实践的发展，缺乏实质性效果等情况。[5]因此，作为TPCM框架中最重要的一个步骤，国家应当加强国内政策与国际政策的协调，对大国而言，对

[1] Sechser T. S., Narang N., Talmadge C., "Emerging Technologies and Strategic Stability in Peacetime, Crisis, and War", *Journal of Strategic Studies*, 2019, 42 (6):727—735.

[2] *Internet Governance: Infrastructure and Institutions*, Oxford University Press on Demand, 2009.

[3] Antonova S., "Capacity-building in Global Internet Governance: The long term Outcomes of Multistakeholderism", *Regulation & Governance*, 2011, 5 (4):425—445.

[4] 李艳：《当前国际互联网治理改革新动向探析》，《现代国际关系》2015年第4期，第48页。

[5] 李艳：《对当前网络空间国际治理态势的几点思考》，《信息安全与通信保密》2018年第2期，第24—26页。

自身政策的外部性、自身内外政策的矛盾性应有足够多的认识。制度建设的惯性是往往会用过去的制度体系来应对网络空间战略稳定所带来的挑战，而 TPCM 的方法就是要提升认知水平和加强能力建设来达到对技术的理解和评估，从而建立更有效维护网络空间战略稳定的制度体系。

综上所述，TPCM 框架对于维护网络空间的稳定具有重要的价值。相比而言，核战略稳定是通过不使用核武器来达到战略稳定的目的，而网络空间稳定则是要在推动新兴技术发展和应用的同时，维护网络空间稳定，这不仅取决于技术本身的韧性，还依赖于制度能否同步建立。TPCM 框架首先需要明确维护网络空间稳定共同的目标，通过 TPCM，大国可以认识到稳定的重要性，以及破坏稳定对国际体系与其自身发展所带来的危害。其次要建立客观、全面的认知体系，帮助国家更加清晰地理解技术与制度之间的关系，做出更加包容、有效的决策。最后还需加大不同部门、不同国家、不同区域能力建设上的均衡，使得各行为体能够有效地做出决策，并且推动决策落地。

第二节

———

网络空间大国关系稳定

国家是维护网络空间稳定的重要力量，然而，物理世界中复杂的国家间关系也会影响到国家在网络空间中的互动，主要表现为国家在网络空间中的矛盾与冲突。大国关系作为外部力量也是影响网络空间稳定的重要力量。因此，也可以从稳定的角度理解网络空间中的大国关系，将其分为稳定、脆弱稳定和不稳定三种状态。通过对这三种状态，以及三种状态的转换进行分析，可以更好地建立国家之间的信任，为维护网络空间稳定创造条件。

一、 网络空间大国关系稳定的三种状态

网络空间的稳定状态主要表现为网络空间的大国关系总体上处于良性的状态，可以被理解为康德文化下的网络空间秩序，和平与发展是网络空间的主流，良性竞争与合作是网络空间大国关系的主要特征。各大国对网络空间的秩序构建拥有共同的目标，对于治理手段拥有共识。在国内政策层面，网络战略中各个领域的目标不相互干扰，政策松紧适度，数字经济发展能够促进网络安全，网络安全进步能够保障数字经济进一步发展。在双重稳定结构下，要想达到这一状态，网络空间本身要有足够的韧性、多样的手段和方法实现网络自身的安全。[1]同时，即使网络空间存在各种各样的风险，国家依旧能够对网络空间安全抱有足够多的信心。在国际层面，国家之间要建立相应的信任，减少相互猜忌。理想状态下的网络空间的稳定状态将会极大地促进人类社会的发展，通过技术的良性应用，极大地提升人类社会的生产力。同时，又可以通过技术的支持来解决人类之间存在的冲突、分歧。

脆弱稳定是对当前网络空间稳定状态最恰当的描述，主要表现为大国关系竞争加剧了网络空间的颠覆性，带来对核稳定的多重威胁以及对国际体系稳定的挑战。同时，网络自身的各个层级都面临脆弱稳定的影响。导致脆弱稳定的原因既有错误认知、分歧，也有国家为了追求绝对安全，不惜破坏网络空间稳定，引发网络空间大国关系的恶性竞争。[2]同时，网络空间国际治理陷入困境，治理机制逐步失灵。单边主义、保守思想成为大国特别是以美国为代表的霸权主义网络安全战略的主流思想。[3]脆弱稳定状态下，网络空间大国关系陷入低烈度冲突，加剧了不信任。[4]脆弱稳定

---

[1] 周宏仁：《网络空间的崛起与战略稳定》，《国际展望》2019年第3期，第28页。

[2] 沈逸：《探索网络空间大国战略稳定的务实路径》，《中国信息安全》2018年第9期，第42页。

[3] Hannes Ebert and Tim Maurer, "Contested Cyberspace and Rising Powers", *Third World Quarterly*, Vol.34, No.6, 2013, pp.1054—1074.

[4] Jon R. Lindsay, "The Impact of China on Cybersecurity," *International Security*, Vol.39, No.3 (Winter 2014/15), pp.7—47.

所带来的另一层威胁是网络安全的泛化，国家用网络安全思维审视所有的网络空间领域，阻碍了正常的网络秩序，导致了供应链面临分裂的压力，网络空间缺乏秩序。[1]长期来看，这种不稳定将会破坏网络空间的完整性，并加剧大国之间的地缘政治博弈。

网络空间不稳定主要表现为网络空间的被分裂，网络战引发的大国冲突，网络规则建立联盟对抗。[2]网络空间大国关系的不稳定最终引起了网络空间面临分裂。而网络空间的分裂并非终点，它不仅会斩断国家在网络空间中的相互依赖，更诱发了国家对对手开展网络攻击的动机。[3]在这种极端的情况下，维护脆弱稳定的基础已不复存在。网络空间的分裂将会给国际安全带来严重危机，减少大国之间的相互依赖程度，加剧大国之间的对抗。[4]从更高的战略层面来看，网络空间的分裂在某种程度上会加剧国际体系的分裂。

二、 稳定状态的转换

网络空间大国关系稳定、脆弱稳定和不稳定三种状态之间可以相互转化，可以从 TPCM 框架来更好地理解状态转变的触发条件是什么，以及如何通过制度构建来维护战略稳定的目标。三个要素之间最多存在六种变换关系，本书从网络空间全球治理的实际出发，重点关注三组网络空间大国关系状态，分别是稳定转向脆弱稳定，脆弱稳定转向不稳定，以及脆弱稳定和不稳定转向稳定。通过考察状态转变的过程，揭示对稳定造成正面和

---

［1］ James Wood Forsyth Jr.，"What Great Powers Make It：International Order and the Logic of Cooperation in Cyberspace"，*Strategic Studies Quarterly*，Spring 2013，pp.93—113.

［2］ Franz-Stefan Gady，"Strategic Stability in Cyberspace"，*HUFFPOST*，Aug. 09，2013，https：//www.huffingtonpost.com/franzstefan-gady/strategic-stability-in-cy_b_3410745.html.

［3］ Eric Sterner，"Retaliatory Deterrence in Cyberspace"，*Strategic Studies Quarterly*，Vol.5，No.1（SPRING 2011），pp.62—80.

［4］ 布鲁斯·麦康奈尔、帕维尔·沙里科夫、玛丽亚·斯梅卡洛娃：《推进俄美网络安全合作的建议》《国际研究参考》2017 年第 8 期，第 39 页。

负面影响的因素。

（一）网络空间大国关系从稳定转向脆弱稳定

作为大国互动的新疆域，网络空间缺乏规范、共识、规则，使得大国互动关系难以保持在一条稳定的轨道之上。[1]如前文所分析的那样，国家在网络空间的行为与技术理解、风险认知、能力建设和制度建设与这一稳定框架之间的互动密切相关。由于难以简单地对新兴技术建立全面、客观的理解，国家对技术的印象很容易被网络空间的安全事件所主导；不仅如此，国家对于网络安全的风险认知能力不足，进一步加剧了国家对所处的网络安全环境总体的悲观判断；[2]能力的不足则使得国家认为，无法有效地通过防御来维护网络安全；[3]国际制度的不健全使得国际社会无法保护受害国，并对从事恶意网络行为的国家实施惩罚。[4]因此，国家在网络空间中的行为总体表现为，通过采取进攻性的网络政策来取代防御性网络政策；[5]大国在网络安全方面频繁地互动，开展低烈度的网络攻击，相互试探底线，或是故意升级事态来达到向对手施压的目的。[6]国家认为，对手无时无刻不在对自己开展网络攻击，为了保障自身的网络安全，必须要对对手开展先发制人的网络试探。[7]对对手行为进行监控，或者是提前植入"后门"，以做好准备，根据局势的升级随时采取反制措施。

---

[1] 阙天舒、李虹：《中美网络空间新型大国关系的构建：竞合、困境与治理》，《国际观察》2019年第3期，第62页。

[2] 任琳：《网络空间战略互动与决策逻辑》，《世界经济与政治》2014年第11期，第73—90页。

[3] 王桂芳：《大国网络竞争与中国网络安全战略选择》，《国际安全研究》2017年第2期，第35—37页。

[4] Julien Nocetti, "Contest and conquest: Russia and Global Internet Governance", *International Affairs* 91:1 (2015) 111—130, p.130.

[5] 郝晓伟：《中美网络空间关系建构及战略互信问题》，《对外经贸实务》2015年第9期，第20页。

[6] 唐岚：《从WannaCry事件看网络空间国际规则的困境及思考》，《云南民族大学学报（哲学社会科学版）》2019年第6期，第151—152页。

[7] 鲁传颖：《保守主义思想回归与特朗普政府的网络安全战略调整》，《世界经济与政治》，2020年第1期，第73页。

脆弱稳定不仅体现在网络空间大国关系中，也会影响到国家内部政策的发展。为了对外取得主导权，国家会改变安全与发展的优先程度，将更多的资源投入网络安全领域，甚至包括政策的导向。[1]从长期来看，为网络安全所付出的代价将会影响到国家的长远发展，特别是在面临着人类社会从工业社会转向信息社会这样一个重大的机遇期面前，国家也面临着平衡安全与发展的艰难抉择。从一些国家的实践来看，追求绝对网络安全所带来的一个负面后果就是网络安全部门逐步在国家战略中取得主导性地位，在安全、经济、发展、科技，甚至在对外关系中的主导力量不断增大。这一局面下，国家会倾向于通过网络安全来审视自己的内政和外交，对传统的国家战略决策框架形成重大冲击。这种改变在很大程度上会引起网络空间大国关系的脆弱稳定。

另一方面，现存的国际机制在冲突解决等方面发挥的作用有限，也导致大国关系的脆弱稳定。[2]现有规范难以落实，政治磋商进程未能反映出网络安全发展的步伐，安全架构失灵。国家为了达到目标，会更多采取网络的手段，因为相应的国际制度和框架无法对恶意开展的网络行动进行惩罚。

（二）从脆弱稳定转向不稳定

脆弱稳定状态下，网络空间尽管面临着一系列不稳定的压力，但是总体上冲突的程度和频率还在可控的范围之内，一些政策对稳定的影响会长期显现出来。与之相比，不稳定的状态则更多表现为网络空间大国关系的冲突与对抗升级已经到达了战争的门槛之上，网络空间从底层开始分裂，网络空间的"巴尔干化"到来。[3]从脆弱稳定转向不稳定的触发条件之一

---

[1] "Space, Cyberspace, and Strategic Stability: Toward a Common Framework for Understanding", a report from the National Bureau of Asian Research, September 2016, https://www.hsdl.org/?view&did=798003.

[2] 郎平：《网络空间国际秩序的形成机制》，《国际政治科学》2018年第1期，第52页。

[3] 周宏仁：《网络空间的崛起与战略稳定》，《国际展望》2019年第2期，第28页。

是，大国关系的急剧恶化延伸到网络空间，形成网络空间大国关系的对抗。在很大程度上网络将成为大国对抗的第一波。

突发网络安全事件有可能引发国家间的高度对抗。如一国的重要关键信息基础设施遭受敌对国网络攻击，或者是类似于核武器这样高度敏感的军事设施受到了网络探测、渗透、攻击等，极易引起大国的冲突。[1]由于核武器所具有的战略性地位，国家为获取有价值的情报或是为了建立网络威慑能力，都有动机向对手的核指挥与控制系统开展网络行动。[2]由于核武器所具有的特殊性，任何针对核武器的网络安全事故都会导致国家的警惕、焦虑、困惑，削弱国家对于核威慑力量的可靠性和完整性的信心，从而导致重大的危机升级和破坏性后果。相对于传统核领域大国在核威慑、危机管控、冲突升级/降级等方面具有的成熟经验，国家对于网络安全对核武器所造成的威胁不仅缺乏全面、准确的认知，对于危机管控和冲突降级的举措也缺乏共识。[3]

（三）脆弱稳定和不稳定转向稳定

网络空间的稳定总体上符合空间中大多数行为体的利益，可以更好地促进经济发展和社会进步，并有助于建立更加良性的国家间关系。因此，网络空间稳定作为一种目标，已经得到了包括联合国在内的国际组织、主要大国和非国家行为体的认可。因此，作为一种理想的状态，网络空间稳定也是网络空间全球治理的重要目标之一。网络空间从脆弱稳定和不稳定转向稳定需要大国在网络空间建立共识、规范、信心和信任，通过 TPCM 框架，最终是要建立一个合理的制度框架，包括国家行为规范、国家之间的相互信任，以及应对网络安全冲击的国际安全架构。

---

［1］许蔓舒：《促进网络空间战略稳定的思考》，《信息安全与通信保密》2019 年第 7 期，第 6 页。

［2］檀有志：《跨越"修昔底德陷阱"：中美在网络空间的竞争与合作》，《外交评论》2014 年第 5 期，第 20—25 页。

［3］徐纬地：《网络武器对核与太空态势和大国关系的影响》，《信息安全与通信保密》2019 年第 4 期，第 79 页。

第一，重新定位网络空间大国关系的合作方向和目标。在百年未有之大变局以及全球网络安全形势已发生重大变化的背景下，网络空间大国关系需要将稳定作为新的定位。尽管网络空间的战略性不断在提升，大国之间的利益分歧也逐渐加深，但各大国并不希望发生网络冲突甚至引发重大危机，也不能承受网络空间分裂的后果，网络空间分裂会破坏全球网络安全、数字经济，也会危及整个国际体系的稳定。[1]在相互视为主要威胁来源和竞争对手的情况下，将维护网络空间稳定作为网络空间大国关系新的定位既能反映当前的现实，也能够指导国家的决策团队开展合作。网络空间大国关系的稳定意味着整体局面的不失控，即使发生冲突也能够得到管控，同时能够避免国家采取极端的政策。

第二，探索建立基于共识的网络规范机制，规范网络行动对网络空间大国关系稳定的冲击。国际社会在构建网络规范的进程中面临的主要挑战是网络规范难以被严格遵守。这是因为网络的隐蔽性增加了对国家行为进行核查的难度，造成各方对网络规范的效力缺失信心。[2]中美在打击网络商业窃密领域所达成的共识被视为一种成功的网络规范[3]，这为大国继续加强在网络规范领域的合作提供了良好的基础。鉴于国际社会在网络规范进程中的经验教训，国际社会应保持网络规范进程的动态性，既要能够反映出网络空间的技术演进和行为动态变化的特点，也要反映国家不断变化的诉求。如黑客干预大选后，美国认为干预选举威胁到了其核心利益，挑战了重大国家安全，显然希望能够就这一问题与其他大国之间建立相应的

---

[1]　Nir Kshetri, "Cybersecurity and International Relations: The U.S. Engagement with China and Russia", Prepared for FLACSO-ISA 2014, University of Buenos Aires, School of Economics, Buenos Aires, Argentina, July 23—25, http://web. isanet. org/Web/Conferences/ FLACSO-ISA% 20BuenosAires% 202014/Archive/6f9b6b91-0f33-4956-89fc-f9a9cde89caf. pdf.

[2]　Michael P. Fischerkeller and Richard J. Harknett, "Persistent Engagement, Agreed Competition, Cyberspace Interaction Dynamics, and Escalation", Institute for Defense Analysis Report, May 2018.

[3]　Martha Finnemore and Duncan Hollis, "Constructing Norms for Global Cybersecurity", *American Journal of International Law*, 110 (3), 2016, pp.425—479.

网络规范，这就给建立全球网络规范的合作开启了大门。[1]由于网络行为的隐蔽性会引起对方是否会遵守规范的猜疑，因此，在建立网络规范时，国际社会还应当建立沟通和反馈机制，通过机制性的对话来促进各方对网络规范的理解，创造鼓励遵守网络规范的气氛。

第三，通过预防、稳定和建立信任来构建大国网络安全稳定机制。首先，预防是指通过建立促进网络安全战略意图和政策透明度的机制来避免出现误判。网络空间大国之间可建立政策通报机制，定期交流网络安全关切、网络政策变化、政府应对重大网络攻击事件的响应计划，进一步理解彼此在网络安全上的差异、分歧和共同点。[2]其次，稳定性机制是指出现网络危机时，涉及的国家之间有相应的预案进行危机管控，使冲突降级。如网络热线机制，可保证在网络冲突爆发时能够及时沟通和响应；部门间对等交流机制则有助于保持沟通渠道多元化，以促进危机时的紧急处理和协调，防止误判。[3]最后，通过有限合作来增加互信程度。当前大国之间在网络领域虽处于竞争状态，但各方对于维护全球网络空间稳定依旧有强烈的共识。国际社会可以在全球经济所高度依赖的国际关键基础设施保护方面加强合作。[4]如环球同业银行金融电讯协会（SWIFT）这样的全球性金融信息基础设施一旦遭到破坏，将会对全球经济带来巨大震动，从另一方面来看，这一协会也可以成为大国开展合作、建立信任的起点。此外，网络安全的实质还是技术本身，高标准的信息通信技术产品和服务是加强对网络安全信任的基础。[5]国家可以支持世界贸易组织提高信息通信产品全球供应链安全方面的标准，通过限制不安全技术产品的国际贸易来激励、

［1］ U.S. Senate Hearings，"Foreign Cyber Threats to the United States"，January 5，2017. http://www.armed-services.senate.gov/hearings/17-01-05-foreign-cyber-threats-to-the-united-states.

［2］ 许蔓舒：《促进中美网络空间稳定的思考》，《信息安全与通信保密》2018 年第 6 期，第25—28 页。

［3］ 胡尼克、黎雷、杨乐：《中国与欧盟的网络安全法律原则与体系比较》，《信息安全与通信保密》2019 年第 9 期，第 64 页。

［4］ 高望来：《"网络超级武器"："震网"病毒》，《世界知识》2017 年第 8 期，第 70—71 页。

［5］ 杜雁芸、刘杨钺：《中美网络空间的博弈与竞争》，《国防科技》2014 年第 3 期，第 70—75 页。

督促全球互联网企业提高产品和服务的安全标准、韧性和规范程度，从基础上减少全球面临的网络安全风险。[1]

大国互动关系影响了网络空间和全球战略稳定，非理性的互动甚至冲突会危及网络空间的和平与发展。因此，维护战略稳定是网络空间全球治理领域最紧急和最重要的议程之一。[2]根据物理学的定义，稳定是指物体受到扰动后能够自动恢复原来的状态。因此，维护网络空间稳定需要从主动和被动两个方向开展工作，主动是指国家需要建立网络空间稳定观，减少自身行为对稳定的破坏；被动是指建立一套在稳定被破坏后能够使其复原的制度体制，即网络空间安全架构。

三、 大国网络安全信任措施的建立

在网络空间与物理空间深度融合的大趋势下，维护网络空间稳定，不仅有助于构建良性竞争的网络空间大国关系，也有助于维护全球战略稳定。应从建立国家在网络空间行为准则和构建确保网络空间稳定的制度框架两个方面来建立维护网络空间稳定的制度体系，促进大国之间的互信，减少冲突，加强合作。

信任和安全建设措施（CSBM）是预防或管理国家之间危机的实际措施或过程，目的是防止国际"武装"冲突的爆发，或是在危机期间由于误解或计算错误而非理性升级。[3]规范和 CSBM 的结合可以增强透明度、合作和稳定性。这种网络稳定的国际架构可以帮助创造"所有参与者都可以积极、可靠地享受其利益的环境，包括可以促进合作和避免冲突的激励措施，

---

［1］ Karsten Geier, "Norms, Confidence And Capacity Building: Putting The UN Recommendations on Information and Communication Technologies In The Context Of International Security Into OSCE-Action", *European Cybersecurity Journal*, Vol.2, No.1, January, 2016.

［2］ 石斌：《大国构建战略稳定关系的基本历史经验》，《中国信息安全》2019 年第 8 期，第 31 页。

［3］ Giles, Keir, "Prospects for the Rule of Law in Cyberspace", Strategic Studies Institute, US Army War College, 2017, www.jstor.org/stable/resrep11600.

以及不从事恶意网络活动的动力"。

通过建立信任措施可以改变政治安全逻辑的发展方向。[1]技术逻辑与商业逻辑层面的治理会降低国家对威胁的感知，有助于推动政治安全逻辑的天平从权力政治向相互依赖转变。建立信任措施最初形成于冷战时期的军事联盟之间，该措施已扩大至包括军事和非军事的其他领域。联合国信息安全政府专家组一直将建立信任措施视为建立网络规范的重要任务。[2]国际网络安全领域的建立信任措施包括稳定、合作和透明度三个层面的措施。稳定类的措施包括加强危机管控、冲突预防、建立热线等机制；合作类的措施包括应急响应层面的数据和信息共享、网络反恐、打击网络犯罪；透明度领域的措施包括网络战略、国防战略、组织架构、人员角色等信息。建立信任措施是各国分歧比较小的领域，难点在于如何落实。第四届专家组（2014—2015 年）在前期成果的基础之上，提出了更高水平的建立信任措施，包括建立政策联络点，建立危机管控机制，分享有害信息和最佳实践，并且在双边、区域和多边层面建立技术、法律和外交合作机制，加强执法合作，加强计算机应急响应机构开展实质性的协调、演习、最佳实践等。[3]

表 8.1　建立信任措施的类别

作用类别	现　　状	未　　来
稳定	热线、军事接触规则和国际法在网络空间的适用性	降低风险、增强稳定和冲突管理
合作	应急响应层面的数据和信息共享、网络反恐、打击网络犯罪	互动规则、网络冲突、最佳实践、信息保证、集体防御的分析模型
透明度	网络战略、国防战略、组织架构、人员角色等信息	威胁模式、关键基础设施防御框架、军事规则

[1] Thomas Fingar and Fan Jishe, "Ties that Bind: Strategic Stability in the U.S.-China Relationship", *The Washington Quarterly*, Fall 2013, pp.125—126.

[2] 杨乐：《联合国信息安全政府专家组在规范产生中的作用》，《信息安全与通信保密》2017年第 10 期，第 13—14 页。

[3] United Nations, Group of Governmental Experts on Developments in the Field of Information and Telecommunications in the Context of International Security, UN General Assembly Document A/70/174, July 22, 2015.

从网络空间的安全现状和面临的风险挑战来看，政府专家组提出的建立信任措施非常有针对性，有助于各国加强网络安全合作，避免危机升级，共同维护网络空间安全。但是各国是否能够采纳专家组的建议，还受到传统的国家间关系的影响。从大国之间建立信任措施的实际效果来看，美欧在建立信任措施领域取得的成果最为丰硕；中俄之间也建立了一定程度的信任措施；中美之间建立了执法与网络安全对话，也在个别领域建立起了信任措施。[1]美俄之间由于俄罗斯接纳了斯诺登的避难请求而中断了网络安全工作组联络，并且随着黑客干预大选事件，双方之间的已有信任措施已完全中断，短期内美俄网络对话很难恢复。[2]由此可见，网络空间信任措施建立难，消失却很快。因此，从双边关系来看，如何建立较为长期、稳定的信任措施应是解决网络安全困境的重点工作，各方需要在此问题上取得共识，克服困难共同推进。

第三节

网络空间负责任国家行为规范

一、国际政治中的规范

（一）规范的基本定义

"规范"一词对应的英文为"norms"，在《韦氏词典》的多项解释中暗含着"正确的""正面的""广为认可的"等褒义前缀，规范也因其产生的积极影响被广泛地创建于各类群体和个人的行为事项中。彼得·卡赞斯坦对"规范"有一个较为普遍接受的定义，他认为"规范是赋予给定身份的

---

[1] 鲁传颖：《网络空间大国博弈趋势和中美对话机制演变》，《信息安全与通信保密》2018年第2期，第17—19页。

[2] 陆忠伟：《网络正成为美俄竞争主战场》，《文汇报》，2017年1月14日第4版。

行为体所采取适当行为的集体期望"[1]。给定身份的行为体表明规范作用于特定行为群体在某一领域的特定事宜，采取适当行为表明规范对行为者的实际行动产生影响，集体期望表明其传达着共同愿景。因此，这一概念可以反映出规范的价值、模式和作用三大特性，从价值层面，将其总结为一种集体的期望，反映出规范的道德性、共识性和合法性；从模式层面，认为其是特定身份的群体所形成的，表明规范具有社会属性，玛莎·芬尼莫尔进一步认为规范形成于社会演进过程中不同行为群体的互动，行为体建构社会结构，社会结构反过来影响和重建行为者的方式；[2]从作用层面，规范所蕴含的共同预期主要通过指导和约束行为体行为对其进行作用，这种期望可以正向积极地引导行为体实施某些行为，也可以反向消极地约束行为体实施某些行为。同时，在认识规范对行为体的约束和指导作用时应当对"规范"、"制度"（institution）、"规则"（rule）这三个概念有所区分，从而准确地认识规范对行为体行为影响的作用。制度是一系列约束行为、塑造预期、规定角色的规则。[3]规则一般指公众共同制定、公认或由代表人统一制定并通过的，由群体里的所有成员一起遵守的法律、条例或章程。[4]通过三者在约束行为上的比较可以得出规范具有"软法"的特性，并且聚焦于指导和约束特定领域的议程。因此，在主权国家从事的纷繁国际事务中，规范发挥着不可替代的作用。

（二）规范对国家的作用

从现实主义、自由主义、建构主义国际关系理论的发展进程可以发现，国家对强权政治的绝对作用认知逐渐降低。由自由主义兴起，建构

---

[1] 彼得·卡赞斯坦主编：《国家安全的文化：世界政治中的规范与认同》，宋伟、刘铁娃译，北京大学出版社 2009 年版。

[2] 玛莎·芬尼莫尔：《国际社会中的国家利益》，袁正清译，上海人民出版社 2012 年版，第17 页。

[3] 叶江：《全球治理与中国的大国战略转型》，时事出版社 2010 年版，第 20—113 页。

[4] 《辞海》，http://www.cihai123.com/cidian/1062143.html。

主义推崇到极致的观念、价值、文化、机制等"软权力"的作用在国家利益中占据着愈发重要的位置。建构主义的研究核心就是国家认同和国际规范，认为国际结构是由国际体系中的观念分配决定的。在观念性国际体系结构中，观念和规范的变化是国际体系变革的主要动力。[1]对于规范所蕴含的适当行为的共有观念、期望、信念等因素使世界有了结构、秩序和稳定。[2]规范创建的秩序和稳定是基于其对规范接受者行为的指导和约束。在全球治理中，国际规范和区域规范规定了适当国家行为的准则，规范限制了国家可以选择的行动范围，因而约束了国家的行动。[3]国际社会规范的形成证明了国家在国际社会中的行为并不总是仅遵从权力利益的逻辑，很多时候还受规则和规范的调节。国家的行为基于其国家利益，而如何界定国家利益不是预先假设形成的。芬尼莫尔认为，社会构建的规则、原则、行为规范和共同的信仰可以让国家、个人和其他行为体知道什么是主要的和有价值的，什么是获取这些贵重物品有效或合法的手段。[4]这就意味着规范对国家的作用不仅是在某一领域约束指导行为，也能对该领域国家的利益进行界定。随着网络空间这一新领域的兴起，网络规范对国家行为的指导和约束、对国家网络空间的利益界定都发挥着重要作用。

（三）国家的网络空间规范

网络空间是一个由技术推动并在与人类活动的交互中快速形成的虚拟空间。如曼纽尔·卡斯特所言，网络空间的互动性和交互性以及技术不断地前进所产生的动力推动着网络空间的不断演进，网络技术在改变传统社会的同时，人类之间的象征性沟通、人与社会的生产、经验和权力都逐步

---

[1] 玛莎·芬尼莫尔、凯瑟琳·斯金克：《国际规范的动力与政治变革》，《世界政治理论的探索与争鸣》，上海人民出版社 2006 年版，第 303 页。

[2] 同上书，第 302 页。

[3] 鲁传颖：《试析当前网络空间全球治理困境》，《现代国际关系》2014 年第 10 期。

[4] 玛莎·芬尼莫尔：《国际社会中的国家利益》，袁正清译，上海人民出版社 2012 年版，第 11—13 页。

向网络空间扩张、延伸和映射。[1]然而，由于缺乏相应的国际法和治理机制，网络空间的和平与发展面临着"大规模网络监听""网络作战部队急速发展""网络渗透"等国家行为所导致的网络空间情报化、军事化和政治化的负面挑战。参与网络空间治理的主要行为体包括政府、私营部门和社会团体[2]，但随着网络空间不断增长的权力和资源，国家以其强大的资源聚集能力和高效的组织协调能力对网络空间这一新疆域发起了新一轮的战略空间争夺。由规范的基本定义可以推演出网络空间的规范是对网络空间中行为者行为的一种集体期待，这种期待是积极的、能被证明的，并且有助于网络空间的和平、稳定、发展、繁荣。因此，国家作为参与网络空间治理的重要角色，网络规范的建立成为其参与治理的必要路径。

许多国家已经在多个区域性和国际性组织平台开始倡导建立网络规范，如区域性组织中的东盟地区论坛、欧洲安全合作组织、上合组织、欧洲委员会，国际组织中的联合国政府专家组、国际电信联盟、联合国裁军研究所等。此外，主权国家发挥自身的号召力推动网络空间规范的建立，如中美建立网络安全工作组、美俄进行互信措施建设、英国组织"伦敦进程"等。2004年在联合国秘书长的号召下，成立了联合国信息安全政府专家组，专家组为各国制定、协商符合各国利益的网络空间国际规范提供了有效场所，专家组推动的网络空间规范的形成过程对网络空间国际规范的推动工作起着重要作用。首先，专家组创建的规范是集体的期望，联合国的合法性和代表性使专家组产生的规范能够被广泛地接受和推广；其次，规范建构着国家利益，观察政府代表在专家组的协商博弈过程，能够发现不同国家在网络空间的共同利益和利益冲突；最后，专家组在网络规范形成方面已卓有成效，自成立以来已经发布三份报告，达成的共识、提出的新概念已经在国际社会扩散，对规范产生的实质性内容需要深入的分析，这是规范研究的重要聚焦点。[3]

---

[1] 曼纽尔·卡斯特：《信息论、网络和网络社会》，载曼纽尔·卡斯特主编：《网络社会：跨文化的视角》，周凯译，社会科学文献出版社2009年版，第8—14页。
[2] 鲁传颖：《"多利益攸关方"网络空间治理理论》，时事出版社2016年版，第99页。
[3] Martha Finnemore, Duncan B. Hollis, "Constructing Norms for Global Cybersecurity", *The American Journal of International Law*, Vol.110, No.3 (July 2016), pp.425—428.

二、 网络规范的作用

（一）网络空间的“软法”

2010 年美国和以色列用“震网”病毒破坏伊朗的核基础设施；2011 年索尼 PS 网络被入侵，损失高达数亿美元；2015 年 Ashley Madison 约会网站被黑客攻击，大量个人隐私被泄露，造成严重的公共丑闻；2016 年美国大选中的黑客事件以及由此引发的特朗普“通俄门”事件都在国际社会引起轩然大波，但因为缺乏相应的国际规范管制，以上事件中很多被怀疑的操纵者都没有受到任何的惩罚。正是这种网络规范机制缺失造成了网络空间各行为体“无法无天”的乱象。网络规范虽然不像法律、法规对行为者的约束那么严明、具体，但它所承载的共同期望可以在一定程度上对各行为主体进行约束，对适当性的判定可以要求行为者在行事之前对行为的道德性进行考量。与“硬法”相比，“软法”具有非约束性、争端解决非强制性的特点，由一般性规范和原则组成，通常以影响国家行动为目的。[1]在很多情况下，由于“硬法”的缺失，规范可以扮演实际上具有约束性的国际规则作用。一些文献指出，“软法”有时优于“硬法”，因为“需要刺激那些尚未完成的发展”，以及“创建一种初步的、灵活的制度，或许可以为各个阶段的发展提供条件”。[2]

（二）为各方达成共识提供平台

网络安全事件的愈演愈烈，使各利益攸关方都开始从内到外地提升其应对网络威胁的能力。从内部而言，主权国家开始完善国内网络监管，信

---

[1]　Camino Kavanagh，“The United Nations, Cyberspace and International Peace and Security: Responding to Complexity in the 21st Century”, Geneva: United Nations Institute for Disarmament Research, 2017.

[2]　鲁传颖：《国际政治视角下的网络安全治理困境与机制构建——以美国大选“黑客门”为例》，《国际展望》2017 年第 4 期，第 33—48 页。

息通信企业不断开发安全系数更高的软件，用户主体也不断提高其信息安全意识；从外部而言，以政府专家组为主要平台，由多国参与的网络安全治理取得显著成果。正是因为网络规范在网络空间治理中的迫切需要，规范形成所需的组织性平台为各利益攸关方提出利益诉求和提出规范方案提供了发声场所。只有通过各方的交流、协商，才能促进在网络空间治理领域达成共同的期望，对规范适当性的共同承认有利于规范在现实境况中发挥真正的作用。

（三）从秩序落实到规则的纽带

中国将网络空间归为"四大新疆域"（太空、极地、深海、网络）之一，由此说明网络空间在一定程度上被视为新兴事务。正是因为其新兴性和复杂性，各利益攸关方都在争夺这一新领域的制度性话语权。网络空间覆盖政治、经济、军事等各领域，不同的身份主体在网络空间有着不同的利益捆绑，因此在网络空间从形成秩序到落实规则之间形成了巨大鸿沟。网络空间多利益攸关方的行为主体特征使得在短时间内创建能够约束网络空间活动的法律变得很难，而且规则制定的漫长过程也难以适应网络发展的快速变化，因此秩序的固化和规则的滞后使得网络空间治理从理念到实践出现了断层。规范的"软法"特征是其成为连接二者的有效桥梁。如约瑟夫·奈在对网络战争的威胁应对中预估到，考虑到未来技术的多变性，一项类似于《日内瓦公约》的多边协定将会产生，协定能否制定确切和细致的规则还有待考证，但一些想法类似的国家可以公布自我管制规则，而这些规则未来可能发展成为规范。不同的网络规范是具体领域网络实践行为的基本指南，这一中层性的理念指南有助于保障秩序与规则的一贯性，同时对各行为体的行为产生有效的约束作用。

三、信息安全政府专家组与网络规范

探索国家在网络空间中的行为规范是网络空间治理领域的重要议题，

联合国信息安全政府专家组是构建国家在网络空间中行为规范的主要机制，通过对专家组近 15 年的规范制定进程进行探讨，可以更好地理解网络空间规范与网络空间治理进程之间的关系。

（一）政府专家组的基本情况

进入 21 世纪以后，随着网络空间安全形势的整体恶化和大国之间的博弈陷入困境，各国逐渐认识到建立网络空间的规范和规则成为保障各国在网络空间国家利益的重要途径。联合国大会中的裁军和国际安全委员会（第一委员会）根据联合国秘书长的指令，于 2004 年建立联合国信息安全政府专家组作为秘书长顾问，以研究和调查新出现的国际安全问题并提出建议。政府专家组的主要宗旨是建立一个"开放、安全、稳定、无障碍及和平的通信技术环境"，主要通过推动实施可加强网络空间安全和稳定的行为准则，鼓励联合国会员根据大会 A/53/576 号文件每年报告国家观点，优先安排和促进那些已达成有限协议的规范问题进行对话，促进多方参与来实现网络空间的规范建立和治理。[1]尽管政府专家组最终形成的报告并不具约束力，但它们被视为增强网络空间稳定性的重要基石。它们在全球、区域、双边等多个层面产生了较多辅助性倡议，这促进了政府专家组所形成共识的广泛传播，强化了国家间以及和其他利益攸关方之间的信心建立，同时也加强了发展中国家在网络空间建设中的能力。

（二）政府专家组达成的主要共识

联合国先后任命了六届政府专家组，但只有 2010 年、2013 年、2015 年、2021 年专家组会议形成了政府专家组报告。政府专家组在网络空间建立规范的进程和成果体现在共识报告中。2010 年报告表明，各参与方已经

---

[1] Camino Kavanagh, "The United Nations, Cyberspace and International Peace and Security: Responding to Complexity in the 21st Century", United Nations Institute For Disarment Research. p.3. https://www.unidir.org/publication/united-nations-cyberspace-and-international-peace-and-security-responding-complexity.

认识到信息安全领域现有的以及潜在的威胁是 21 世纪最为严峻的挑战之一，并且因通信技术有关的国际准则缺乏共识可能造成误判，影响发生重大事故时的危机管理。[1]虽然此份报告未提出建立具体的网络规则，但已表明政府专家组中各参与国有意识地要为网络领域建立规范的意图。2013年报告在 2010 年报告的基础上认为，包括《联合国宪章》在内的国际法对于减少国际网络空间威胁具有重要性，认为由主权国家产生的国际准则和原则适用于国家开展与信息和通信技术有关的活动，各国有责任履行国际法下的义务。同时也承认了主权国家和源自主权的国际规范适用于国家进行通信技术活动，并且国家有权对其领土内的通信技术基础设施进行管辖。[2]2013 年报告的共识更进一步，提出了国家负责任行为的规范、规则和原则的概念，专家组认为有必要增强关于负责任国家行为的共同理解，以加强实际合作，并对建立信任措施、能力建设措施提出了有效的建议。2015 年报告则强调了网络规范对促进和平利用通信技术、充分实现将通信技术用于加强全球社会和经济发展的重要作用，在前两次报告的基础上对负责任的国家行为规范有了更明确、完善的补充，例如各国不应蓄意允许他人利用本国领土使用通信技术实施国际不法行为，一国应适当回应另一国因其关键信息基础设施受到恶意通信技术行为的攻击而提出的援助请求等，也对建立信任措施进行了重要补充。[3]另外，2015 年的报告加入了国际法如何适用于通信技术的使用，更加明确地说明了主权平等、以和平手段解决国际争端、不对任何国家的领土完整或政治独立进行武力威胁或使用武力、尊重人权和基本自由、不干涉他国内政的《联合国宪章》基本原则适用于网络安全问题。[4]

---

[1] Developments in the Field of Information and Telecommunications in the Context of International Security，UN General Assembly Document，Report of the Secretary-General，July 20，2010，pp.2—15.

[2] Group of Governmental Experts on Developments in the Field of Information and Telecommunications in the Context of International Security，UN General Assembly Document A/70/174，July 22，2013. p.8.

[3] Report of the Group of Governmental Experts on Development in the Field of Information and Telecommunications in the Context of International Security，UN General Assembly Document，June 26，2015，p.5.

[4] Ibid.，p.9.

三次报告表明，政府专家组已经成为网络空间规范形成与发展的重要平台，报告内容逐渐丰富的过程是网络规范发展的缩影，体现了网络空间的治理进程虽然缓慢，但依旧在向前发展的趋势。

（三）政府专家组的代表性不足

信息安全政府专家组（UNGGE）的机制迄今已发展近 18 年，由于代表名额有限，并且除了联合国安理会常任理事国之外，其他国家基本按照地区均衡的原则轮流当选，因此，该机制存在的代表性不足的问题也一直被诟病。如表 8.2 所示，连续参加五次专家组的国家仅有 6 个，只有德国不是联合国常任理事国。参加四次组会的国家为 5 个，参加三次的为 3 个，参加两次的为 7 个，只参加一次的多达 17 个。[1] 而且直到 2017 年第五次专家组会议时，参会代表都未曾超过 25 人。虽然专家组代表经过两次扩容，从 15 人增加到 20 人、25 人，但由于专家组在组建过程中使用轮流机制，印度、日本、巴西这样的中等大国对于不能连续参加专家组工作极为不满；新加坡、荷兰、韩国、比利时等中等国家在网络领域有一定的区域影响力，不满足于几年甚至更长时间才能轮到一次参与 UNGGE 的机会。除此之外，以微软、国际红十字会为代表的私营部门和非政府组织也一直对不能参与相关工作表达强烈不满。

UNGGE 代表性不足的问题也引起了各方对 UNGGE 有效性的质疑。联合国成立 UNGGE 的目的是召集全球该领域的专家为联合国大会就该领域的事项提出专业建议，但纵观参与会议的代表身份背景，该 UNGGE 平台已然成为各国政府外交博弈的舞台。现今参与 UNGGE 的专家代表越来越多来自一国的外交部门，因此 UNGGE 的议题设置和议题讨论都受到较大域外政治因素影响。UNGGE 俨然成为了国家间谈判的分会场，国家间

---

[1] 笔者根据 Camino Kavanagh，"The United Nations，Cyberspace and International Peace and Security：Responding to Complexity in the 21st Century"，United Nations Institute For Disarment Research. p.17. 整理制表，https://www.unidir.org/publication/united-nations-cyberspace-and-international-peace-and-security-responding-complexity。

表 8.2　联合国信息安全政府专家组六次会议成员国

国　家	2003—2004 年	2009—2010 年	2012—2013 年	2014—2015 年	2016—2017 年	2019—2021 年	共计次数
美　国	✓	✓	✓	✓	✓	✓	6
中　国	✓	✓	✓	✓	✓	✓	6
俄罗斯	✓	✓	✓	✓	✓	✓	6
英　国	✓	✓	✓	✓	✓	✓	6
德　国	✓	✓	✓	✓	✓	✓	6
法　国	✓	✓	✓	✓	✓	✓	6
韩　国	✓	✓		✓	✓		4
印　度	✓	✓	✓		✓	✓	5
巴　西	✓	✓		✓	✓	✓	5
白俄罗斯	✓	✓	✓	✓			4
爱沙尼亚		✓	✓		✓	✓	5
墨西哥	✓			✓	✓	✓	5
埃　及			✓	✓	✓		3
日　本			✓	✓	✓	✓	4
南　非	✓	✓				✓	3
马来西亚	✓			✓			2
以色列		✓		✓			2
澳大利亚			✓		✓	✓	3
加拿大			✓		✓		2
印度尼西亚			✓		✓	✓	3
肯尼亚				✓	✓	✓	3
马　里	✓						1
约　旦	✓					✓	2
意大利		✓					1
卡塔尔		✓					1
阿根廷			✓				1
柬埔寨				✓			1
加　纳				✓			1
巴基斯坦				✓			1
西班牙				✓			1
博茨瓦纳					✓		1
哈萨克斯坦						✓	1
毛里求斯						✓	1
摩洛哥						✓	1
荷　兰						✓	1
挪　威						✓	1
罗马尼亚						✓	1
新加坡						✓	1
瑞　士						✓	1
乌拉圭						✓	1

直接的、正式的谈判都可能被此取代。

（四）负责任的国家行为准则

使用信息通信技术时的负责任的国家行为准则是政府专家组制定规范的三大重要领域之一。在第一份即 2010 年专家组报告的建议中就提出："各国之间进一步对话，以讨论与国家使用信息通信技术有关的准则，降低集体风险并保护国家和国际关键信息基础设施。" 2013 年专家组报告已经把负责任的国家行为准则单独列为一章进行重点阐述。[1] 2015 年专家组报告则更进一步制定了 11 个具体规范，这不仅是专家组工作的重要突破，也被誉为全球网络空间治理工作的一大重要进展。

2015 年专家组报告中提出了 11 个具体的规范，主要涉及信息共享、隐私保护、关键信息基础设施保护、供应链安全和计算机应急响应机构等。比较值得重视的两条是"各国不应当从事或故意支持蓄意破坏关键信息基础设施，或以其他方式损害为公众服务的关键信息基础设施的利用和运行的信息通信技术"；"国家应回应其他国家在关键信息基础设施受到攻击时发出的援助请求，以及减少从其领土发动的针对请求国关键信息基础设施的攻击"。这两条规范暗含国家不应当对其他国家的关键信息基础设施进行攻击，如果攻击被发现了，受害国提出了抗议，攻击方应当减少和停止继续攻击。尽管这两条规范预设了很多条件，但对于关键信息基础设施的保护有非常重要的作用，表达了国际社会对于网络安全问题的高度期待。[2] 另一方面，关键信息基础设施的定义不明确和战略价值高等问题也影响了国家是否会遵守规范。2015 年报告发布后，攻击他国关键信息基础设施的事件并没有停止。乌克兰的国家电网被攻击，以及全球大量的关键信息基础

[1] Group of Governmental Experts on Developments in the Field of Information and Telecommunications in the Context of International Security，UN General Assembly Document A/68/98，June 24，2013.

[2] Group of Governmental Experts on Developments in the Field of Information and Telecommunications in the Context of International Security，UN General Assembly Document A/70/174，July 22，2015.

设施感染了"想哭"病毒等事件层出不穷，使得国际社会开始反思制定负责任的国家行为准则是否有意义，以及是否应当对违反规范的国家进行惩罚。

虽然专家组只形成了三份成文报告，但对主权国家在网络空间的行为规范已经产生了引导作用。特别是 2015 年专家组报告在前两次报告的基础上在界定网络空间威胁，设立国家负责任行为的规范、规则、原则、信任建立措施，加强信息通信技术安全能力建设和国际合作，规定国际法如何适用于信息通信技术等方面取得了突破性成果。这些都对国际社会在网络空间促进共识、加强合作具有重要的指导作用。2015 年专家组报告发布后，各国竞相在网络空间出台本国战略报告并参照了专家组的共识成果，如 2015 年日本发布新的《网络安全战略》，2016 年新加坡发布的《国家网络安全总体战略》、澳大利亚颁布的《网络安全战略》。同时，报告对于推动国家在双边领域信任建立措施以及建立全球范围内的网络空间行为规范具有重要作用。根据专家的规范指引，对于各国的双边合作协议的达成也具有一定的促进作用。如 2015 年 12 月中美达成《中美打击网络犯罪及相关事项指导原则》，关于有害信息共享、打击网络犯罪、建立信任建立措施等内容即源自专家组报告。[1] 此外，美韩的网络安全合作和中英网络安全合作同样参照了专家组的共识成果。

然而，在当前情况下，在网络空间制定有约束性的条约依然存在以下三点阻碍：其一，若建立约束性条款，必然需要有配套的惩罚措施，这对当前技术条件下的溯源提出了极高的要求。溯源指找出网络攻击行动的源头，由于网络的匿名和跨国界属性，特别是针对源自国家精心设计的网络攻击，传统的执法手段缺乏足够的资源和能力来应对挑战，当前的溯源更多具有结合信号情报技术和传统情报的分析特征。因此，最终在确定攻击源头上，更多地使用的是"可能"（possible）、"高度可能"（highly possible）等情报语言和逻辑，而非法律语言和逻辑。其二，国内战略的不明确也使得

[1] "FACT SHEET: President Xi Jinping's State Visit to the United States", Whitehouse, September 25, 2015, https://www.whitehouse.gov/the-press-office/2015/09/25/fact-sheet-president-xi-jinpings-state-visit-united-states.

各国缺乏积极性签署有约束性的条款。网络空间愈发成为大国博弈的领域。任何约束性条款都是对自身行动的束缚，都存在损害战略竞争优势的可能性。因此，制定规范的同时还需要依据战略需要和竞争对手遵守规范的情况来确定自己的行为。其三，网络空间本身处在快速的演进中，新的技术和应用不断产生，对于什么是关键信息基础设施、什么是重要数据等定义的认识也在不断变化，各国认知存在较大差异。因此，关于在现阶段制定约束性条款，各国也有不同的看法。

总体而言，负责任的国家行为准则是自愿的非约束性规范，无法限制或禁止不符合国际法的网络行动。但制定规范反映了国际社会的愿望，确立了负责任的国家行为标准，使得国际社会能够评估国家的活动和意图。负责任的国家行为准则有两个前提——自愿性和非约束性。[1]这表明国家可以自主选择是否加入遵守规范的行列，对于违反规范的行为，不会依据专家组报告进行实质性的惩罚。这虽然降低了负责任国家行为准则的效力，但却是在当前网络空间技术、战略和法律不断完善的情况下采取的一种较为妥当的妥协举措。因为，虽然国际法无法禁止不负责任的国家行为，但由于作为一种国际社会的集体期待和标准，违反规范的国家依旧会感受到来自全球的强大压力。从这一意义而言，规范能够促进国际安全，减少冲击网络空间和平与稳定的行为。

第四节

网络空间国际安全架构

为预防、管控、降级由国家网络行动引起的危机与冲突，以及维护全

---

[1] Group of Governmental Experts on Developments in the Field of Information and Telecommunications in the Context of International Security，UN General Assembly Document A/70/174，July 22，2015.

球关键信息基础设施安全而建立的一系列措施和制度性安排，属于网络空间治理的子集。聚焦于网络空间的国家行为并与国际安全相关的有约束力的国际性制度，是与核安全、大规模杀伤性武器安全等机制并列的国际安全架构的一个子类别。其目标是建立网络空间的国家行为规范；缓解网络空间的安全困境，开展网络军控、防扩散和出口控制；维护网络空间稳定，建立危机管控、冲突降级和建立信任措施；增强国家在全球关键信息基础设施保护领域的合作。

美国所推崇的网络威慑战略不具备可行性，既不能促成大国之间达成网络战略平衡，也无法维护网络空间的稳定。在网络空间建立相应的安全架构不仅成为网络空间建章立制的重要组成，也是维护网络空间和平与稳定的基础。

网络空间大国关系能够对战略稳定造成挑战，但缺乏能够复原的机制是影响稳定的另一重要因素。国际社会曾参照传统国际安全领域做法，试图通过增加网络透明度、建立信任措施、危机管控来建立稳定机制。[1]然而，这一努力目前并未取得成功，美俄、中美之间建立的稳定机制基本都陷入停滞状态。因此，国际社会需要根据网络空间自身的属性和特点来构建稳定措施，将关注点集中在建立网络空间的国际安全架构上。网络空间的脆弱稳定状态与国际安全架构在应对网络冲突时几乎完全失灵有关，无法发挥网络冲突预防、危机应对、调停、冲突降级等作用。[2]从现有网络冲突的特点来看，应在全球关键信息基础设施保护、集体溯源、漏洞分享机制和供应链安全等方面建立安全架构体系，形成真正有效的稳定制定机制。

一、 全球关键信息基础设施保护体系

加强对各国共同依赖的全球关键信息基础设施的保护，不仅有助于维

---

[1] Daniel Stauffacher and Camino Kavanagh, "Confidence Building Measures and International Cyber Security", Geneva：ICT4 Peace Foundation, 2013.

[2] Jeremy Rabkin and John Yoo, *Striking Power：How Cyber, Robots, and Space Weapons Change the Rules for War*, New York：Encounter Books, September, 2017.

护全球网络空间稳定，也有利于国际社会探索在网络领域建立合作机制。关键信息基础设施保护是各国维护网络安全的重要任务[1]，但由于大国之间缺乏互信，相应的合作难以开展。[2]前美国国务院网络事务办公室副主任米歇尔·马科夫就曾在中美网络对话中指出，美国不会告诉任何人其关键信息基础设施的数量和分布。公开关键信息基础设施的信息当然会暴露自己的风险点，但不公开也会导致合作难以展开。[3]相对而言，各国在全球性关键信息基础设施领域的合作风险较小，共同利益巨大。

对国际网络安全而言，全球性关键信息基础设施保护具有重要性和紧迫性。[4]全球性关键信息基础设施是指类似于面向全球提供定位服务的卫星导航系统、多个国家依赖的能源管道设施的信息系统等。这些关键信息基础设施一旦遭到网络攻击，将对全球的能源、交通、金融安全带来严重后果。学术界已经在讨论环球银行金融电信协会、全球卫星定位系统、船舶自动识别系统（AIS）等机构作为探索全球关键信息基础设施保护的试点领域。国际社会可以在全球能源、交通、金融正常运营所依赖的关键信息基础设施方面开展合作，明确全球关键信息基础设施的定义，建立相应的规范和措施，要求国家不应对全球关键信息基础设施开展攻击，并且建立相应的合作举措。联合国信息安全政府专家组、经合组织等机构都提出了相应的倡议，呼吁各国加强在维护全球关键信息基础设施领域的合作。

目前看来，国际社会普遍意识到了开展全球性关键信息基础设施合作的重要性，但是难点在于很多倡议还仅仅停留在纸面上，不仅缺乏操作的细节，而且没有后续的行动计划。[5]导致这种情况主要有以下两个原因：一是缺乏权威性国际组织的推动，尽管联合国信息安全政府专家组[6]、经

［1］《网络空间国际合作战略》，《人民日报》2017 年 3 月 2 日。

［2］张彦超等：《关键信息基础设施安全保护研究》，《现代电信科技》2015 年第 4 期，第 13 页。

［3］鲁传颖：《网络空间大国关系演进与战略稳定机制构建》，《国外社会科学》2020 年第 2 期，第 100 页。

［4］陈月华：《关键信息基础设施安全风险分析与应对》，《保密科学技术》2019 年第 11 期，第 7 页。

［5］Ruhl C., Hollis D., Hoffman W., et al., "Cyberspace and Geopolitics: Assessing Global Cybersecurity Norm Processes at a Crossroads", 2020.

［6］A/RES/73/27，section 5.

合组织、东盟地区论坛这样的国际组织已经开始重视全球性关键信息基础设施的合作，但毕竟这些合作涉及较多的技术性合作内容，其操作难度超出了当前参与的国际组织的能力范围，需要具有技术能力的国际组织以及各国国内职能部门的介入。二是对于如何认定全球性关键信息基础设施，各方还存在较大的差异。[1]基于历史性原因，类似于环球银行金融电信协会这样的国际机构，某种意义上还是美国和欧洲国家所主导和掌控的机构，虽然面向全球提供服务，但其所有权并不具有全球性。

因此，全球性关键信息基础设施的保护可以从明确其定义，并且识别和聚焦特定的对象入手。如果定义过于宽泛，则容易增加工作的难度。[2]国际社会可以先从通信系统开始，如域名解析系统对于全球互联网的正常运转具有关键作用，各国政府都不应当攻击该系统，而应当加强合作。网络空间全球稳定委员会（GCSC）也提出倡议，要求各国政府的网络行动不破坏"互联网公共核心"。[3]其次，重要的交通设施，类似石油、天然气、主要港口以及 AIS 对于全球能源、商业、运输安全具有重要的作用，也是各国可以加强合作的领域。除此之外，大国的核武器指挥与控制系统在某种意义上也应当被纳入全球关键信息基础设施的保护领域，这是由于一旦网络攻击引起核指挥与控制系统的故障，将会引发全球性的危机。当然，由于这一领域的高度敏感性，各国加强合作需要建立在高度信任的基础之上。

二、 开展集体溯源合作，为解决网络冲突争端建立国际性平台

溯源问题之所以关键，是因为它涉及责任归属问题。由于缺乏客观中

---

[1] Herrera L. C., Maennel O., "A Comprehensive Instrument for Identifying Critical Information Infrastructure Services", *International Journal of Critical Infrastructure Protection*，2019，25：50—61.

[2] Nickolov E., "Critical Information Infrastructure Protection：Analysis, Evaluation and Expectations", *Information and Security*，2006，17：105.

[3] "Global Commission on the Stability of Cyberspace", East West Institute, accessed November 13, 2019, https://www.eastwest.ngo/in-focus/global-commission-stability-cyberspace.

立的国际组织来对相应的网络安全事件进行调查，绝大多数涉及国家的网络攻击最后都不了了之，这种现象会导致更多的网络攻击发生，扰乱国际网络安全秩序。[1]而且由于网络安全的进攻与防御难以截然区分，溯源技术虽然在一定程度上属于"防御"性质，但是这种技术同样可以转换成"进攻"能力。所以大国都将"溯源"技术视为战略性武器，不仅不分享，还要进一步加强垄断。有学者认为，应当在联合国层面建立相应的机构，专门就网络攻击的溯源问题开展工作，在网络攻击发生后开展相应的调查，一旦这样的国际机构成立，必将对攻击者产生极大的震慑作用，从而遏制网络攻击高发的态势。[2]

然而，要做到这一点还存在一定的难度，主要原因是少数大国垄断了溯源技术，既不愿意与其他国家进行分享，也不愿意协助联合国层面开展溯源的能力建设。[3]联合国或其他国际组织虽然具有合法性，但是缺乏大国在政治上和技术上的支持，也很难建立开展集体溯源的机制。目前，包括中国在内的各国政府在联合国信息安全政府专家组和开放式工作组的相关谈判进程中，已经提出了相应的建立国际性组织的建议。

联合国层面的停滞不前并没有阻碍国际社会在集体溯源这一问题上的脚步。私营部门和非政府组织也在积极探索如何在集体溯源领域开展合作。微软、全球网络空间稳定委员会等都在呼吁探索公开溯源、政治溯源，在一定程度上弥补国际性集体溯源机制缺失的情况，并以此来推动负责任的国家行为。[4]国际社会也应当有明确的态度，克服少数国家的阻碍，支持联合国在溯源方面开展相应的工作。

---

［1］ Rid T., Buchanan B.，"Attributing Cyber Attacks"，*Journal of Strategic Studies*，2015，38 (1—2)：4—37.

［2］ Martin Libicki，*Cyber Deterrence and Cyberwar*，Santa Monica：RAND Corporation，2009.

［3］ Edwards B., Furnas A., Forrest S., et al.，"Strategic Aspects of Cyberattack, Attribution, and Blame"，*Proceedings of the National Academy of Sciences*，2017，114 (11)：2825—2830.

［4］ Gorwa R., Peez A.，"Big Tech Hits the Diplomatic Circuit：Norm Entrepreneurship, Policy Advocacy, and Microsoft's Cybersecurity Tech Accord"，2018.

三、 推动国际漏洞公平裁决机制

"漏洞是指在硬件、软件、协议的具体实现或系统安全策略上存在的缺陷，从而可以使攻击者能够在未授权的情况下访问或破坏系统。"这种缺陷往往被用来开发网络武器，开展网络攻击，从而对网络空间战略稳定构成重大冲击。在国内层面，漏洞公平裁决机制（VEP）是一个跨部门的过程，用于确定是否将以前未知的漏洞（"零日"）通知软件供应商，或将该漏洞暂时用于合法的国家安全目的。[1]

挖掘漏洞并开发网络安全"武器"是各国网络军事和情报部门开展进攻性网络行动的主要工作方法。[2]美国国家安全局和中央情报局据称发现和囤积了大量的计算机漏洞，并将这些漏洞开发成进攻性的网络武器。例如，给全球带来极大危害的"想哭"勒索病毒的源头就是美国国家安全局囤积的"永恒之蓝"漏洞，后来被黑客组织影子经纪人所窃取，并公布在互联网上，其他国家的组织和机构用此制作了"想哭"病毒。[3]

鉴于漏洞在网络安全工作中的重要作用，国家的另一个责任就是修正漏洞的错误，给漏洞打补丁。各国政府都将漏洞分享作为应对网络安全威胁的重要方法，建立了各种漏洞披露机制、共享机制，帮助运营商和用户及时修补计算机漏洞。[4]

如前文多次强调，全球信息通信技术生态有其自身的特点，产品和服务具有军民两用、高度统一的特征。重要的硬件或软件产品往往都依赖一

［1］ 朱莉欣：《构建网络空间国际法共同范式——网络空间战略稳定的国际法思考》，《信息安全与通信保密》2019 年第 7 期，第 9—11 页。

［2］ Collins S., McCombie S., "Stuxnet: The Emergence of a New Cyber Weapon and Its Implications", *Journal of Policing, Intelligence and Counter Terrorism*, 2012, 7（1）:80—91.

［3］ Mohurle S., Patil M., "A Brief Study of Wannacry Threat: Ransomware Attack 2017", *International Journal of Advanced Research in Computer Science*, 2017, 8（5）.

［4］ 朱莉欣、张若琳：《国际漏洞公平裁决程序初探——从漏洞治理国际合作的角度》，《国外社会科学》2020 年第 2 期，第 119 页。

两家主要的信息通信公司，各国政府、企业和个人使用的产品和服务基本一致。这种特点决定了政府在网络安全中处于一种矛盾的地位。一方面，政府需要去发掘漏洞，并开发成网络武器。另一方面，政府需要担心漏洞反过来被其他国家或是黑客组织发掘，由此危害自身的国家利益。政府可以选择将漏洞告知社会和公众，帮助企业修补漏洞，这也就意味着自身网络武器的失效。

在这种情况下，漏洞公平裁决机制成为政府考量是否应当将漏洞告知公众的决策机制。政府需要从漏洞对公众的危害和对国家安全的影响等多个方面来进行综合评估。已有很多案例表明，政府考虑到了漏洞的巨大危害，将其中一些漏洞主动告知社会和公众，协助互联网企业做好漏洞的修补。

在国际层面，大国都在将发现漏洞和利用漏洞作为谋取战略竞争优势的手段，这加剧了网络空间整体的不稳定。从网络空间国际安全架构角度来看，推动各国在漏洞领域加强合作是重要的技术基础，各国政府对此都有很大的现实需求。[1]国际社会应探索设立相应的国际机构，负责处理重大漏洞的信息共享机制和危机合作机制。当然，既然漏洞具有如此重要的价值，各国政府在衡量如何加强合作时，其中也会有多方面的利益考量，这在一定程度上限制了国际合作的步伐。

探索开展国际性的漏洞公平裁决机制，一方面对于维护网络空间安全和稳定具有重要的价值，另一方面，推动各国政府的务实合作则具有很大的难度。只能从现实出发，在机制设计时，尽量考虑多方的利益，建立一个包括政府、私营部门和技术社群共同参与的治理机制。

四、加强供应链安全治理

加强供应链安全治理有助于从技术和商业两个层面避免网络空间的

---

[1]　鲁传颖：《网络空间急需国际安全架构》，《环球时报》2019 年 10 月 10 日。

"巴尔干化"，维护网络空间稳定。网络空间所依赖的网络产品和服务是建立在复杂的全球供应链体系之上的，也是全球科技和商业领域最复杂、最高效的领域之一。在缺乏国际治理机制保障的情况下，一些大国愈发表现出技术民族主义色彩：只信任本国生产的产品，以国家安全的名义排除使用其他国家的产品；以维护国家安全为由，阻碍来自其他国家正常的投资活动；利用垄断核心技术和产品的优势，拒绝向他国出售相应的技术和产品，以此来产生威慑效应。国际社会应当为网络设备和产品提供更加安全的标准体系，增加供应链体系的透明性、可靠性、问责性。[1]国家应当将重心放在网络安全和服务的审查上，而非以破坏贸易规则的形式来拒绝国外的产品和投资。各国政府应该达成共识，不在民用网络安全产品中植入"后门"与漏洞，以此破坏供应链体系的安全性。美国微软公司在《数字日内瓦公约》中就倡议政府"不以科技公司、私营部门或关键信息基础设施为攻击目标"。[2]

加强供应链治理可以从建立相应的网络规范、明确规范的义务和核查措施入手。目前，各国政府以及国际组织对于供应链安全的规范已经有了较多的提法，这表明各方在维护供应链安全方面有高度共识。需要在联合国以及区域性组织中以更加明确的方式提出，并统一对规范的表述，最终在权威性平台上发布。中国政府提出："各国不得利用信息通信技术干涉别国内政，不得利用自身优势损害别国信息通信技术产品和服务供应链安全。"[3]《巴黎倡议》提出："强化数字流程、产品和服务在其整个生命周期和供应链中的安全性。"[4]2015年联合国信息安全政府专家组提出"强

[1] NIST，"Best Practices in Cyber Supply Chain Risk Management：Intel Corporation：Managing Risk End-to-End in Intel's Supply Chain"，https://www.nist.gov/system/files/documents/itl/csd/NIST_USRP-Intel-Case-Study.pdf.

[2] Smith，"A Digital Geneva Convention to Protect Cyberspace."

[3] 《网络空间国际合作战略》，http://www.xinhuanet.com//2017-03/01/c_1120552767.htm，浏览时间：2017年3月1日。

[4] 黄志雄、潘泽玲：《〈网络空间信任与安全巴黎倡议〉评析》，《中国信息安全》2019年第2期，第104—107页。

化数字流程、产品和服务在其整个生命周期和供应链中的安全性"。全球网络空间稳定委员会认为,"国家和非国家行为体在产品和服务的开发和生产过程中不应对其进行篡改,也不应允许有关产品和服务受到篡改,如果这样做,会实质性地破坏网络空间的稳定"[1]。

明确各国政府遵守相应网络规范的权利和义务。国家可以对不遵守供应链安全规范的国家和企业进行制裁,这就给了政府和其他行为体遵守规范的动力。"相关的国际机构可以将禁止干预另一国 ICT/OT 产品或服务完整性的规范纳入现有的知识产权贸易规则中。""如果政府和其他国家不遵守核心义务,则他国政府可以拒绝其产品和服务。"[2]当然,这需要有类似于世贸组织这样的国际性机构来承担争端解决和制裁工作,避免出现国家采取单边主义行动的现象。核查措施对于落实供应链安全规范非常重要,在技术层面对供应链安全进行保障。可以在争议发生时提供权威的仲裁方案,也可以向不具备相应能力的国家提供安全救助。企业以及国家和国际组织应当具备相应能力来确保信息通信技术供应链的完整性和透明性。企业应当建立可追溯功能,国际组织和政府应当建立相应的实体机构进行监测。

---

[1] Group of Governmental Experts on Developments in the Field of Information and Telecommunications in the Context of International Security, UN General Assembly Document A/70/174, July 22, 2015.

[2] Ariel Levite, "ICT Supply Chain Integrity: Principles for Governmental and Corporate Policies", CEIP, October 4, 2019.

结　语

中国是网络空间中的大国，建立网络强国是中华民族伟大复兴的重要支柱之一。维护网络空间稳定已经成为了网络空间全球治理的重要议题，对全球网络空间秩序构建具有重要作用，也是中国面临的一次参与全球秩序构建并作出贡献的机会。中国已经在国内发展和国际规则等方面奠定了基础。

良好的网络安全和信息发展基础赋予了将中国将实践转化为参与构建全球网络空间治理体系的能力。对国家而言，维护网络空间稳定需要拥有先进的信息通信技术基础、对网络空间全面的认知、良好的国内治理基础和参与国际制度谈判的能力。从40多年前中国接入互联网，到今天网络强国建设不断加速，中国在网络空间中的能力和实力在不断提升。从技术方面来看，中国在5G、人工智能和量子科技等新兴技术领域已经处于全球第一方阵，在这些领域拥有了一定的技术标准制定权；从产业方面来看，中国已经出现了像华为、腾讯、阿里巴巴、字节跳动等国际一流的互联网企业，产业应用创新居于全球前列。

中国国内的网络空间治理也在不断地发展完善，成立了中央和地方的网络安全与信息化委员会，发布了《网络安全法》《数据安全法》《个人信息保护法》，并且制定了《国家网络安全战略》《网络空间国际合作战略》等一系列制度体系设计。这些方案代表了中国在网络空间治理中的实践，引起了国际社会的高度重视，其中的一些做法成为很多国家学习和参考的对象。

中国还是最早参与网络空间国际规则进程的国家之一。中国提出了构建网络空间命运共同体的目标，参加了包括联合国信息安全政府专家组、打击网络犯罪政府专家组在内的几乎所有重要的网络空间全球治理机制工作，同时，也是主权原则适用于网络空间最大的贡献者。在双边层面和区域层面，中国与美国、欧盟、俄罗斯、东盟地区论坛等多个国家和区域性组织建立了网络安全、数字经济、信息通信技术等领域的对话机制。这不仅有助于在双边和区域层面加强合作，其中的一些双边成果最后上升到了国际规则的层面。值得一提的是，中国政府在 2020 年 9 月所提出的《全球数据安全倡议》，是国际上首次关于数据安全问题的综合性倡议，对于加强全球数据安全合作作出了重要的贡献，引起了国际社会的广泛关注。总体而言，在全球网络秩序生成的过程中，中国理念、中国实践和中国方案已经受到了各方的关注。

中国在网络空间治理领域的国内、国际实践在很大程度上为维护网络空间稳定作出了重要贡献。网络空间稳定在很大程度上也符合中国在网络空间中的利益，有利于维护网络安全和促进数字经济的发展。因此，作为网络空间大国，中国在今后应更加重视包括网络空间稳定在内的各个领域的网络空间全球秩序构建。

本书的写作过程，正处于网络空间崛起的过程当中，尽管技术在突飞猛进，但旧的观念依旧束缚着我们对于变化的理解。本书的目的是将对这种深刻变化的理解往前推动一小步。相信随着时代的发展，书中提到的很多观点都会一一被印证。当然，随着更加剧烈的变化来临，这些观点也可能被一步一步地抛弃。这给了我们不断去思考和探索网络空间时代国际关系变化的动力，促使我们不断去理解技术、打破旧观念、构建新的认知体系，从而更好地理解网络空间时代的发展。

参考文献

中文专著

奥兰·扬：《世界事务中的治理》，陈玉刚、薄燕译，上海人民出版社 2007 年版。

彼得·卡赞斯坦：《国家安全的文化》，北京大学出版社 2009 年版。

克里斯蒂安·罗伊等编：《牛津国际关系手册》，方芳等译，译林出版社 2019 年版。

李艳：《网络空间治理机制探索》，时事出版社 2017 年版。

鲁传颖：《网络空间治理与多利益攸关方理论》，时事出版社 2016 年版。

罗伯特·基欧汉、约瑟夫·奈：《权力与相互依赖》，门洪华译，北京大学出版社 2012 年版。

罗伯特·杰维斯：《国际政治中的知觉与错误知觉》，秦亚青译，世界知识出版社 2003 年版。

玛莎·芬尼莫尔：《国际社会中的国家利益》，袁正清译，上海人民出版社 2012 年版。

玛莎·芬尼莫尔、凯瑟琳·斯金克，《国际规范的动力与政治变革》，《世界政治理论的探索与争鸣》，上海人民出版社 2006 年版。

曼纽尔·卡斯特：《网络社会的崛起》，夏铸九、王志弘等译，社会科学文献出版社 2003 年版。

曼纽尔·卡斯特主编：《网络社会：跨文化的视角》，周凯译，社会科学文献出版社 2009 年版。

梅丽莎·哈撒韦：《网络就绪指数 2.0》，鲁传颖译，信息安全与通信保密杂志社 2017 年版。

米尔顿·穆勒：《网络与国家：互联网治理的全球政治学》，周程等译，王骏等校，上海交通大学出版社 2015 年版。

沈逸：《美国国家网络安全战略》，时事出版社 2013 年版。

托马斯·里德：《网络战争：不会发生》，徐龙第译，人民出版社 2017 年版。

威廉斯·莫里等编：《缔造战略：统治者、战争与国家》，时殷弘等译，世界知识出版社 2004 年版。

杨剑：《数字边疆的权利与财富》，上海人民出版社 2012 年版。

杨毅主编：《全球战略稳定论》，国防大学出版社 2005 年版。

叶江：《全球治理与中国的大国战略转型》，时事出版社 2010 年版。

约瑟夫·奈：《理解国际冲突：理论与历史》，张小明译，上海世纪出版集团 2009 年版。

詹姆斯·多尔蒂、小罗伯特·普法尔茨格拉芙：《争论中的国际关系理论》，阎学通、陈寒溪等译，世界知识出版社 2003 年版。

左晓栋：《网络空间安全战略思考》，电子工业出版社 2017 年版。

左晓栋主编：《美国网络安全战略与政策二十年》，电子工业出版社 2018 年版。

中文论文

班婕、鲁传颖：《从"联邦政府信息安全学说"看俄罗斯网络空间战略的调整》，《信息安全与通信保密》2017 年第 2 期。

蔡翠红：《网络地缘政治：中美关系分析的新视角》，《国际政治研究》2018 年第 1 期。

陈颀：《网络安全、网络战争与国际法——从〈塔林手册〉切入》，《政治与法律》2014 年第 7 期。

陈婷：《跨域融合：美国"网军"建设发展新动向》，《信息安全与通信保密》2018 年第 6 期。

方芳、杨剑：《网络空间国际规则：问题、态势与中国角色》，《厦门大学学报（哲学社会科学版）》2018 年第 1 期。

葛腾飞：《美国战略稳定观：基于冷战进程的诠释》，《当代美国评论》2018 年第 3 期。

贺佳：《网络信息时代，呼唤建立有中国特色的网络安全法律体系》，《经贸实践》2017 年第 3 期。

胡尼克、黎雷、杨乐：《中国与欧盟的网络安全法律原则与体系比较》，《信息安全与通信保密》2019 年第 9 期。

黄志雄：《国际法视角下的"网络战"及中国的对策——以诉诸武力权为中心》，《现代法学》2015 年第 5 期。

阚道远：《美国"网络自由"战略评析》，《现代国际关系》2011 年第 8 期。

郎平：《主权原则在网络空间面临的挑战》，《现代国际关系》2019 年第 6 期。

李巍、赵莉：《美国外资审查制度的变迁及其对中国的影响》，《国际展望》2019 年第 1 期。

李艳：《社会学"网络理论"视角下的网络空间治理》，《信息安全与通信保密》2017 年第 10 期。

李欲晓、邬贺铨、谢永江、姜淑丽、崔聪聪、米铁男：《论我国网络安全法律体系的完善》，《中国工程科学》2016 年第 6 期。

理查德·萨瓦克：《超越世界秩序的冲突》，《俄罗斯研究》2019 年第 5 期。

刘权、王超：《勒索软件攻击事件或将引发网络军备竞赛升级》，《网络空间安全》2018 年第 1 期。

刘杨钺、徐能武：《新战略空间安全：一个初步分析框架》，《太平洋学报》2018 年第 2 期。

刘杨钺、张旭：《政治秩序与网络空间国家主权的缘起》：《外交评论》2019 年第 1 期。

刘永涛：《国家安全指令：最为隐蔽的美国总统单边政策工具》，《世界经济与政治》2013 年第 11 期。

鲁传颖：《保守主义思想回归与特朗普政府网络安全战略调整》，《世界经济与政治》2020 年第 1 期。

鲁传颖：《国际政治视角下的网络安全治理困境与机制构建——以美国大选"黑客门"为例》，《国际展望》2016 年第 4 期。

鲁传颖：《试析当前网络空间全球治理困境》，《现代国际关系》2013 年第 9 期。

鲁传颖：《网络空间安全困境及治理机制构建》，《现代国际关系》2018 年第 11 期。

鲁传颖、约翰·马勒里：《体制复合体理论视角下的人工智能全球治理进程》，《国际观察》2018 年第 4 期。

马新民：《网络空间的国际法问题》，《信息安全与通信保密》2016 年第 11 期。

阙天舒、李虹：《中美网络空间新型大国关系的构建：竞合、困境与治理》，《国际观察》2019 年第 3 期。

萨什·贾亚瓦尔达恩等：《网络治理：有效全球治理的挑战、解决方案和教训》，《信息安全与通信保密》2016 年第 10 期。

沈逸：《全球网络空间治理原则之争与中国的战略选择》，《外交评论》2015 年第 2 期。

孙海泳：《美国对华科技施压战略：发展态势、战略逻辑与影响因素》，《现代国际关系》2019 年第 1 期。

汪晓风：《"美国优先"与特朗普政府网络战略的重构》，《复旦学报》（社会科学版）2019 年第 4 期。

王明国：《全球互联网治理的模式变迁、制度逻辑与重构路径》，《世界经济与政治》2015 年第 3 期。

许蔓舒：《促进中美网络空间稳定的思考》，《信息安全与通信保密》2018 年第 6 期。

杨洁勉：《新时期中国外交思想、战略和实践的探索创新》，《国际问题研究》2015 年第 1 期。

由鲜举、颉靖、江欣欣：《俄罗斯"主权互联网法案"主要内容及实施前景分析》，《全球科技经济瞭望》2019 年第 6 期。

张腾军：《特朗普政府网络安全政策调整特点分析》，《国际观察》2018 年第 3 期。

支振锋：《互联网全球治理的法治之道》，《法制与社会发展》2017 年第 1 期。

钟燕慧、王一栋：《美国"长臂管辖"制度下中国企业面临的新型法律风险与应对措施》，《国际贸易》2019 年第 1 期。

周宏仁：《网络空间的崛起与战略稳定》，《国际展望》2019 年第 2 期。

周秋君：《欧洲网络安全战略解析》，《欧洲研究》2015 年第 3 期。

朱莉欣：《构建网络空间国际法共同范式——网络空间战略稳定的国际法思考》，《信息安全与通信保密》2019 年第 7 期。

中文官方文献

工业和信息化部：《第九次中欧信息技术、电信和信息化对话会议在京召开》，中华人民共和国中央人民政府网站，2018 年 9 月 28 日，http://www.gov.cn/xinwen/2018-09/28/content_5326276.htm。

国家互联网信息办公室：《国家网络空间安全战略》，2016 年 12 月 27 日。

国家互联网信息办公室：《网络安全审查办法（征求意见稿）》，2019 年 5 月。

国家互联网信息办公室：《习近平出席第二届世界互联网大会开幕式并发表主旨演讲》，2015 年 12 月 16 日，http://www.cac.gov.cn/2015-12/16/c_1117480642.htm。

国家互联网信息办公室：《中欧数字经济和网络安全专家工作组第三次会议在比利时鲁汶成功举办》，2017 年 3 月 9 日，http://www.cac.gov.cn/2017-03/09/c_1120599476.htm。

《商务部介绍第七次中欧经贸高层对话有关情况并答问》，2018 年 6 月 21 日，中国政府网，http://www.gov.cn/xinwen/2018-06/21/content_5300260.htm。

《习近平主持召开十九届中央国家安全委员会第一次会议并发表重要讲话》，2018 年 4 月 17 日，中国政府网，http://www.gov.cn/xinwen/2018-04/17/content_5283445.htm。

中国互联网协会：《中国互联网发展史（大事记）》，2013 年 6 月 27 日，中国互联网协会网站，http://www.isc.org.cn/ihf/info.php?cid=218。

中华人民共和国商务部欧洲司：《中欧合作 2020 战略规划》，2016 年 1 月 14 日，中华人民共和国商务部网站，http://ozs.mofcom.gov.cn/article/hzcg/201601/20160101233963.shtml。

中华人民共和国外交部、国家互联网信息办公室：《网络空间国际合作战略》，2017 年 3 月 1 日。

中央网络安全与信息化领导小组办公室秘书局、教育部办公厅：《关于印发〈一流网络安全学院建设示范项目管理办法〉的通知》（中网办秘字〔2017〕573 号），2017 年 8 月 14 日。

中央网信办理论学习中心组：《深入贯彻习近平总书记网络强国战略思想扎实推进网络安全和信息化工作》，《求是》2017 年第 18 期。

中文媒体

《第十九次中国—欧盟领导人会晤成果清单》，2017 年 6 月 2 日，新华社，http://www. xinhuanet.com/world/2017-06/04/c_1121081995.htm。

《俄罗斯将举行保障 RuNet 网络稳定运行演习》，2019 年 12 月 23 日，俄新社，https://ria. ru/20191223/1562702664.html。

青木：《外交部批德国驻华大使涉华不当言论：颠倒黑白》，《环球时报》，2017 年 12 月 28 日。

《网络强国战略》，2015 年 11 月 12 日，新华网，http://news.xinhuanet.com/politics/2015-11/12/c_128421072.htm。

吴楚：《网络空间国际法应由联合国来管》，《环球时报》，2017 年 2 月 11 日。

《习近平主持召开国家安全工作座谈会》，2017 年 2 月 17 日，新华社，http://www.ccpph. com.cn/sxllrdyd/qggbxxpxjc/qggbxxpxjl/201901/t20190128_257368.htm。

新华社：《共筑网络家园安全防线——党的十八大以来我国网络安全工作成就综述》，2019 年 9 月 15 日。

《中华人民共和国反恐怖主义法》，2015 年 12 月 28 日，中国人大网，http://www.npc.gov. cn/npc/xinwen/2015-12/28/content_1957401.htm。

英文参考文献

Anna-Maria Osula and Henry Roigas, "International Cyber Norms: Legal, Policy & Industry Perspectives", Tallinn: NATO Cooperative Cyber Defense Centre of Excellence, 2016.

Brad Smith, "The Need for a Digital Geneva Convention", Redmond: Microsoft, Blog Post, February 14, 2017.

Camino Kavanagh, "The United Nations, Cyberspace and International Peace and Security: Responding to Complexity in the 21st Century", Geneva: United Nations Institute for Disarmament Research, 2017.

Catherine Lotrionte, "A Better Defense Examining the United States' New Norms-Based Approach to Cyber Deterrence", *Georgetown Journal of International Affairs*, 8(10), April, 2014.

Catherine Lotrionte, "Reconsidering the Consequences for State Sponsored Hostile Cyber Operations Under International Law", *Cyber Defense Review*, 3(1), 2018.

Christopher M. E. Painter, "Testimony of Christopher M. E. Painter, Coordinator for Cyber Issues, U.S. Department of State", Washington, DC: US Senate, 2015.

Christopher M. E. Painter, "Testimony of Christopher M. E. Painter before the House Foreign Affairs Committee Hearing on U.S. Cyber Diplomacy in an Era of Growing Threats", Washington DC: House Foreign Affairs Committee, February 6, 2018.

Christos Athanasiadis and Rizwan Ali, "Cyber as NATO's Newest Operational Domain: Pathway to Implementation", *Cyber Security*, 1:1, Summer, 2017:48—60.

Daniel Stauffacher and Camino Kavanagh, "Confidence Building Measures and International Cyber Security", Geneva: ICT4Peace Foundation, 2013.

Defense Science Board, James R. Gosler and Lewis Von Thaer, "Defense Science Board, Resilient Military Systems and The Advanced Cyber Threat", Washington, DC: January, 2013.

Dennis Broeders, *The Public Core of the Internet An International Agenda for Internet Governance*, Amsterdam: Amsterdam University Press, 2015.

Department of Defense, "Chapter 16: Cyber Operations", The Department of Defense Law of War Manual, Washington, DC: OSD, June 2015.

Department of Defense, Summary of the National Defense Strategy of the United States of America: Sharpening the American Military's Competitive Edge, Washington, DC: January 19, 2018.

Department of Defense, The Defense Strategy for Operating in Cyberspace, Washington, DC: OSD, July 2011.

Department of Defense, The Department of Defense Cyber Strategy, Washington, DC: OSD, April 2015.

Department of State, "Recommendations to the President on Deterring Adversaries and Better Protecting the American People From Cyber Threats", Washington, DC: May 31, 2018.

Department of State, "Recommendations to the President on Protecting American Cyber Interests Through International Engagement", Washington DC: May 31, 2018.

Eneken Tikk and Mika Kerttunen, "The Alleged Demise of the UN GGE: An Autopsy and Eulogy", Tartu: Cyber Policy Institute, 2017.

Eneken Tikk-Ringas, "10 Rules of Behaviour for Cyber Security", *Survival*, June/July 2011.

European Commission, Cybersecurity Strategy of the European Union: An Open, Safe and Secure Cyberspace, Brussels, 2013.

European Commission, Resilience, Deterrence and Defence: Building Strong Cybersecurity for the EU, Brussels: High Representative of The Union for Foreign Affairs and Security Policy, European Commission, September 9, 2017.

Fen Osler Hampson and Eric Jardine, "Look Who's Watching: Surveillance, Treachery and Trust Online", Waterloo: Centre for International Governance Innovation, 2016.

Franklin D. Kramer, Robert J. Butler, and Catherine Lotrionte, "Cyber, Extended Deterrence, and NATO", Washington, DC: Issue Brief, The Atlantic Council, May 26, 2016.

Gary Hart, et al., "Report on A Framework for International Cyber Stability", Washington, DC: International Security Advisory Board, US Department of State, July 2, 2014.

Gregory C. Allen and Taniel Chan, *Artificial Intelligence and National Security*, Cambridge: Harvard University, July 2017.

James A. Lewis, "Rethinking Cybersecurity: Strategy, Mass Effects, and States", Washington, DC: Center for Strategic and International Studies, January 9, 2018.

Jamie Shea, "How is NATO Meeting the Challenge of Cyberspace", *Prism*, 7(2), December, 2017.

Jarred Prier, "Commanding the Trend: Social Media as Information Warfare", *Strategic Studies Quarterly*, Winter, 2017.

Jason Healey and Tim Maurer, "What It'll Take to Forge Peace in Cyberspace", *Christian Science Monitor*, March 20, 2017.

Jennifer Valentino-Devries and Danny Yardon, "Cataloging the World's Cyberforces", *Wall*

Street Journal, October 11, 2015.

Jeremy Rabkin and John Yoo, *Striking Power: How Cyber, Robots, and Space Weapons Change the Rules for War*, New York: Encounter Books, September, 2017.

Joseph Nye, "How Sharp Power Threatens Soft Power the Right and Wrong Ways to Respond to Authoritarian Influence", *Foreign Affairs*, January 24, 2018.

Joseph S. Nye, Jr., "Deterrence and Dissuasion in Cyberspace", *International Security*, 41(3), Winter 2016/17.

Joseph S. Nye, Jr., "The Regime Complex for Managing Global Cyber Activities", London: Centre for International Governance Innovation and the Royal Institute for International Affairs, May, 2014.

Julian E. Barnes and Josh Chin, "The New Arms Race in AI", *The Wallstreet Journal*, March 2, 2018.

Kai-Fu Lee and Paul Triolo, "China's Artificial Intelligence Revolution: Understanding Beijing's Structural Advantages", New York: Eurasia Group, December 2017.

Karsten Geier, "Norms, Confidence and Capacity Building: Putting the UN Recommendations on Information and Communication Technologies in the Context of International Security into OSCE-Action", *European Cybersecurity Journal*, 2(1), January, 2016.

Katharina Ziolkowski, "Confidence Building Measures For Cyberspace-Legal Implications", Tallinn: NATO Cooperative Cyber Defence Centre of Excellence, 2013.

Laura DeNardis, *The Global War For Internet Governance*, New Haven: Yale University Press, 2014.

Linton Wells II, "Cognitive-Emotional Conflict: Adversary Will and Social Resilience", *Prism*, 7(2), December, 2017.

Madeline Carr, "Power Plays in Global Internet Governance", *Millennium: Journal of International Studies*, 2015, 43(2):640—659.

Mark Raymond and Laura DiNardis, "MultiStakeholderism: Anatomy of An Inchoate Global Institution", *International Theory*, 7(3), November, 2015.

Martha Finnemore and Kathryn Sikkink, "International Norm Dynamics and Political Change", *International Organization*, 52(4), Autumn, 1998:887—917.

Melissa E. Hathaway, "Connected Choices: How the Internet Is Challenging Sovereign Decisions", *American Foreign Policy Interests*, 36, 2014:300—313.

Michael N. Schmitt, et al., *Tallinn Manual 2.0 on the International Law Applicable to Cyber Operations*, Cambridge: Cambridge University Press, February, 2017.

Michael N. Schmitt, et al., *Tallinn Manual on the International Law Applicable to Cyber Warfare*, Cambridge: Cambridge University Press, 2013.

Michael P. Fischerkeller and Richard J. Harknett, "Persistent Engagement, Agreed Competition, Cyberspace Interaction Dynamics, and Escalation", Alexandria, VA: Institute for Defense.

Michael P. Fischerkeller and Richard J. Harknett, "Persistent Engagement and Tacit Bargaining: A Path to the Construction of Cyber Norms", Alexandria, VA: Institute for Defense Analyses, October 2018.

Michael P. Fischerkeller and Richard J. Harknett, "The Limits of Deterrence and the Need for Persistence", Alexandria, VA: Institute for Defense Analyses, July 2018.

Office of the Director of National Intelligence, National Counterintelligence Strategy of the United States of America, 2016, Washington, DC, 2016.

Office of the Secretary of Defense, Nuclear Posture Review, Washington, DC: Office of the Secretary of Defense, February, 2018.

Page O. Stoutland and Samantha Pitts-Kiefer, "Nuclear Weapons in the New Cyber Age: Report of the Cyber-Nuclear Weapons Study Group", Washington, DC: September, 2018.

Panayotis A. Yannakogeorgos, "Internet Governance and National Security", *Strategic Studies Quarterly Strategic Studies Quarterly*, 6(3), Fall 2012.

Robert Axelrod, "An Evolutionary Approach to Norms", *The American Political Science Review*, 80, No.(4) 1986:1095—1111.

Robert Bebber, "Treating Information as a Strategic Resource to Win the Information War", *Orbis*, 61(3), Summer 2017.

Robert Jervis, "Some Thoughts on Deterrence in the Cyber Era", *Journal of Information Warfare*, 15(2), 2016:66—73.

Rob Joyce, "Improving and Making the Vulnerability Equities Process Transparent is the Right Thing to Do", Washington, DC: Executive Office of the President, November 15, 2017.

Rodney Brooks, "The Seven Deadly Sins of AI Predictions", *Technology Review*, October 6, 2017.

Roger Hurwitz, "Depleted Trust in the Cyber Commons", *Strategic Studies Quarterly*, 6(3), 2012 .

Roger Hurwitz, "The Play of States: Norms and Security in Cyberspace", *American Foreign Policy Interests*, 36:5, 2014.

The White House, "FACT SHEET: President Xi Jinping's State Visit to the United States", Washington, DC: Executive Office of The President, September 25, 2015.

The White House, "Fact Sheet: Vulnerabilities Equities Process", Washington, DC: November 15, 2017.

The White House, National Security/Homeland Security Presidential Directive NSPD-54/HSPD-23, Washington, DC: January 8, 2008.

The White House, Presidential Executive Order on Strengthening the Cybersecurity of Federal Networks and Critical Infrastructure, Washington, DC: Executive Office of The President, May 11, 2017.

The White House, Report on U.S. Cyber Deterrence Policy, Washington, DC: December, 2016.

The White House, The National Strategy of The United States of America, Washington, DC: December 18, 2017.

The White House, The United States International Strategy For Cyberspace: Prosperity, Security, And Openness In A Networked World, Washington, DC: May, 2011.

The White House, "Vulnerabilities Equities Policy and Process for the United States Government", Washington, DC: November 15, 2017.

Thorsten Benner, et al., "Authoritarian Advance Responding to China's Growing Political Influence in Europe", Berlin: Global Public Policy Institute, February 5, 2018.

Tim Maurer, Ariel(Eli) Levite and George Perkovich, "Toward A Global Norm against Manipulating the Integrity of Financial Data", Washington, DC: Carnegie Endowment For International Peace, White Paper, March 27, 2017.

United Nations General Assembly, Developments in the Field of Information and Telecommunications in the Context of International Security, A/RES/70/237, December 23, 2015.

United Nations General Assembly, Group of Governmental Experts on Developments in the Field of Information and Telecommunications in the Context of International Security, A/68/150, July 30, 2013.

United Nations General Assembly, Group of Governmental Experts on Developments in the Field of Information and Telecommunications in the Context of International Security, A/70/174, July 22, 2015.

United Nations General Assembly, Report of the Group of Governmental Experts on Developments in the Field of Information and Telecommunications in the Context of International Security, AS/65/201, July 30, 2010.

United Nations Institute for Disarmament Research, The Weaponization of Increasingly Autonomous Technologies: Concerns, Characteristics and Definitional Approaches, Geneva: 2017.

USCYBERCOM, "Achieve and Maintain Cyberspace Superiority: Command Vision for US Cyber Command", Washington, DC: UMarch, 2018.

William A. Carter, Emma Kinnucan, and Josh Elliot, "A National Machine Intelligence Strategy for the United States", Washington, DC: Center for Strategic and International Studies, March 1, 2018.

World Economic Forum, Cyber Resilience: Playbook for Public-Private Collaboration, Geneva: January, 2018.

后　记

　　本书是一次对网络空间全球治理的理论与实践的学术探索，内容反映了我对网络空间战略这一前沿学术领域的思考。撰写本书，让我有时间对近年来参加的多场国际、国内的学术交流，阅读的论文、报告和各国政府的战略文件进行一次系统性的回顾，并尝试从学术和理论层面将网络空间战略与国际关系进行更加深入的结合。

　　选择这一题目，最大的动力是希望进一步探索网络空间崛起对国际关系的影响，同时，更希望能够通过对前沿问题的研究取得突破，增加中国学者在这一新领域对国际学术研究的贡献。在整个写作的过程中，我依托上海国际问题研究院网络空间国际治理研究中心，先后与联合国机器人与人工智能中心、美国麻省理工学院、卡内基国际和平研究院、战略与国际问题研究中心、俄罗斯军事科学院、英国国际战略研究所、法国高级战略研究委员会、荷兰莱顿大学等多家机构联合开展了多个联合研究项目。其中一些成果也反映在本书中，本书的一些思想也转化为多篇联合研究报告、学术论文发表在上述国际知名智库的网站和学术刊物上。

　　尽管本书是从国际政治的角度出发来展开研究，但由于网络空间研究跨议题、跨领域，需要结合多个学科专业知识，客观上对本书的研究造成了巨大的挑战。相信其他专业背景的学者在阅读本书时，一定会有很多不同意见。对此，只能在后续的研究中通过不断向其他专业学习来弥补这一缺憾。当然，我们也要意识到，现有的社会科学的知识体系和理论框架都无法简单应用到网络空间研究这一新的领域，只有建立新的跨学科的研究范式，才能更客观、更全面地对这一领域开展研究。

首先，本书成稿离不开家人对我工作的全力支持。由于日常工作繁忙关系，很多时候只能在周末和晚上加班写作，占用了大量的"亲子时光"。感谢家人能够替我承担起大量的家务、教育孩子的责任。

其次，本书写作过程中得到了国家信息化专家咨询委员会常务副主任周宏仁的多次指导，他经常关心本书的写作进展。也要感谢外交部提供机会，让我作为交流学者在条法司挂职半年多的时间，现场参与了多次与网络空间国际法相关的国际谈判。此外，我受军控司推荐，参加了在联合国总部召开的联合国信息安全开放式工作组会议，并代表中方做了发言。还要感谢中央网信办网安局、国际局、专家委秘书处、网络空间研究院的信任和支持，让我有机会参与中美、中欧等网络对话合作，以及其他一些重要政策文件的制定。这些经历，让我可以更好地理解和把握政策方向。

再次，一直指导我的上海国际战略研究会杨洁勉老师多次关心研究进展。本书写作过程中，上海国际问题研究院院长陈东晓以及副院长杨剑、严安林也多次给予了意见、建议和关怀。

最后，还要感谢张力、左晓栋、李欲晓、梁博、陈戎、李嫣婧、岳萍、宋冬、徐峰、石斌、惠志斌、徐纬地、许蔓舒、朱启超、唐岚、李艳、郎平、蔡翠红、沈逸、戴丽娜、汪丽、吕晶华、徐龙第、朱莉欣、查晓刚、毛维准、方芳、杨帆、桂畅旎、张腾军、黄放放、杨乐、王天禅、黎雷、张璐璐、章时雨等师友在本书写作过程中给予的帮助。

鲁传颖

图书在版编目(CIP)数据

全球网络空间稳定:权力演变、安全困境与治理体
系构建/鲁传颖著.—上海:格致出版社:上海人民
出版社,2022.3
(国际展望丛书)
ISBN 978 - 7 - 5432 - 3338 - 6

Ⅰ.①全… Ⅱ.①鲁… Ⅲ.①互联网络-网络安全-
研究-世界 ②互联网络-治理-研究-世界 Ⅳ.
①TP393.08 ②TP393.4

中国版本图书馆 CIP 数据核字(2022)第 018956 号

责任编辑 贺俊逸
封面设计 人马艺术设计・储平

国际展望丛书・全球治理与战略新疆域

全球网络空间稳定:权力演变、安全困境与治理体系构建
鲁传颖 著

出	版	格致出版社
		上海人民出版社
		(201101 上海市闵行区号景路 159 弄 C 座)
发	行	上海人民出版社发行中心
印	刷	常熟市新骅印刷有限公司
开	本	720×1000 1/16
印	张	19
插	页	2
字	数	268,000
版	次	2022 年 3 月第 1 版
印	次	2022 年 3 月第 1 次印刷

ISBN 978 - 7 - 5432 - 3338 - 6/D・172
定 价 79.00 元

·国际展望丛书·

《全球网络空间稳定:权力演变、安全困境与治理体系构建》
鲁传颖 著

《市场秩序演化机制与政府角色——系统论视域下政府与市场关系研究》
王玉柱 著

《对外开放与全球治理:互动逻辑、实践成果与治理方略》
石晨霞　毛瑞鹏　高小升 著

《全球公域治理:价值向度与秩序构建》
郑英琴 著

《多边开发银行的演进及合作研究》
叶　玉 著

《城市外交和城市联盟:上海全球城市建设路径研究》
于宏源 著

《当前欧亚移民治理研究》
强晓云 著

《美国气候外交研究》
于宏源 著

《中华民族伟大复兴进程中的"国家民族"建构研究》
叶　江著

《国家建构——聚合与崩溃》
[瑞士]安德烈亚斯·威默 著　叶江 译

《面向可持续发展的全球领导力——文化多样性研究》
[美]柯林·I.布拉德福德 著　薛磊、叶玉 译

《全球化新阶段与上海改革新征程》
王玉柱 著